水利工程与施工管理研究

赵黎霞　许晓春　黄　辉　著

吉林科学技术出版社

图书在版编目（CIP）数据

水利工程与施工管理研究 / 赵黎霞，许晓春，黄辉著. -- 长春 : 吉林科学技术出版社，2022.8

ISBN 978-7-5578-9385-9

Ⅰ. ①水… Ⅱ. ①赵… ②许… ③黄… Ⅲ. ①水利工程—施工管理—研究 Ⅳ. ①TV512

中国版本图书馆 CIP 数据核字(2022)第 113541 号

水利工程与施工管理研究

著　　赵黎霞　许晓春　黄　辉
出 版 人　宛　霞
责任编辑　赵　沫
封面设计　北京万瑞铭图文化传媒有限公司
制　　版　北京万瑞铭图文化传媒有限公司
幅面尺寸　185mm×260mm
开　　本　16
字　　数　325 千字
印　　张　15.125
印　　数　1-1500 册
版　　次　2022年8月第1版
印　　次　2022年8月第1次印刷

出　　版　吉林科学技术出版社
发　　行　吉林科学技术出版社
地　　址　长春市南关区福祉大路5788号出版大厦A座
邮　　编　130118
发行部电话/传真　0431-81629529　81629530　81629531
　　　　　　　　81629532　81629533　81629534
储运部电话　0431-86059116
编辑部电话　0431-81629510
印　　刷　廊坊市印艺阁数字科技有限公司

书　　号　ISBN 978-7-5578-9385-9
定　　价　68.00 元

《水利工程与施工管理研究》编审会

前言 Foreword

水利是我国国民经济中重要的组成部分，水利工程对社会发展、生态重建及经济建设等各项事业有重要作用。水利工程施工是按照设计提出的工程结构、数量、质量、进度及造价等要求修建水利工程的工作。水利工程的运用、操作、维修和保护工作，是水利工程管理的重要组成部分，水利工程建成后，必须要通过有效的管理，才能实现预期的效果和验证原来规划、设计的正确性；工程管理的基本任务是保持工程建筑物和设备的完整、安全，使其处于良好的技术状况；正确运用水利工程设备，以控制、调节、分配、使用水资源，充分发挥其防洪，灌溉、供水、排水、发电、航运，环境保护等效益。

做好水利工程的施工与管理是发挥工程功能的鸟之两翼、车之双轮。本书立足于水利工程与施工管理的理论和实践两个方面，首先对水利工程施工的技术与发展进行简要概述，介绍了水利工程地基处理、土石方施工、导截流工程施工、管道工程施工等方面；然后对水利工程施工管理的相关问题进行梳理和分析，在水利工程施工用电与危险品管理、安全与环境管理及施工项目管理方面进行探讨。本书论述的严谨，结构合理，条理清晰，内容丰富，其不能为当前的水利工程与施工管理相关理论的深入研究提供借鉴。

本书在撰写过程中参考和引用了大量的教材、专著和其他资料，在此仅向这些文献的作者表示衷心的感谢。对所有关心、支持本书编写的人员，在此一并表示衷心的感谢！由于时间仓促，作者水平有限，缺点及错误在所难免，恳请广大读者批评指正。

目 录

第一章　水利工程施工组织与设计

第一节　施工组织概述

一、施工组织设计的作用

施工组织设计实际是水利水电工程设计文件的重要组成部分，是优化工程设计、编制工程总概算、编制投标文件、编制施工成本以及国家控制工程投资的重要依据，是组织工程建设、选择施工队伍、进行施工管理的指导性文件。做好施工组织设计，对正确选定坝址、坝型及工程设计优化，合理组织工程施工，保证工程质量，缩短建设工期，降低工程造价，提高工程的投资效益等都有十分重要的作用。

水利水电工程由于建设规模大、设计专业多且范围广，面临洪水的威胁和受到某些不利的地址、地形条件的影响，施工条件往往较困难。因此，水利工程施工组织设计工作就显得更为重要。特别是现在国家投资制度的改革，由于现在是市场化运作，项目法人制、招标投标制、项目监理制，代替过去的计划经济方式，对施工组织设计的质量、水平、效益的要求也越来越高。在设计阶段施工组织设计往往影响投资、效益，决定着方案的优劣；招投标阶段，在编制投标文件时，施工组织设计是确定施工方案、施工方法的根据，是确定标底和标价的技术依据。他的质量好坏直接关系到能否在投标竞争中取胜，承揽到工程的关键问题；施工阶段，施工组织设计是施工实施的依据，是控制投资、质量、进度及安全施工和文明施工的保证，也是施工企业控制成本，增加效益的保证。

二、工程建设项目划分

水利水电工程建设项目是指按照经济发展及生产需要提出，经上级主管部门批准，具有一定的规模，按总体进行设计施工，由一个或若干个互相联系的单项工程组成，经济上统一核算，行政上统一管理，建成后能产生社会经济效益的建设单位。

水利水电建设项目通常可逐级划分为若干个单项工程、单位工程、分部和分项工程。单项工程由几个单位工程组成，具有独立的设计文件，具有同一性质或用途，建成后可独立发展作用或效益，如拦河坝工程、引水工程、水力发电工程等。

单位工程是单项工程的组成部分，可以有独立的设计、可以进行独立的施工，但建成后不能独立发挥作用的工程部分，单项工程可划分为若干个单位工程，如大坝的基础开挖、坝体混凝土浇筑施工等。

分部工程是单位工程的组成部分。对于水利水电工程，一般将人力、物力消耗定额相近的结构部位归为同一分项工程。如溢流坝的混凝土可分为坝身、闸墩、胸墙、工作桥、护坦等分项工程。

三、施工组织设计的分类

施工组织设计是一个总的概念，根据工程项目的编制阶段、编制对象或范围的不同，施工组织设计在编制的深度和广度上也有所不同。

（一）按工程项目编制阶段分类

根据工程项目建设设计阶段和作用的不同，可以将施工组织设计分为设计阶段施工组织设计、招标投标阶段施工组织设计、施工阶段施工组织设计。

1. 设计阶段施工组织设计

这里所说的设计阶段主要是指设计阶段中的初步设计。在做初步设计时，采用的设计方案，必然联系到施工方法和施工组织，不同的施工组织，所涉及的施工方案是不一样的，所需投资也就不一样。

设计阶段的施工组织设计是整个项目的全面施工安排和组织，涉及范围是整个项目，内容要重点突出，施工方法拟定要经济可行。

这一阶段的施工组织设计，是初步设计的重要组成部分，也是编制总概算依据之一，由设计部门编写。

2. 施工投标阶段的施工组织设计

水利水电工程施工投标文件一般由技术标和商务标组成，其中技术标的就是施工组织设计部分。

这一阶段的施工组织设计是投标者以招标文件为主要依据，是投标文件的重要组成部分，也是投标报价的基础，以在投标竞争中取胜为主要目的。施工招投标阶段的施工组织设计主要由施工企业技术部门负责编写。

3. 施工阶段的施工组织设计

施工企业通过竞争，取得对工程项目的施工建设权，进而也就承担了对工程项目的建设的责任，这个建设责任，主要是在规定的时间内，按照双方合同规定的质量、进度、投资、安全等要求完成建设任务。这一阶段的施工组织设计，主要以分部工程为编制对象，以指导施工，控制质量、控制进度、控制投资，从而顺利完成施工任务为主要目的。

施工阶段的施工组织设计，是对前一阶段施工组织设计的补充和细化，主要由施工企业项目经理部技术人员负责编写，以项目经理为批准人，并监督执行。

（二）按工程项目编制的对象分类

按工程项目编制的对象分类，可分为施工组织总设计、单位工程施工组织设计及分部（分项）工程施工组织设计。

1. 施工组织总设计

施工组织总设计是以整个建设项目为对象编制的，用以指导整个工程项目施工全过程的各项施工活动的全局性、控制性文件，它是对整个建设项目施工的全面规划，涉及范围较广，内容比较概括。

施工组织总设计用于确定建设总工期、各单位工程项目开展的顺序及工期、主要工程的施工方案、各种物资的供需设计、全工地临时工程及准备工作的总体布置、施工现场的布置等工作，同时也是施工单位编制年度施工计划及单位工程项目施工组织设计的依据

2. 单位工程施工组织设计

单位工程施工组织设计是以一个单位工程（一个建筑或构筑物）为编制对象，用以指导其施工全过程的各项施工活动的指导性文件，是施工单位年度施工设计和施工组织总设计的具体化，也是施工单位编制作业计划和制定季、月、旬施工计划的依据。单位工程施工组织设计一般在施工图设计完成后，根据工程规模、技术复杂程度的不同，其编制内容的深度和广度亦有所不同。对于简单单位工程，施工组织设计一般只编制施工方案并附以施工进度和施工平面图，即“一案、一图、一表”。在拟建工程开工之前，由工程项目的技术负责人负责编制。

3. 分部（分项）工程施工组织设计

分部（分项）工程施工组织设计也叫分部（分项）工程施工作业设计。它是以分部（分项）工程为编制对象，用以具体实施其分部（分项）工程施工全过程的各项施工活动的技术、经济和组织的实施性文件。通常在单位工程施工组织设计确定了施工方案后，由施工队（组）技术人员负责编制，其内容具体、详细、可操作性强，是直接指导分部（分项）工程施工的依据。

施工组织总设计、单位工程施工组织设计和分部（分项）工程施工组织设计，是同一工程项目，不同广度、深度和作用的三个层次。

四、施工组织设计编制原则、依据和要求

（一）施工组织设计编制原则

（1）执行国家有关方针政策，严格执行国家基本建设程序和有关技术标准、规程规范，并符合国内招标、投标规定和国际招标、投标惯例。

（2）结合国情积极开发和推广新材料、新技术、新工艺和新设备，凡是经实践证明技术经济效益显著的科研成果，应尽量采用。

（3）统筹安排，综合平衡，妥善协调各分部分项工程，达到均衡施工。

（4）结合实际，因地制宜。

（二）施工组织设计编制依据

（1）可行性研究报告及审批意见、设计任务书、上级单位对本工程建设的要求或批文。

（2）工程所在地区有关基本建设的法规或条例、地方政府对本工程建设的要求。

（3）国民经济各有关部门（交通、林业、环保等）对本工程建设期间有关要求及协议。

（4）当前水利水电工程建设的施工装备、管理水平和技术特点。

（5）工程所在地区和河流的地形、地质、水文、气象特点和当地建材情况等自然条件、施工电源、水源及水质、交通、环保、旅游、防洪、灌溉排水、航运、过木、供水等现状和近期发展规划。

（6）当地城镇现有状况，如加工能力、生活、生产物资及劳动力供应条件，居民生活卫生习惯等。

（7）施工导流及通航过木等水工模型试验、各种材料试验、混凝土配合比试验、重要结构模型试验、岩土物理力学试验等成果。

（8）工程有关工艺试验或生产性试验成果。

（9）勘测、设计各专业有关成果。

（三）施工组织设计的质量要求

（1）采用资料、计算公式和各种指标选定依据可靠并正确合理。

（2）采用的技术措施先进、方案符合施工现场实际。

（3）选定的方案有良好的经济效益。

（4）文字通顺流畅，简明扼要，逻辑性强，分析论证充分。

（5）附图、附表完整清晰且准确无误。

五、施工组织设计的编制方法

（1）进行施工组织设计前的资料准备。

（2）进行施工导流、截流设计。

（3）分析研究并确定主体工程施工方案。

（4）施工交通运输设计。

（5）施工工厂设施设计。

（6）进行施工总体布置。

（7）编制施工进度计划。

六、施工组织设计的工作步骤

（1）根据枢纽布置方案，分析研究坝址施工条件，进行导流设计及施工总进度的安排，编制出控制性进度表。

（2）提出控制性进度之后，各专业根据该进度提供的指标进行设计，并为下一道工序提供相关资料。单项工程进度是施工总进度的组成部分，与施工总进度之间是局部与整体的关系，其进度安排不能脱离总进度的指导，同时它又是检验编制施工总进度是否合理可行，从而为调整、完善施工总进度提供依据。

（3）施工总进度优化后，计算提出分年度的劳动力需要量、最高人数和总劳动力量，计算主要建筑材料总量及分年度供应量、主要施工机械设备需要总量及分年度供应数量。

（4）进行施工方案设计和比选。施工方案是指选择施工方法、施工机械、工艺流程、划分施工段。在编制施工组织设计时，需要经过比较才能确定最终的施工方案。

（5）进行施工布置。是指对施工现场进行分区设置，确定生产、生活设施及交通线路的布置。

（6）提出技术供应计划。指人员、材料、机械等施工资料的供应计划。

（7）编制文字说明。文字说明是对上述各阶段的成果进行说明。

七、施工组织设计的编制内容

（一）施工条件分析

施工条件分析的主要目的是判断它们对工程施工的作用和可能造成的影响，来充分利用有利条件，避免或减小不利因素的影响。

施工条件主要包括自然条件与工程条件两个方面。

1. 自然条件

（1）洪水枯水季节的时段、各种频率下的流量及洪峰流量、水位与流量关系、洪水特征、冬季冰凌情况（北方河流）、施工区支沟各种频率洪水、泥石流及上下游水利水电工程对本工程施工的影响。

（2）枢纽工程区的地形、地质、水文地质条件等资料。

（3）枢纽工程区的气温、水文、降水、风力及风速、冰情及雾等资料。

2. 工程条件

（1）枢纽建筑物的组成、结构型式、主要尺寸和工程量。

（2）泄流能力曲线、水库特征水位及主要水能指标、水库蓄水分析计算、库区淹没及移民安置条件等规划设计资料。

（3）工程所在地点的对外交通运输条件、上下游可利用的场地面积及分布情况。

（4）工程的施工特点及与其他有关部门的施工协调。

（5）施工期间的供水、环保及大江大河上的通航、过木、鱼群洄游等特殊要求。

（6）主要天然建筑材料及工程施工中所用大宗材料的来源及供应条件。

（7）当地水源、电源、通信的基础条件。

（8）国家、地区或部门对本工程施工准备、工期等的要求。

（9）承包市场的情况，有关社会经济调查及其他资料等。

（二）施工导流

施工导流的目的是妥善解决施工全过程中的挡水、泄水、蓄水问题，通过对各期导流特点和相互关系，进行系统分析、全面规划、周密安排，以选择技术上可行、经济上合理的导流方案，保证主体工程的正常安全施工，并使工程尽早发挥效益。

1. 导流标准

导流建筑物的级别、各期施工导流的洪水频率及流量、坝体拦洪度汛的洪水频率及流量。

2. 导流方式

（1）导流方式及选定方案的各期导流工程布置及防洪度汛、下游供水措施、大江大河上的通航、过木和鱼群洄游措施、北方河流上的排冰措施。

（2）水利计算的主要成果；必要时对些导流方案进行模型试验的成果资料。

3. 导流建筑物设计

（1）导流挡水、泄水建筑物布置型式的方案比较及选定方案的建筑物布置、结构型式及尺寸、工程量、稳定分析等主要成果。

（2）导流建筑物与永久工程结合的可能性，以及结合方式和具体措施。

4. 导流工程施工

（1）导流建筑物（如隧洞、明渠、涵管等）的开挖、衬砌等施工程序、施工方法、施工布置、施工进度。

（2）选定围堰的用料来源、施工程序、施工方法、施工进度及围堰的拆除方案。

（3）基坑的排水方式、抽水量及所需设备。

5. 截流

（1）截流时段和截流设计流量。

（2）选定截流方案的施工布置、备料计划、施工程序及施工方法措施；必要时所进行的截流试验的成果资料。

6. 施工期间的通航和过木等

（1）在大江大河上，有关部门对施工期（包括蓄水期）通航、过木等的要求。

（2）施工期间过闸（坝）通航船只、木筏的数量、吨位、尺寸及年运量、设计运量等。

（3）分析可通航的天数和运输能力。

（4）分析可能碍航、断航的时段及其影响，并研究解决措施。

（5）经方案比较，提出施工期各导流阶段通航、过木的措施、设施、结构布置和工程量。

（6）论证施工期通航与蓄水期永久通航的过闸（坝）设施相结合的可能性和相互间的衔接关系。

（三）料场的选择、规划与开采

1. 料场选择

分析块石料、反滤料与垫层料、混凝土骨料、土料等各种用料的料场分布、质量、储量、开采加工条件及运输条件、剥采比、开挖弃渣利用率及其主要技术参数，通过试验成果及技术经济比较选定料场。

2. 料场规划

根据建筑物各部位、不同高程的用料数量及技术要求，各料场的分布高程、储量及质量、开采加工及运输条件、受洪水和冰冻等影响的情况，拦洪蓄水和环境保护、占地及迁建赔偿以及施工机械化程度、施工强度、施工方法和施工进度等条件，对选定料场进行综合平衡和开采规划。

3. 料场开采

对用料的开采方式、加工工艺、废料处理与环境保护，开采、运输设备选择，储存系统布置等进行设计。

（四）主体工程施工

主体工程的施工包括建筑工程及金属结构及机电设备安装工程两大部分。

通过分析研究，确定完整可行的施工方法，使主体工程设计方案能够经济、合理、满足总进度要求的条件下如期建成，并保证工程质量和施工安全。同时提出对水工枢纽布置和建筑物型式等的修改意见，并为编制工程概算奠定基础。

1. 闸、坝等挡水建筑物施工

包括土石方开挖及基础处理的施工程序、方法、布置及进度；各分区混凝土的浇筑程序、方法、布置、进度及所需准备工作；碾压混凝土坝上游防渗面板的施工方案、分缝分块及通仓碾压的施工措施；混凝土温控措施的设计；土石坝的备料、运输、上坝卸料、填筑碾压等的施工程序、工艺方法、机械设备、布置、进度及拦洪度汛、蓄水的计划措施；土石坝各施工期的物料开采、加工、运输、填筑的平衡及施工强度和进度安排，开挖弃渣的利用计划；施工质量控制的要求以及冬雨季施工的措施意见。

2. 输（排）水、泄（引）水建筑物施工

输水、排水及泄洪、引水等建筑物的开挖、基础处理、浆砌石或混凝土衬砌的施工程序、方法、布置及进度；预防坍塌、滑坡的安全保护措施。

3. 河道工程施工

土石方开挖及岸坡防护的施工程序、工艺方法、机械设备、布置及进度；开挖料的利用、堆渣地点以及运输方案。

4. 渠系建筑物施工

渠道、渡槽等渠系建筑物的施工，可参照上述相关主体工程施工的相关内容。

（五）施工工厂设施

1. 砂石加工系统

砂石料加工系统的布置、生产能力与主要设备、工艺布置设计及要求；除尘、降噪、废水排放等的方案措施。

2. 混凝土生产系统

混凝土总用量、不同强度等级及不同品种混凝土的需用量；混凝土拌和系统的布置、工艺、生产能力及主要设备；建厂计划安排及分期投产措施。

3. 混凝土制冷、制热系统

制冷、加冰、供热系统的容量、技术和进度要求。

4. 压缩空气、供水、供电和通信系统

（1）集中或分散供气方式、压气站位置及规模。

（2）工地施工生产用水、生活用水、消防用水的水质、水压要求，施工用水量及水源选择。

（3）各施工阶段用电最高负荷及当地电力供应情况，自备电源容量的选择。

（4）通信系统的组成、规模及布置。

5. 机械修配厂、加工厂

（1）施工期间所投入的主要施工机械、主要材料的加工及运输设备、金属结构等的种类与数量。

（2）修配加工能力。

（3）机械修配厂、汽车修配厂、综合加工厂（包括钢筋、木材和混凝土预制构件加工制作）及其他施工工厂设施（包括制氧厂、钢管制作加工厂、车辆保养场等）的厂址、布置和生产规模。

（4）选定场地和生产建筑面积。

（5）建厂土建安装工程量。

（6）修配加工所需的主要设备。

（六）施工总布置

（1）施工总布置的规划原则。

（2）选定方案的分区布置，包括施工工厂、生活设施、交通运输等，提出了施工总布置图和房屋分区布置一览表。

（3）场地平整土石方量，土石方平衡利用规划及弃渣处理。

（4）施工永久占地和临时占地面积；分区分期施工的征地计划。

（七）施工总进度

1. 设计依据

（1）施工总进度安排的原则和依据以及国家或建设单位对本工程投入运行期限的要求。

（2）主体工程、施工导流与截流、对外交通、场内交通及其他施工临建工程、施工工厂设施等建筑安装任务及控制进度因素。

2. 施工分期

工程筹建期、工程准备期、主体工程施工期、工程完建期四个阶段的控制性关键项目、进度安排、工程量及工期。

3. 工程准备期进度

阐述工程准备期的内容与任务，拟定准备工程的控制性施工进度。

4. 施工总进度

（1）主体工程施工进度计划协调、施工强度均衡、投入运行（蓄水、通水、第一台机组发电等）日期以及总工期。

（2）分阶段工程形象面貌的要求，提前发电的措施。

（3）导截流工程、基坑抽排水、拦洪度汛、下闸蓄水及主体工程控制进度的影响因素及条件。

（4）通过附表，说明主体工程及主要临建工程量、逐年（月）计划完成主要工程量、逐年最高月强度、逐年（月）劳动力需用量、施工最高峰人数、平均高峰人数以及总工日数。

（5）施工总进度图表（横道图、网络图等）。

（八）主要技术供应

1. 主要建筑材料

对主体工程和临建工程，按分项列出所需钢材、木材、水泥、油料、火工材料等主要建筑材料需用量和分年度（月）供应期限及数量。

2. 主要施工机械设备

对施工所需主要机械和设备，按名称、规格型号、数量列出汇总表，并且提出分年度（月）供应期限及数量。

（九）附图

在以上设计内容的基础上，还应结合工程实际情况提出如下附图：

（1）施工场内外交通图。

（2）施工转运站规划布置图。

（3）施工征地规划范围图。

(4) 施工导流方案图。
(5) 施工导流分期布置图。
(6) 导流建筑物结构布置图。
(7) 导流建筑物施工方法示意图。
(8) 施工期通航布置图。
(9) 主要建筑物土石方开挖施工程序以及基础处理示意图。
(10) 主要建筑物土石方填筑施工程序、施工方法及施工布置示意图。
(11) 主要建筑物混凝土施工程序、施工方法及施工布置示意图。
(12) 地下工程开挖、衬砌施工程序、施工方法及施工布置示意图。
(13) 机电设备、金属结构安装施工示意图。
(14) 当地建筑材料开采、加工及运输路线布置图。
(15) 砂石料系统生产工艺布置图。
(16) 混凝土拌和系统及制冷系统布置图。
(17) 施工总布置图。
(18) 施工总进度表及施工关键路线图。

第二节　施工组织的原则

建设项目一旦批准立项，如何组织施工和进行施工前准备工作就成为保证工程按计划实施的重要工作，施工组织的原则如下：

一、贯彻执行党和国家关于基本建设各项制度，坚持基本建设程序。

我国关于基本建设的制度有：对基本建设项目必须实行严格的审批制度，施工许可制度、从业资格管理制度、招标投标制度、总承包制度、发承包合同制度、工程监理制度、建筑安全生产管理制度、工程质量责任制度、竣工验收制度等。这些制度为建立和完善建筑市场的运行机制、加强建筑活动的实施与管理，提供重要的法律依据，必须认真贯彻执行。

二、严格遵守国家和合同规定的工程竣工及交付使用期限。

对总工期较长的大型建设项目，应根据生产或使用的需要，安排分期分批建设、投产或交付使用，以及早日发挥建设投资的经济效益。在确定分期分批施工的项目时，必须注意是每期交工的项目可以独立地发挥效用，即主要项目与有关的辅助项目应同时完工，可以立即交付使用。

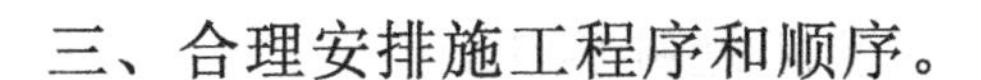

三、合理安排施工程序和顺序。

水利水电工程建筑产品的固定性，使得水利水电工程建筑施工各阶段工作始终在同一场地上进行。前一段的工作如不完成，后一段就不能进行，即使交叉地进行，也必须严格遵守一定的程序和顺序。施工程序和顺序反映客观规律的要求，其安排应符合施工工艺，满足技术要求，掌握施工程序和顺序，有利于组织立体交叉、流水作业，有利于为后续工程创造良好的条件，有利于充分利用空间及争取时间。

四、尽量采用国内外先进施工技术，科学地确定施工方案。

先进的施工技术是提高劳动生产率、改善工程质量、加快施工进度、降低工程成本的主要途径。在选择施工方案时，要积极采用新材料、新设备、新工艺和新技术，努力为新结构的推行创造条件，要注意结合工程特点和现场条件，施工技术的先进适用性和经济合理性相结合，还要符合施工验收规范、操作规程的要求和遵守有关防火、保安及环卫等规定，确保工程质量和施工安全。

五、采用流水施工方法和网络计划安排进度计划。

在编制施工进度计划时，应从实际出发，采用流水施工方法组织均衡施工，以达到合理使用资源、充分利用空间、争取时间的目的。

网络计划是现代计划管理的有效方法，采用网络计划编制施工进度计划，可使计划逻辑严密、层次清晰、关键问题明确，同时便于对计划方案进行优化、控制和调整，并且有利于计算机在计划管理中的应用。

六、贯彻工厂预制和现场相结合的方针，提高建筑工业化程度。

建筑技术进步的重要标志之一是建筑工业化，在制定施工方案时必须根据地区条件和构建性质，通过技术经济比较，恰当地选择预制方案或现场浇筑方案。确定预制方案时，应贯彻工厂预制与现场预制相结合的方针，努力地提高建筑工业化程度，但不能盲目追求装配化程度的提高。

七、充分发挥机械效能，提高机械化程度。

机械化施工可加快工程进度，减轻劳动强度，提高劳动生产率。为此，在选择施工机械时，应充分发挥机械的效能，并使主导工程的大型机械如土方机械、吊装机械能连续作业，以减少机械台班费用，同时，还应使大型机械与中小型机械相结合，机械化与半机械化相结合，扩大机械化施工范围，实现施工综合机械化，来提高机械化施工程度。

八、加强季节性施工措施，确保全年连续施工。

为了确保全年连续施工，减少季节性施工的技术措施费用，在组织施工时，应充分了解当地气象条件和水文地质条件。尽量避免把土方工程、地下工程、水下工程安排在雨期和洪水期施工；尽量避免把混凝土现浇结构安排在冬期施工；高空作业、结构吊装则应避免在风季施工。对那些必须在冬雨期施工的项目，就应采用相应的技术措施，既要确保全年连续施工、均衡施工，更要确保工程质量和施工安全。

九、合理地部署施工现场，尽可能地减少临时工程。

在编制施工组织设计施工时，应精心地进行施工总平面图的规划，合理地部署施工现场，节约施工用地；尽量利用永久工程、原有建筑物及已有设施，以减少各种临时设施；尽量利用当地资源，合理安排运输、装卸和储存作业，减少物资运输量，避免二次搬运。

第三节　施工组织总设计

一、施工组织总设计概述

施工组织总设计是水利水电工程设计文件的重要组成部分，是编制工程投资估算、总概算和招标投标文件的主要依据，是工程建设和施工管理的指导性文件。认真做好施工组织设计对正确选定坝址、坝型、枢纽布置、整体优化设计方案、合理组织工程施工、保证工程质量、缩短建设周期及降低工程造价都有十分重要的作用。

在进行施工组织总设计编制时，应依据现状、相关文件和试验成果等，具体如下。

（1）可行性研究报告及审批意见、设计任务书、上级单位对本工程建设的要求或批件。

（2）工程所在地区有关基本建设的法规或条例、地方政府对本工程建设的要求。

（3）国民经济各有关部门（铁道、交通、林业、灌溉、旅游、环保、城镇供水等）对本工程建设期间有关要求及协议。

（4）当前水利水电工程建设的施工装备、管理水平和技术特点。

（5）工程所在地区和河流的自然条件（地形、地质、水文、气象特征和当地建材情况等）、施工电源、水源及水质、交通、环保、旅游、防洪、灌溉、航运、过木、供水等现状和近期发展规划。

（6）当地城镇现有修配、加工能力，生活、生产物资和劳动力供应条件，居民生活和卫生习惯等。

（7）施工导流及通航过木等水工模型试验、各种原材料试验、混凝土配合比试验、重要结构模型试验、岩土物理力学试验等成果。

（8）工程有关工艺试验或生产性试验成果。

（9）勘测、设计各专业有关成果。

二、施工方案

研究主体工程施工是为了正确选择水工枢纽布置和建筑物型式，保证工程质量与施工安全，论证施工总进度的合理性和可行性，并且为编制工程概算提供需求的资料。

（一）施工方案选择原则

（1）施工期短、辅助工程量及施工附加量小，施工成本低。

（2）先后作业之间、土建工程与机电安装之间、各道工序之间协调均衡，干扰较小。

（3）技术先进、可靠。

（4）施工强度和施工设备、材料、劳动力等资源需求均衡。

（二）施工设备选择及劳动力组合原则

（1）适应工地条件，符合设计和施工要求；保证工程质量；生产能力满足施工强度要求。

（2）设备性能机动、灵活、高效、能耗低、运行安全可靠。

（3）通过市场调查，应按各单项工程工作面、施工强度、施工方法进行设备配套选择，使得各类设备均能充分发挥效率。

（4）通用性强，能在先后施工的工程项目中重复使用。

（5）设备购置及运行费用较低，易于获得零配件，便于维修、保养、管理、调度。

（6）在设备选择配套的基础上，应按工作面、工作班制、施工方法用混合工种结合国内平均先进水平进行劳动力优化组合设计。

（三）主体工程施工

水利工程施工涉及工种很多，其中主体工程施工包括土石方明挖、地基处理、混凝土施工、碾压式土石坝施工、地下工程施工等，下面介绍其中两项工程量较大、工期较长的主体工程施工。

1. 混凝土施工

（1）混凝土施工方案选择原则：

①混凝土生产、运输、浇筑、温控防裂等各施工环节衔接合理。

②施工机械化程度符合工程实际，保证工程质量，加快工程进度和节约工程投资。

③施工工艺先进，设备配套合理，综合生产效率高。

④能连续生产混凝土，运输过程的中转环节少、运距短，温控措施简易且可靠。

⑤初、中、后期浇筑强度协调平衡。

⑥混凝土施工与机电安装之间干扰少。

（2）混凝土浇筑程序、各期浇筑部位和高程应与供料线路、起吊设备布置和机电安装进度相协调，并符合相邻块高差及温控防裂等有关规定，各期工程形象进度应能适应截流、拦洪度汛、封孔蓄水等要求。

（3）混凝土浇筑设备选择原则：

①起吊设备能控制整个平面和高程上的浇筑部位。

②主要设备型号单一，性能良好，生产率高，配套设备能发挥主要设备的生产能力。

③在固定的工作范围内能连续工作，设备利用率高。

④浇筑间歇能承担模板、金属构件及仓面小型设备吊运等辅助工作。

⑤不压浇筑块，或不因压块而延长浇筑工期。

⑥生产能力在能保证工程质量前提下能满足高峰时段浇筑强度要求。

⑦混凝土宜直接起吊入仓，若用带式输送机或自卸汽车入仓卸料时，应有保证混凝土质量的可靠措施。

⑧当混凝土运距较远，可用混凝土搅拌运输车，防止了混凝土出现离析或初凝，保证混凝土质量。

（4）模板选择原则：

①模板类型应适合结构物外型轮廓，有利于机械化操作和提高周转次数。

②有条件部位宜优先用混凝土或钢筋混凝土模板，并尽量多用钢模、少用木模。

③结构型式应力求标准化、系列化，便于制作、安装、拆卸和提升，条件适合时应优先选用滑模和悬臂式钢模。

（5）坝体分缝应结合水工要求确定。最大浇筑仓面尺寸在分析混凝土性能、浇筑设备能力、温控防裂措施和工期要求等因素后确定。

（6）坝体接缝灌浆应考虑：

①接缝灌浆应待灌浆区及以上冷却层混凝土达到坝体稳定温度或设计规定值后进行，在采取有效措施情况下，混凝土龄期不宜短于4个月。

②同一坝缝内灌浆分区高度10～15 m。

③应根据双曲拱坝施工期应力确定封拱灌浆高程和浇筑层顶面间的允许高差。

④对空腹坝封顶灌浆，或受气温年变化影响较大的坝体接缝灌浆，应该采用较坝体稳定温度更低的超冷温度。

（7）用平浇法浇筑混凝土时，设备生产能力应能确保混凝土初凝前将仓面覆盖完毕；当仓面面积过大，设备生产能力不能满足时，可用台阶法浇筑。

（8）大体积混凝土施工必须进行温控防裂设计，采用了有效地温控防裂措施以满足温控要求。有条件时宜用系统分析方法确定各种措施的最优组合。

（9）在多雨地区雨季施工时，应掌握分析当地历年降雨资料，包括降雨强度、频度和一次降雨延续时间，并分析雨日停工对施工进度的影响和采取防雨措施的可能性与经济性。

（10）低温季节混凝土施工必要性应根据总进度及技术经济比较论证后确定。在低温季节进行混凝土施工时，应作好保温防冻措施。

2. 碾压式土石坝施工

（1）认真分析工程所在地区气象台（站）的长期观测资料。统计降水、气温、蒸发等各种气象要素不同量级出现的天数，确定对各种坝料施工影响程度。

（2）料场规划原则：

①料物物理力学性质符合坝体用料要求，质地比较均一。

②贮量相对集中，料层厚，总贮量能满足坝体填筑需用量。

③有一定的备用料区保留部分近料场作为坝体合龙和抢拦洪高程用。

④按坝体不同部位合理使用各种不同的料场，减少坝料加工。

⑤料场剥离层薄，便于开采，获得率较高。

⑥采集工作面开阔、料物运距较短，附近有足够的废料堆场。

⑦不占或少占耕地、林场。

（3）料场供应原则：

①必须满足坝体各部位施工强度要求。

②充分利用开挖渣料，做到就近取料，高料高用，低料低用，避免了上下游料物交叉使用。

③垫层料、过渡层和反滤料一般宜用天然砂石料，工程附近缺乏天然砂石料或使用天然砂石料不经济时，方可采用人工料。

④减少料物堆存、倒运，必须堆存时，堆料场宜靠近坝区上坝道路，并应有防洪、排水、防料物污染、防分离和散失的措施。

⑤力求使料物及弃渣的总运输量最小。要做好料场平整，防止水土流失。

（4）土料开采和加工处理：

①根据土层厚度、土料物理力学特性、施工特性和天然含水量等条件研究确定主次料场，分区开采。

②开采加工能力应能满足坝体填筑强度要求。

③若料场天然含水量偏高或偏低，应通过技术经济比较选择具体措施进行调整，增减土料含水量宜在料场进行。

④若土料物理力学特性不能满足设计和施工要求，应研究使用人工砾质土的可能性。

⑤统筹规划施工场地、出料线路和表土堆存场，必要时应做还耕规划。

（5）坝料上坝运输方式应根据运输量、开采、运输设备型号、运距和运费、地形条件以及临建工程量等资料，通过技术经济比较后选定。并考虑以下原则：

①满足填筑强度要求。

②在运输过程中不得搀混、污染和降低料物理力学性能。

③各种坝料尽量采用相同的上坝方式及通用设备。

④临时设施简易，准备工程量小。

⑤运输的中转环节少。

⑥运输费用较低。

（6）施工上坝道路布置原则：

①各路段标准原则满足坝料运输强度要求，在认真分析各路段运输总量、使用期限、运输车型和当地气象条件等因素后确定。

②能兼顾地形条件，各期上坝道路能衔接使用，运输不致中断。

③能兼顾其他施工运输，两岸交通和施工期过坝运输，尽可能和永久公路结合。

④在限制坡长条件下，道路最大纵坡不大于 15%。

（7）上料用自卸汽车运输上坝时，用进占法卸料，铺土厚度根据土料性质和压实设备性能通过现场试验或工程类比法确定，压实设备可根据土料性质，细颗粒含量和含水量等因素选择。

（8）土料施工尽可能安排在少雨季节，若在雨季或多雨地区施工，应选用适合的土料和施工方法，并采取可靠的防雨措施。

（9）寒冷地区当日平均气温低于 0℃时，黏性土按低温季节施工；当日平均气温低于 -10 ℃时，一般不宜填筑土料，否则应进行技术经济论证。

（10）面板堆石坝的面板垫层为级配良好的半透水细料，要求压实密度较高，垫层下游排水必须通畅。

（11）混凝土面板堆石坝上游坝坡用振动平碾，在坝面顺坡分级压实，分级长度一般为 10 ～ 20 m；也可用夯板随坝面升高逐层夯实，压实平整后的边坡用沥青乳胶或喷混凝土固定。

（12）混凝土面板垂直缝间距应以有利滑模操作、适应混凝土供料能力，便于组织仓面作业为准，一般用高度不大的面板，坝一般不设水平缝。高面板坝由于坝体施工期度汛或初期蓄水发电需要，混凝土面板可设置水平缝分期度汛。

（13）混凝土面板浇筑宜用滑模自下而上分条进行，滑模滑行速度通过实验选定。

（14）沥青混凝土面板堆石坝的沥青混合料宜用汽车配保温吊罐运输，坝面上设喂料车、摊铺机、震动碾和牵引卷扬台车等专用设备。面板宜一期铺筑，当坝坡长大于 120 m 或因度汛需要，也可分两期铺筑，但两期间的水平缝应加热处理。纵向铺筑宽度一般为 3 ～ 4 m。

（15）沥青混凝土心墙的铺筑层厚宜通过碾压试验确定，一般可采用 20 ～ 30 cm。铺筑与两侧过渡层填筑尽量平起平压，两者离差不大于 3 m。

（16）寒冷地区沥青混凝土施工不宜裸露越冬，越冬前已经浇筑的沥青混凝土应采取保护措施。

（17）坝面作业规划：

①土质防渗体应与其上、下游反滤料及坝壳部分平起填筑。

②垫层料与部分坝壳料均宜平起填筑，当反滤料或垫层料施工滞后于堆后棱体时，应预留施工场地。

③混凝土面板及沥青混凝土面板宜安排在少雨季节施工，坝面上应有足够施工场地。

④各种坝料铺料方法及设备宜尽量一致，并重视结合部位填筑措施，力求减少施工辅助设施。

（18）碾压式土石坝施工机械选型配套原则：

①提高施工机械化水平。

②各种坝料坝面作业的机械化水平应协调一致。

③各种设备数量按施工高峰时段的平均强度计算，适当留有余地。

④振动碾的碾型和碾重根据料场性质、分层厚度、压实要求等条件确定。

三、施工总体布置

施工总体布置是在施工期间对施工场区进行的空间组织规划。它是根据施工场区的地形地貌、枢纽布置和各项临时设施布置的要求，研究施工场地的分期、分区、分标布置方案，对施工期间所需的交通运输、施工工厂设施、仓库、房屋、动力供应、给排水管线等在平面上进行总体规划、布置，以做到尽量减小施工相互干扰，并使各项临时设施最有效地为主体工程施工服务，为施工安全、工程质量及加快施工进度提供保证。

（一）设计原则

（1）各项临时设施在平面上的布置应紧凑、合理，尽量减少施工用地，且不占或少占农田。

（2）合理布置施工场区内各项临时设施的位置，在确保场内运输方便、畅通的前提下，尽量缩短运距、减少运量，避免或减少二次搬运，以节约运输成本、提高运输效率。

（3）尽量减少一切临时设施的修建量，节约临时设施费用。为此要充分利用原有的建筑物、运输道路、给排水系统、电力动力系统等设施为施工服务。

（4）各种生产、生活福利设施均要考虑便于工人的生产、生活。

（5）要满足安全生产、防火、环保及符合当地生产生活习惯等方面的要求。

（二）施工总体布置的方法

1. 场外运输线路的布置

（1）当场外运输主要采用公路运输方式时，场外公路的布置应结合场内仓库、加工厂的布置综合考虑。

（2）当场外运输主要采用铁路运输方式时，要考虑铁路的转弯半径和坡度的限制，确定铁路的起点和进场位置。对于拟建永久性铁路的大型工业企业工地，一般应提前修建铁路专用线，并且宜从工地的一侧或两侧引入，以便更好地为施工服务而不影响工地内部的交通运输。

（3）当场外运输主要采用水路运输方式时，应充分利用原有码头的吞吐能力。如需增设码头，则卸货码头应不少于两个，码头宽度应大于 2.5 m。

2. 仓库的布置

仓库一般将某些原有建筑物和拟建的永久性房屋作为临时库房，选择在平坦开阔、交通方便的地方，采用铁路运输方式运至施工现场时，应沿铁路线布置转运仓库和中心仓库。仓库外要有一定的装卸场地，装卸时间较长的还要留出装卸货物时的停车位置，以防较长时间占用道路而影响通行。另外仓库的布置还应考虑安全、方便等方面的要求。氧气、炸药等易燃易爆物资的仓库应布置在工地边缘、人员较少的地点；油料等易挥发、易燃物资的仓库应设置在拟建工程的下风方向。

3. 加工厂的布置

总的布置要求是：使加工用的原材料和加工后的成品、半成品的总运输费用最小，并使加工厂有良好的生产条件，做到加工厂生产和工程施工互不干扰。

各类加工厂的具体布置要求如下：

（1）工地混凝土搅拌站：有集中布置、分散布置、集中与分散相结合布置三种方式。当运输条件较好时，以集中布置较好；当运输条件较差时，以分散布置在各使用地点并靠近井架或布置在塔吊工作范围内为宜；也可根据工地的具体情况，采用集中布置与分散布置相结合的方式。若利用城市的商品混凝土搅拌站，只要商品混凝土的供应能力和输送设备能够满足施工要求，可不设置工地搅拌站。

（2）工地混凝土预制构件厂：一般宜布置在工地边缘、铁路专用线转弯处的扇形地带或场外邻近工地处。

（3）钢筋加工厂：应该布置在接近混凝土预制构件厂或使用钢筋加工品数量较大的施工对象附近。

（4）木材加工厂：原木、锯材的堆场应靠近公路、铁路或水路等主要运输方式的沿线，锯木、成材、粗细木等加工车间和成品堆场应按生产工艺流程布置。

（5）金属结构加工厂、锻工和机修等车间：因为这些加工厂或车间之间在生产上相互联系比较密切，应尽可能布置在一起。

（6）产生有害气体和污染环境的加工厂：如沥青熬制、石灰熟化、石棉加工等加工厂，除应尽量减少毒害和污染外，还应布置在施工现场的下风方向，来便减少对现场施工人员的伤害。

4. 场内运输道路的布置

在规划施工道路中，既要考虑车辆行驶安全、运输方便、连接畅通，又要尽量减少道路的修筑费用。根据仓库、加工厂和施工对象的相互位置，研究施工物资周转运输量的大小，确定主要道路和次要道路，然后进行场内运输道路的规划。连接仓库、加工厂等的主要道路一般应按双行、循环形道路布置。循环形道路的各段尽量设计成直线段，以便提高车速。次要道路可按单行支线布置，但是在路端应设置回车场地。

5. 临时生活设施的布置

临时生活设施包括行政管理用房屋、居住生活用房和文化生活福利用房。包括工地办公室、传达室、汽车库、职工宿舍、开水房、招待所、医务室、浴室、小学、图书馆和邮亭等。

工地所需的临时生活设施，应尽量利用原有的准备拆除的或拟建的永久性房屋。工地行政管理用房设置在工地入口处或中心地区；现场办公室应靠近施工地点布置。

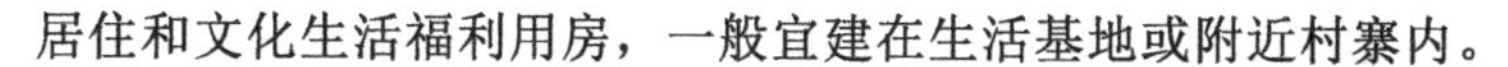

居住和文化生活福利用房，一般宜建在生活基地或附近村寨内。

6. 供水管网的布置

（1）应尽量提前修建并充分利用拟建的永久性供水管网作为工地临时供水系统，节约修建费用。在保证供水要求的前提下，新建供水管线的长度越短越好，并应适当采用胶皮管、塑料管作为支管，使其具有可移动性，以便于施工。

（2）供水管网的铺设要与场地平整规划协调一致，防重复开挖；管网的布置要避开拟建工程和室外管沟的位置，以防二次拆迁改建。

（3）临时水塔或蓄水池应设置在地势较高处。

（4）供水管网应按防火要求布置室外消防栓。室外消防栓应靠近十字路口、工地出入口，并沿道路布置，距路边应不大于 2 m，距建筑物的外墙应不小于 5 m；为兼顾拟建工程防火而设置的室外消防栓，与拟建工程的距离也不应大于 25 m；工地室外消防栓必须设有明显标志，消防栓周围 3 m 范围内不准堆放建筑材料、停放机械设备和搭建临时房屋等；消防栓供水干管的直径不应该小于 10。

7. 工地临时供电系统的布置

（1）变压器的选择与布置要求

当施工现场只需设置一台变压器时，供电线路可按枝状布置，变压器应设置在引入电源的安全区域内。

当工地较大，需要设置多台变压器时，应先用一台主降压变压器，将工地附近的 110 kV 或 35 kV 的高压电网上的电压降至 10 kV 或 6 kV，然后通过若干个分变压器将电压降至 380/220V。主变压器与各分变压器之间采用环状连接布置；每个分变压器到该变压器负担的各用电点的线路可采用枝状布置，分变电器应设置在用电设备集中、用电量大的地方或该变压器所负担区域的中心地带，以尽量缩短供电线路的长度；低压变电器的有效供电半径一般为 400 ～ 500 m。

（2）供电线路的布置要求

①工地上的 3 kV、6 kV 或 10 kV 高压线路，可采用架空裸线，其电杆距离为 40 ～ 60 m，也可用地下电缆。户外 380/220V 的低压线路，可采用架空裸线，与建筑物、脚手架等相近时必须采用绝缘架空线，其电杆距离为 25 ～ 40 m。分支线与引入线必须从电杆处连接，不得从两杆之间的线路上直接连接，电杆一般采用钢筋混凝土电杆，低压线路也可采用木电杆。

②配电线路宜沿道路的一侧布置，高出地面的距离一般为 4 ～ 6 m，要保持线路平直；离开建筑物的安全距离为 6 m，跨越铁路或公路时的高度应不小于 7.5 m；在任何情况下，各供电线路均不得妨碍交通运输和施工机械的进场、退场、装拆及吊装等；同时要避开堆场、临时设施、开挖的沟槽或后期拟建工程的位置，以免二次拆迁。

③各用电点必须配备与用电设备功率相匹配的，由闸刀开关、熔断保险、漏电保护器和插座等组成的配电箱，其高度与安装位置应以操作方便、安全为准；每台用电机械或设备均应分设闸刀开关和熔断器，实行单机单闸，严禁一闸多机。

④设置在室外的配电箱应有防雨措施，严防漏电、短路及触电事故的发生。

（三）施工总布置图的绘制

1. 施工总布置图的内容构成

施工总布置图一般应包括以下内容：

（1）原有地形、地物。

（2）一切已建和拟建的地上及地下的永久性建筑物以及其他设施。

（3）施工用的一切临时设施，主要包括：

①施工道路、铁路、港口或码头。

②料场位置及弃渣堆放点。

③混凝土拌和站、钢筋加工等各类加工厂、施工机械修配厂、汽车修配厂等。

④各种建筑材料、预制构件和加工品的堆存仓库或堆场，机械设备停放场。

⑤水源、电源、变压器、配电室、供电线路、给排水系统和动力设施。

⑥安全消防设施。

⑦行政管理及生活福利所用房屋和设施。

⑧测量放线用的永久性定位标志桩和水准点等。

2. 施工总布置图绘制的步骤与要求

（1）确定图幅的大小和绘图比例

图幅大小和绘图比例应根据工地大小及布置的内容多少来确定。图幅一般可选用A1图纸（841 mm×594 mm）或A2图纸（594 mm×420 mm），比例通常采用1∶1 000或1∶2 000。

（2）绘制建筑总平面图中的有关内容

将现场测量的方格网、现场原有的并将保留的建筑物、构筑物和运输道路等其他设施按比例准确地绘制在图面上。

（3）绘制各种临时设施

根据施工平面布置要求和面积计算的结果，将所确定的施工道路、仓库堆场、加工厂、施工机械停放场、搅拌站等的位置、水电管网和动力设施等的布置，按比例准确地绘制在建筑总平面图上。

（4）绘制正式的施工总布置图

在完成各项布置后，再经过分析、比较、优化、调整修改，形成施工总布置图草图，然后再按规范规定的线型、线条、图例等对草图进行加工、修饰，标上指北针、图例等，并作必要的文字说明，则成为正式的施工总布置图。

施工总体布置方案应遵循因地制宜、因时制宜、有利生产、方便生活、易于管理、安全可靠、经济合理的原则，经过全面系统比较论证后选定。

（四）施工总体布置方案比较指标

（1）交通道路的主要技术指标包括工程质量、造价、运输费及运输设备需用量。

（2）各方案土石方平衡计算成果，场地平整的土石方工程量和形成时间。

（3）风、水、电系统管线的主要工程量、材料和设备等。

（4）生产、生活福利设施的建筑物面积和占地面积。

（5）有关施工征地移民的各项指标。

（6）施工工厂的土建、安装工程量。

（7）站场、码头和仓库装卸设备需要量。

（8）其他临建工程量。

（五）施工总体布置及场地选择

施工总体布置应该根据施工需要分阶段逐步形成，满足了各阶段施工需要，做好前后衔接，尽量避免后阶段拆迁。初期场地平整范围按施工总体布置最终要求确定。施工总体布置应着重研究以下内容。

（1）施工临时设施项目的划分、组成、规模和布置。

（2）对外交通衔接方式、站场位置、主要交通干线及跨河设施的布置情况。

（3）可资利用场地的相对位置、高程、面积和占地赔偿。

（4）供生产、生活设施布置的场地。

（5）临建工程和永久设施的结合。

（6）前后期结合和重复利用场地的可能性。

若枢纽附近场地狭窄、施工布置困难，可采取适当利用或重复利用库区场地，布置前期施工临建工程，充分利用山坡进行小台阶式布置。提高临时房屋建筑层数和适当缩小间距。利用弃渣填平河滩或冲沟作施工场地。

（六）施工分区规划

1. 施工总体布置分区

（1）主体工程施工区。

（2）施工工厂区。

（3）当地建材开采区。

（4）仓库、站、场、厂、码头等储运的系统。

（5）机电、金属结构和大型施工机械设备安装场地。

（6）工程弃料堆放区。

（7）施工管理中心及各施工工区。

（8）生活福利区。

要求各分区间交通道路布置合理、运输方便可靠、可以适应整个工程施工进度和工艺流程要求，尽量避免或减少反向运输和二次倒运。

2. 施工分区规划布置原则

（1）以混凝土建筑物为主的枢纽工程，施工区布置宜以砂、石料开采、加工、混凝土拌和浇筑系统为主；以当地材料坝为主的枢纽工程，施工区布置宜以土石料采挖、加工、堆料场和上坝运输线路为主。

（2）机电设备、金属结构安装场地宜靠近主要安装地点。

（3）施工管理中心设在主体工程、施工工厂和仓库区的适中地段；各施工区应靠近各施工对象。

（4）生活福利设施应考虑风向、日照、噪声、绿化及水源水质等因素，其生产和生活设施应有明显界限。

（5）特种材料仓库（炸药、雷管库、油库等）应根据有关安全规程的要求布置。

（6）主要施工物资仓库、站场、转运站等储运系统通常布置在场内外交通衔接处。外来物资的转运站远离工区时，应该在工区按独立系统设置仓库、道路、管理及生活福利设施。

第二章 水利工程地基处理

第一节 岩基处理方法

若岩基处于严重风化或破碎状态，首先考虑清除至新鲜的岩基为止。如果风化层或破碎带很厚，无法清除彻底时，则考虑采用灌浆的方法加固岩层和截止渗流。对于防渗，有时从结构上进行处理，设截水墙和排水系统。

灌浆方法是钻孔灌浆（在地基上钻孔，用压力把浆液通过钻孔压入风化或破碎的岩基内部）。待浆液胶结或固结后，就能达到防渗或加固的目的。最常用的灌浆材料是水泥。当岩石裂隙多、空洞大，吸浆量很大时，为了节省水泥，降低工程造价，改善浆液性能，常加砂或其他材料；当裂隙细微，水泥浆难以灌入，基础的防渗不能达到设计要求或者有大的集中渗流时，可采用化学材料灌浆的方法处理。化学灌浆是一种以高分子有机化合物为主体材料的新型灌浆方法。这类浆材呈溶液状态，能灌入0.1mm以下的微细裂缝，浆液经过一定时间起化学作用，可以将裂缝黏合起来或形成凝胶，起到堵水防渗以及补强的作用。

除了上述灌浆材料外，还有热柏油灌浆、黏土灌浆等，但是由于本身存在一些缺陷致使其应用受到一定限制。

一、基岩灌浆的分类

水工建筑物的岩基灌浆按其作用，可分为固结灌浆，帷幕灌浆及接触灌浆。灌浆技术不仅大量运用于建筑物的基岩处理，而且也是进行水工隧洞围岩固结、衬砌回填、超前支护，混凝土坝体接缝以及建（构）筑物补强及堵漏等方面的主要措施。

（一）帷幕灌浆

布置在靠近建筑物上游迎水面的基岩内，形成一道连续的平行建筑物轴线的防渗幕墙。其目的是减少基岩的渗流量，降低基岩的渗透压力，保证基础的渗透稳定。帷幕灌浆的深度主要由作用水头及地质条件等确定，较之固结灌浆要深得多，有些工程的帷幕深度超过百米。在施工中，通常采用单孔灌浆，所使用的灌浆压力比较大。

帷幕灌浆一般安排在水库蓄水前完成，这样有利于保证灌浆的质量。由于帷幕灌浆的工程量较大，与坝体施工在时间安排上有矛盾，所以通常安排在坝体基础灌浆廊道内进行。这样既可实现坝体上升与基岩灌浆同步进行，也给灌浆施工具备了一定厚度的混凝土压重，有利于提高灌浆压力、保证灌浆质量。

（二）固结灌浆

其目的是提高基岩的整体性与强度，并降低基础的透水性。当基岩地质条件较好时，一般可在坝基上、下游应力较大的部位布置固结灌浆孔；在地质条件较差而坝体较高的情况下，则需要对坝基进行全面的固结灌浆，甚至在坝基以外上、下游一定范围内也要进行固结灌浆。灌浆孔的深度一般为 5 ～ 8m，也有深达 15 ～ 40m 的，各孔在平面上呈网格交错布置。通常采用群孔冲洗和群孔灌浆。

固结灌浆宜在一定厚度的坝体基层混凝土上进行，这样可以防止基岩表面冒浆，并采用较大的灌浆压力，提高灌浆效果，同时也兼顾坝体与基岩的接触灌浆。如果基岩比较坚硬、完整，为了加快施工速度，也可直接在基岩表面进行无混凝土压重的固结灌浆。在基层混凝土上进行钻孔灌浆，必须在相应部位混凝土的强度达到 50% 设计强度后，方可开始。或者先在岩基上钻孔，预埋灌浆管，待混凝土浇筑到一定厚度之后再灌浆。同一地段的基岩灌浆必须按先固结灌浆后帷幕灌浆的顺序进行。

（三）接触灌浆

其目的是加强坝体混凝土与坝基或岸肩之间的结合能力，提高坝体的抗滑稳定性。一般是通过混凝土钻孔压浆或预先在接触面上埋设灌浆盒及相应的管道系统。也可结合固结灌浆进行。

接触灌浆应安排在坝体混凝土达到稳定温度以后进行，以利于防止了混凝土收缩产生拉裂。

二、灌浆的材料

岩基灌浆的浆液，一般应该满足如下要求：

（1）浆液在受灌的岩层中应具有良好的可灌性，即在一定的压力下，能灌入到裂隙、空隙或孔洞中，充填密实。

（2）浆液硬化成结石后，应具有良好的防渗性能、必要的强度和黏结力。

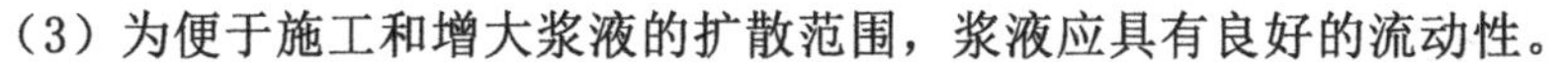

（3）为便于施工和增大浆液的扩散范围，浆液应具有良好的流动性。

（4）浆液应具有较好的稳定性，吸水率低。

基岩灌浆以水泥灌浆最普遍。灌入基岩的水泥浆液，由水泥与水按一定配比制成，水泥浆液呈悬浮状态。水泥灌浆具有灌浆效果可靠，灌浆设备与工艺比较简单，材料成本低廉等优点。

水泥浆液所采用的水泥品种，应根据灌浆目的和环境水的侵蚀作用等因素确定。一般情况下，可采用标号不低于C45的普通硅酸盐水泥或者硅酸盐大坝水泥，如有耐酸等要求时，选用抗硫酸盐水泥。矿渣水泥与火山灰质硅酸盐水泥由于其吸水快、稳定性差、早期强度低等缺点，一般不宜使用。

水泥颗粒的细度对于灌浆的效果有较大影响。水泥颗粒越细，越能够灌入细微的裂隙中，水泥的水化作用也越完全。帷幕灌浆对水泥细度的要求为通过80μm方孔筛的筛余量不大于5%。灌浆用的水泥要符合质量标准，不得使用过期、结块或细度不合要求的水泥。

对于岩体裂隙宽度小于200μm的地层，普通水泥制成的浆液一般难以灌入。为了提高水泥浆液的可灌性，自20世纪80年代以来，许多国家陆续研制出了各类超细水泥，并在工程中得到广泛采用。超细水泥颗粒的平均粒径约4μm，比表面积8 000cm2/g，它不仅具有良好的可灌性，同时在结石体强度、环保及价格等方面都具有很大优势，特别适合细微裂隙基岩的灌浆。

在水泥浆液中掺入一些外加剂（如速凝剂、减水剂、早强剂及稳定剂等），可以调节或改善水泥浆液的一些性能，满足工程对浆液的特定要求，提高灌浆效果。外加剂的种类及掺入量应通过试验确定。

在水泥浆液里掺入黏土、砂、粉煤灰，制成水泥黏土浆、水泥砂浆、水泥粉煤灰浆等，可用于注入量大、对结石强度要求不高的基岩灌浆，这主要是为了节省水泥、降低材料成本。砂砾石地基的灌浆主要是采用此类浆液。

当遇到一些特殊的地质条件如断层、破碎带、细微裂隙等，采用普通水泥浆液难以达到工程要求时，也可采用化学灌浆，即灌注以环氧树脂、聚氨酯、甲凝等高分子材料为基材制成的浆液。其材料成本比较高，灌浆工艺比较复杂。在基岩处理中，化学灌浆仅起辅助作用，一般是先进行水泥灌浆，再在其基础上进行化学灌浆，这样既可提高灌浆质量，也比较经济。

三、水泥灌浆的施工

在基岩处理施工前一般需进行现场灌浆试验。通过试验，可了解基岩的可灌性、确定合理的施工程序与工艺、提供科学的灌浆参数等，为进行灌浆设计与施工准备提供主要依据。

基岩灌浆施工中的主要工序包括钻孔、钻孔（裂隙）冲洗、压水试验、灌浆、回填封孔等工作。

（一）钻孔

钻孔质量要求：

（1）确保孔位、孔深、孔向符合设计要求。钻孔的方向与深度是保证帷幕灌浆质量的关键。如果钻孔方向有偏斜，钻孔深度达不到要求，就得通过各钻孔所灌注的浆液，不能连成一体，将形成漏水通路。

（2）力求孔径上下均一、孔壁平顺。孔径均一、孔壁平顺，则灌浆栓塞能够卡紧卡牢，灌浆时不至于产生绕塞返浆。

（3）钻进过程中产生的岩粉细屑较少。钻进过程中如果产生过多的岩粉细屑，容易堵塞孔壁的缝隙，影响灌浆质量，同时也影响工人的作业环境。

根据岩石的硬度完整性和可钻性的不同，分别采用硬质合金钻头、钻粒钻头和金刚钻头。6～7级以下的岩石多用硬质合金钻头；7级以上用钻粒钻头；石质坚硬且较完整的用金刚石钻头。

帷幕灌浆的钻孔宜采用回转式钻机和金刚石钻头或者硬质合金钻头，其钻进效率较高，不受孔深、孔向、孔径和岩石硬度的限制，还可钻取岩芯。钻孔的孔径一般在75～91mm。固结灌浆则可采用各式合适的钻机与钻头。

孔向的控制相对较困难，特别是钻设斜孔，掌握钻孔方向更加困难。在工程实践中，按钻孔深度不同规定了钻孔偏斜的允许值，见表2-1。当深度大于60m时，则允许的偏差不应超过钻孔的间距。钻孔结束后，应对孔深、孔斜及孔底残留物等进行检查，不符合要求的应采取补救处理措施。

表 2-1　钻孔孔底最大允许偏差值

钻孔深度 /m	20	30	40	50	60
允许偏差	0.25	0.50	0.80	1.15	1.50

钻孔顺序。为了有利于浆液的扩散和提高浆液结合的密实性，在确定钻孔顺序时应和灌浆次序密切配合。一般是当一批钻孔钻进完毕后，随即进行灌浆。钻孔次序则以逐渐加密钻孔数和缩小孔距为原则。对排孔的钻孔顺序，先下游排孔，后上游排孔，最后中间排孔。对统一排孔而言，一般2～4次序孔施工，逐渐加密。

（二）钻孔冲洗

钻孔后，要进行钻孔及岩石裂隙的冲洗。冲洗工作通常分为：①钻孔冲洗，将残存在钻孔底和黏滞在孔壁的岩粉铁屑等冲洗出来；②岩层裂隙冲洗，将岩层裂隙中的充填物冲洗出孔外，以便浆液进入到腾出的空间，使浆液结石与基岩胶结成整体。在断层、破碎带和细微裂隙等复杂地层中灌浆－冲洗的质量对灌浆效果影响极大。

一般采用灌浆泵将水压入孔内循环管路进行冲洗。将冲洗管插入孔内，用阻塞器将孔口堵紧，用压力水冲洗，也可采用压力水和压缩空气轮换冲洗或压力水和压缩空气混合冲洗的方法。

岩层裂隙冲洗方法分为单孔冲洗和群孔冲洗两种。在岩层比较完整，裂隙比较少的地方，可采用单孔冲洗。冲洗方法有高压压水冲洗、高压脉动冲洗及扬水冲洗等。

当节理裂隙比较发育且在钻孔之间互相串通的地层中，可采用群孔冲洗。将两个或两个以上的钻孔组成一个孔组，轮换地向一个孔或几个孔压进压力水或压力水混合压缩空气，从另外的孔排出污水，这样反复交替冲洗，直到各个孔出水洁净为止。

群孔冲洗时，沿孔深方向冲洗段的划分不宜过长，否则冲洗段内钻孔通过的裂隙条数增多，这样不仅分散冲洗压力和冲洗水量，并且一旦有部分裂隙冲通以后，水量将相对集中在这几条裂隙中流动，使其他裂隙得不到有效的冲洗。

为了提高冲洗效果，有时可在冲洗液中加入适量的化学剂，如碳酸钠（Na2CO3），氢氧化钠（NaOH）或碳酸氢钠（NaHCO3）等，以利于促进泥质充填物的溶解。加入化学剂的品种和掺量，宜通过试验确定。

采用高压水或高压水气冲洗时，要注意观测，防止了冲洗范围内岩层的抬动和变形。

（三）压水试验

在冲洗完成并开始灌浆施工前，一般要对灌浆地层进行压水试验。压水试验的主要目的是：测定地层的渗透特性，为基岩的灌浆施工提供基本技术资料。压水试验也是检查地层灌浆实际效果的主要方法。

压水试验的原理：在一定的水头压力下，通过钻孔将水压入孔壁四周的缝隙中，根据压入的水量和压水的时间，计算出代表岩层渗透特性的技术参数。一般可采用透水率来表示岩层的渗透特性。所谓透水率，是指在单位时间之内，通过单位长度试验孔段，在单位压力作用下所压入的水量。

（四）灌浆的方法与工艺

为了确保岩基灌浆的质量，必须注意以下问题。

1. 钻孔灌浆的次序

基岩的钻孔与灌浆应遵循分序加密的原则进行。一方面可以提高浆液结石的密实性，另一方面，通过后灌序孔透水率和单位吸浆量的分析，可推断先灌序孔的灌浆效果，同时还有利于减少相邻孔串浆现象。

2. 注浆方式

按照灌浆时浆液灌注和流动的特点，灌浆方式有纯压式和循环式两种。对于帷幕灌浆，应优先采用循环式。

纯压式灌浆，就是一次将浆液压入钻孔，并扩散到岩层裂隙中。灌注过程中，浆液从灌浆机向钻孔流动，不再返回；这种灌注方式设备简单，操作方便，但浆液流动速度较慢，容易沉淀，造成管路与岩层缝隙的堵塞，影响浆液扩散，纯压式灌浆多用于吸浆量大，有大裂隙存在，孔深不超过 12 ～ 15m 的情况。

循环式灌浆，灌浆机把浆液压入钻孔后，浆液一部分被压入岩层缝隙中，另一部分由回浆管返回拌浆筒中。这种方法一方面可使浆液保持流动状态，减少浆液沉淀；

另一方面可根据进浆和回浆浆液比重的差别，来了解岩层吸收情况，并作为判定灌浆结束的一个条件。

3. 钻灌方法

按照同一钻孔内的钻灌顺序，有全孔一次钻灌和全孔分段钻灌两种方法。全孔一次钻灌系将灌浆孔一次钻到全深，并沿全孔进行灌浆。这种方法施工简便，多用于孔深不超过 6m，地质条件良好，基岩比较完整的情况。

全孔分段钻灌又分为自上而下法、自下而上法、综合灌浆法以及孔口封闭法等。

（1）自上而下分段钻灌法

其施工顺序是：钻一段，灌一段，待凝一定时间以后，再钻灌下一段，钻孔和灌浆交替进行，直到设计深度。其优点是：随着段深的增加，可以逐段增加灌浆压力，借以提高灌浆质量；由于上部岩层经过灌浆，形成结石，下部岩层灌浆时，不易产生岩层抬动和地面冒浆等现象；分段钻灌，分段进行压水试验，压水试验的成果比较准确，有利于分析灌浆效果，估算灌浆材料的需用量。但缺点是钻灌一段以后，要待凝一定时间，才能钻灌下一段，钻孔与灌浆须交替进行，设备搬移频繁，影响施工进度。

（2）自下而上分段钻灌法

一次将孔钻到全深，然后自下而上逐段灌浆，这种方法的优缺点与自上而下分段灌浆刚好相反。一般多用在岩层比较完整或基岩上部已经有足够压重不致引起地面抬动的情况。

（3）综合钻灌法

在实际工程中，通常是接近地表的岩层比较破碎，愈往下岩层愈完整。因此，在进行深孔灌浆时，可以兼取以上两种方法的优点，上部孔段采用了自上而下法钻灌，下部孔段则采用自下而上法钻灌。

（4）孔口封闭灌浆法

其要点是：先在孔口镶铸不小于 2m 的孔口管，以便安设孔口封闭器；采用小孔径的钻孔，自上而下逐段钻孔与灌浆；上段灌后不必待凝，进行下段的钻灌，如此循环，直至终孔；可以多次重复灌浆，可以使用较高的灌浆压力。其优点是：工艺简便、成本低、效率高、灌浆效果好。其缺点是：当灌注时间较长时，容易造成灌浆管被水泥浆凝住的现象。

一般情况下，灌浆孔段的长度多控制在 5 ～ 6m。如果地质条件好，岩层比较完整，段长可适当放长，但也不宜超过 10m；在岩层破碎，裂隙发育的部位，段长应适当缩短，可取 3 ～ 4m；而在破碎带、大裂隙等漏水严重的地段及坝体与基岩的接触面，应单独分段进行处理。

4. 灌浆压力

灌浆压力通常是指作用在灌浆段中部的压力。灌浆压力是控制灌浆质量、提高灌浆经济效益的重要因素。确定灌浆压力的原则是：在不至于破坏基础和建筑物的前提下，尽可能采用比较高的压力。高压灌浆可以使浆液更好地压入细小缝隙内，增大浆液扩散半径，析出多余的水分，提高灌注材料的密实度，灌浆压力的大小与孔深、岩

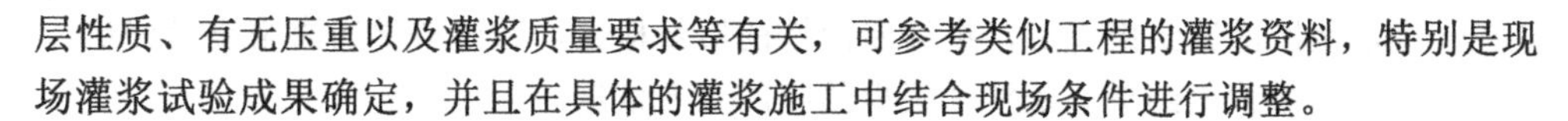

层性质、有无压重以及灌浆质量要求等有关，可参考类似工程的灌浆资料，特别是现场灌浆试验成果确定，并且在具体的灌浆施工中结合现场条件进行调整。

5. 灌浆压力的控制

在灌浆过程中，合理地控制灌浆压力和浆液稠度，是提高灌浆质量的重要保证。灌浆过程中灌浆压力的控制基本上有两种类型，就是一次升压法和分级升压法。

（1）一次升压法

灌浆开始后，一次将压力升高到预定的压力，并在这个压力作用下，灌注由稀到浓的浆液。当每一级浓度的浆液注入量和灌注时间达到一定限度以后，就变换浆液配比，逐级加浓。随着浆液浓度的增加，裂隙将被逐渐充填，浆液注入率将逐渐减少，当达到结束标准时，就结束灌浆。这种方法适用于透水性不大，裂隙不甚发育，岩层比较坚硬完整的地方。

（2）分级升压法

是将整个灌浆压力分为几个阶段，逐级升压直到预定的压力。开始时，从最低一级压力起灌，当浆液注入率减少到规定的下限时，将压力升高一级，如此逐级升压，直到预定的灌浆压力。

6. 浆液稠度的控制

灌浆过程中，必须根据灌浆压力或吸浆率的变化情况，适时调整浆液的稠度，使岩层的大小缝隙既能灌饱，又不浪费。浆液稠度的变换按先稀后浓的原则控制，这是由于稀浆的流动性较好，宽细裂隙都能进浆，使细小裂隙先灌饱，之后随着浆液稠度逐渐变浓，其他较宽的裂隙也能逐步得到良好的充填。

7. 灌浆的结束条件与封孔

灌浆的结束条件，一般用两个指标来控制，一个是残余吸浆量，又称最终吸浆量，即灌到最后的限定吸浆量；另一个是闭浆时间，即在残余吸浆量不变的情况下保持设计规定压力的延续时间。

帷幕灌浆时，在设计规定的压力之下，灌浆孔段的浆液注入率小于0.4L/min时，再延续灌注60min（自上而下法）或30min（自下而上法）；或浆液注入率不大于1.0L/min时，继续灌注90min或60min，就可结束灌浆。

对于固结灌浆，其结束标准是浆液注入率不大于0.4L/min，延续时间30min，灌浆可以结束。

灌浆结束以后，应随即将灌浆孔清理干净。对于帷幕灌浆孔，宜采用浓浆灌浆法填实，再用水泥砂浆封孔；对于固结灌浆，孔深小于10m时，可采用机械压浆法进行回填封孔，即通过深入孔底的灌浆管压入浓水泥浆或砂浆，顶出孔内积水，随浆面的上升，缓慢提升灌浆管，当孔深大于10m时，他的封孔与帷幕孔相同。

（五）灌浆的质量检查

基岩灌浆属于隐蔽性工程，必须加强灌浆质量的控制与检查。为此，一方面，要认真做好灌浆施工的原始记录，严格灌浆施工的工艺控制，防止违规操作；另一方面，要在一个灌浆区灌浆结束以后，进行专门性的质量检查，做出科学的灌浆质量评定。基岩灌浆的质量检查结果，是整个工程验收的重要依据。

灌浆质量检查的方法很多，常用的有：在已灌地区钻设检查孔，通过压水试验和浆液注入率试验进行检查；通过检查孔，钻取岩芯进行检查，或进行钻孔照相和孔内电视，观察孔壁的灌浆质量；开挖平洞、竖井或钻设大口径钻孔，检查人员直接进去观察检查，并在其中进行抗剪强度、弹性模量等方面的试验；利用地球物理勘探技术，测定基岩的弹性模量、弹性波速等，对比这类参数在灌浆前后的变化，借以判断灌浆的质量和效果。

四、化学灌浆

化学灌浆是在水泥灌浆基础上发展起来的新型灌浆方法。它是将有机高分子材料配制成的浆液灌入地基或建筑物的裂缝中经胶凝固化后，达到防渗、堵漏、补强、加固的目的。

它主要用于裂隙与空隙细小（0.1mm 以下），颗粒材料不能灌入；对基础的防渗或强度有较高要求；渗透水流的速度较大，其他灌浆材料不能封堵等情况。

（一）化学灌浆的特性

化学灌浆材料有很多品种，每种材料都有其特殊的性能，按灌浆的目的可分为防渗堵漏和补强加固两大类。属于防渗堵漏的有水玻璃、丙凝类、聚氨酯类等，属于补强加固的有环氧树脂类、甲凝类等。化学浆液有以下特性：

（1）化学浆液的黏度低，有的接近于水，有的比水还小，其流动性好，可灌性高，可以灌入水泥浆液灌不进去的细微裂隙中。

（2）化学浆液的聚合时间可以比较准确地控制，从几秒到几十分钟，有利于机动灵活地进行施工控制。

（3）化学浆液聚合后的聚合体，渗透系数很小，通常为 10-6 ～ 10-5cm/s，防渗效果好。

（4）有些化学浆液聚合体本身的强度及粘结强度比较高，可承受高水头。

（5）化学灌浆材料聚合体的稳定性和耐久性均较好，能抗酸、碱及微生物的侵蚀。

（6）化学灌浆材料都有一定毒性，在配制、施工过程中要十分注意防护，并切实防止对环境的污染。

（二）化学灌浆的施工

由于化学材料配制的浆液为真溶液，不存在粒状灌浆材料所存在的沉淀问题，故化学灌浆都采用纯压式灌浆。

化学灌浆的钻孔和清洗工艺及技术要求与水泥灌浆基本相同，也遵循分序加密的原则进行钻孔灌浆。

化学灌浆的方法，按浆液的混合方式区分，有单液法灌浆和双液法灌浆。一次配制成的浆液或两种浆液组分在泵送灌注前先行混合的灌浆方法称为单液法。两种浆液

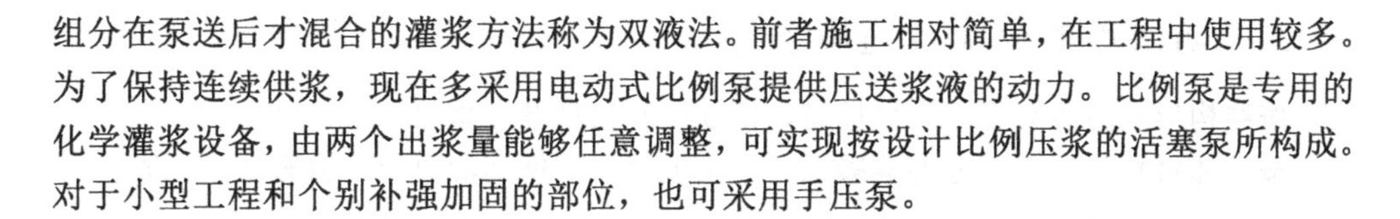
组分在泵送后才混合的灌浆方法称为双液法。前者施工相对简单，在工程中使用较多。为了保持连续供浆，现在多采用电动式比例泵提供压送浆液的动力。比例泵是专用的化学灌浆设备，由两个出浆量能够任意调整，可实现按设计比例压浆的活塞泵所构成。对于小型工程和个别补强加固的部位，也可采用手压泵。

第二节　防渗墙

防渗墙是一种修建在松散透水底层或土石坝中起防渗作用的地下连续墙。防渗墙技术在 20 世纪 50 年代起源于欧洲，因其结构可靠、施工简单、适应各类底层条件、防渗效果好以及造价低等优点，现在国内外得到广泛应用。

一、防渗墙特点

（一）适用范围较广

适用于多种地质条件，如沙土、沙壤土、粉土及直径小于 10mm 的卵砾石土层，都可以做连续墙，对于岩石地层可以使用冲击钻成槽。

（二）实用性较强

广泛应用于水利水电、工业民用建筑、市政建设等各个领域。塑性混凝土防渗墙可以在江河、湖泊、水库堤坝中起到防渗加固作用；刚性混凝土连续墙可以在工业民用建筑、市政建设中起到挡土、承重作用。混凝土连续墙深度可达 100 多 m。三峡二期围堰轴线全长 1439.6m，最大高度 82.5m，最大填筑水深达 60m，最大挡水水头达 85m，防渗墙最大高度 74m。

（三）施工条件要求较宽

地下连续墙施工时噪声低、振动小，可以在较复杂条件下施工，可昼夜施工，加快施工速度。

（四）安全、可靠

地下连续墙技术自诞生以来有了较大发展，在接头的连接技术上也有了很大进步，较好地完成了段与段之间的连接，其渗透系数可达到 10 ～ 7cm/s 以下。作为承重和挡土墙，可以做成刚度较大的钢筋混凝土连续墙。

（五）工程造价较低

10cm 厚的混凝土防渗墙造价约为 240 元 /m^2，40cm 厚的防渗墙造价约为 430 元 /m。

二、防渗墙的分类及适用条件

按结构形式防渗墙可分为桩柱型、槽板型和板桩灌注型等。

按墙体材料防渗墙可分为混凝土、黏土混凝土、钢筋混凝土、自凝灰浆、固化灰浆及少灰混凝土等。

防渗墙的分类及其适用条件见表 2-2。

表 2-2　防渗墙的类型及适用条件

	防渗墙类型		特点	适用条件
按结构形式分类	桩柱型	搭接	单孔钻进后浇筑混凝土建成桩柱，桩柱间搭接一定厚度成墙，不易塌孔。造孔精度要求高，搭接厚度不易保证，难以形成等厚度的墙体	各种地层，特别是深度较浅、成层复杂、容易塌孔的地层。多用于低水头工程
		联接	单号孔先钻进建成桩柱，双号孔用异形钻头和双反弧钻头钻进，可连接建成等厚度墙体，施工工艺机具较复杂，不易塌孔，单接缝多	各种地层，特殊条件下，多用于地层深度较大的工程
	槽板型		将防渗墙沿轴线方向分成一定长度两槽段，各槽段分期施工，槽段间卸料用不同连接形式连接成墙。接缝少，工效高，墙厚均匀，防渗效果好。措施不当易发生塌孔现象和不易保证墙体质量	采用不同机具，适用于各种不同深度的地层
	板桩灌注型		打入特制钢板桩，提桩注浆成墙，工效高，墙厚小，造价低	深度较浅的松软地层，低水头堤、闸、坝防渗处理
按墙体材料分类	混凝土		普通混凝土，抗压强度和弹性模量较高，抗渗性能好	一般工程
	黏土混凝土		抗渗性能好	一般工程
	钢筋混凝土		能承受较大的弯矩和应力	结构有特殊要求
	自凝灰浆和固化灰浆		灰浆固壁、自凝成墙，或泥浆固壁然后向泥浆内掺加凝结材料成墙，强度低，弹模低，塑性好	多用于低水头或临时建筑物
	少灰混凝土		利用开挖渣料，掺加黏土和少量水泥，采用岸坡倾灌法浇筑成墙	临时性工程，或有特殊要求的工程

三、防渗墙的作用与结构特点

（一）防渗墙的作用

防渗墙是一种防渗结构，但其实际的应用已远远超出防渗的范围，可用来解决防渗、防冲、加固、承重及地下截流等工程问题。具体的运用主要有以下几个方面：

（1）控制闸、坝基础的渗流。

（2）控制土石围堰及其基础的渗流。

（3）防止泄水建筑物下游基础的冲刷。

（4）加固一些有病害的土石坝及堤防工程。

（5）作为一般水工建筑物基础的承重结构。

（6）拦截地下潜流，抬高地下水位，形成地下水库。

（二）防渗墙的构造特点

防渗墙的类型较多，但从其构造特点来说，主要是两类：槽孔（板）型防渗墙和桩柱型防渗墙。前者是我国水利水电工程中混凝土防渗墙的主要形式。防渗墙系垂直防渗措施，其立面布置有两种形式：封闭式与悬挂式。封闭式防渗墙是指墙体插入到基岩或相对不透水层一定深度，以实现全面截断渗流的目的。而悬挂式防渗墙，墙体只深入地层一定深度，仅能加长渗径，无法完全封闭渗流。对于高水头的坝体或重要的围堰，有时设置两道防渗墙，共同作用，按一定比例分担水头。这时应注意水头的合理分配，避免造成单道墙承受水头过大而破坏，这对另一道墙也很危险的。

防渗墙的厚度主要由防渗要求、抗渗耐久性、墙体的应力与强度及施工设备等因素确定。其中，防渗墙的耐久性是指抵抗渗流侵蚀及化学溶蚀的性能，这两种破坏作用均与水力梯度有关。

不同的墙体材料具有不同的抗渗耐久性，其允许水力梯度值也就不同。如普通混凝土防渗墙的允许水力梯度值一般在 80 ～ 100，而塑性混凝土因其抗化学溶蚀性能较好，可达 300，水力梯度值一般在 50 ～ 60。

（三）防渗性能

根据混凝土防渗墙深度、水头压力及地质条件的不同，混凝土防渗墙可以采用不同的厚度，从 0.20 ～ 1.5m 不等。目前，塑性混凝土防渗墙越来越受到重视，它是在普通混凝土中加入黏土、膨润土等掺合材料，大幅度降低水泥掺量而形成的一种新型塑性防渗墙体材料。塑性混凝土防渗墙因其弹性模量低，极限应变大，使得塑性混凝土防渗墙在荷载作用下，墙内应力和应变都很低，可提高墙体的安全性和耐久性，而且施工方便，节约水泥，降低工程成本，具有良好的变形和防渗性能。

有的工程对墙的耐久性进行了研究，粗略地计算防渗墙抗溶蚀的安全年限。根据已经建成的一些防渗墙统计，混凝土防渗墙实际承受的水力坡降可达 100。对于较浅的混凝土防渗墙在承受低水头的情况下，可使用薄墙，厚度为 0.22 ～ 0.35m。

四、防渗墙的墙体材料

防渗墙的墙体材料，按其抗压强度和弹性模量，一般分为刚性材料和柔性材料。可在工程性质与技术经济比较后，选择合适的墙体材料。

刚性材料包括普通混凝土、黏土混凝土和掺粉煤灰混凝土等，其抗压强度大于5MPa，弹性模量大于10 000MPa。柔性材料的抗压强度则小于5MPa，弹性模量小于10 000MPa，包括塑性混凝土、自凝灰浆和固化灰浆等。另外，现在有些工程开始使用强度大于25MPa的高强混凝土，来适应高坝深基础对防渗墙的技术要求。

（一）普通混凝土

是指其强度在7.5～20MPa，不加其他掺合料的高流动性混凝土。由于防渗墙的混凝土是在泥浆下浇筑，故要求混凝土能在自重下自行流动，并有抗离析与保持水分的性能。其坍落度一般为18～22cm，扩散度为34～38cm。

（二）黏土混凝土

在混凝土中掺入一定量的黏土（一般为总量的12%～20%），不仅可以节省水泥，还可以降低混凝土的弹性模量，改变其变形性能，增加其和易性，改善其易堵性。

（三）粉煤灰混凝土

在混凝土中掺加一定比例的粉煤灰-能改善混凝土的和易性，降低混凝土发热量，提高混凝土密实性和抗侵蚀性，并且具有较高的后期强度。

（四）塑性混凝土

以黏土和(或)膨润土取代普通混凝土中的大部分水泥所形成的一种柔性墙体材料。

塑性混凝土与黏土混凝土有本质区别，因为后者的水泥用量降低并不多，掺黏土的主要目的是改善和易性，并未过多改变弹性模量。塑性混凝土的水泥用量仅为80～100kg/mL使得其强度低，特别是弹性模量值低到与周围介质（基础）相接近，这时，墙体适应变形的能力大大提高，几乎不产生拉应力，减少了墙体出现开裂现象的可能性。

（五）自凝灰浆

是在固壁浆液（以膨润土为主）中加入水泥和缓凝剂所制成的一种灰浆，凝固前作为造孔用的固壁泥浆，槽孔造成后则自行凝固成墙。

（六）固化灰浆

在槽锻造孔完成后，向固壁的泥浆中加入水泥等固化材料，沙子、粉煤灰等掺合料，水玻璃等外加剂，经机械搅拌或压缩空气搅拌之后，凝固成墙体。

五、防渗墙的施工工艺

槽孔（板）型的防渗墙，是由一段段槽孔套接而成的地下墙。尽管在应用范围、

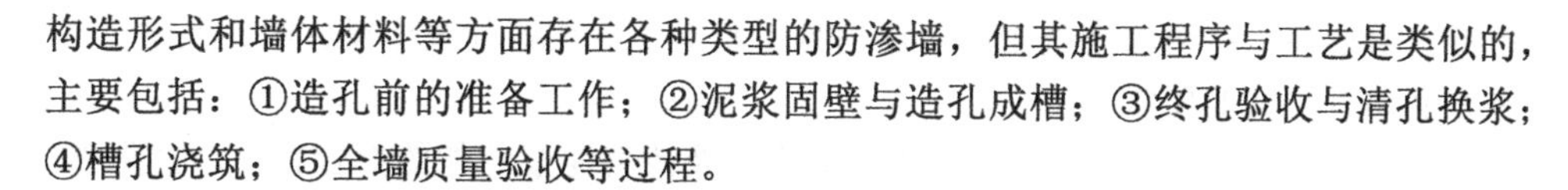

构造形式和墙体材料等方面存在各种类型的防渗墙，但其施工程序与工艺是类似的，主要包括：①造孔前的准备工作；②泥浆固壁与造孔成槽；③终孔验收与清孔换浆；④槽孔浇筑；⑤全墙质量验收等过程。

（一）造孔准备

造孔前准备工作是防渗墙施工的一个重要环节。

必须根据防渗墙的设计要求和槽孔长度的划分，做好了槽孔的测量定位工作，并在此基础上设置导向槽。

导向槽的作用是：导墙是控制防渗墙各项指标的基准，导墙和防渗墙的中心线必须一致，导墙宽度一般比防渗墙的宽度多 3 ～ 5cm，它指示挖槽位置，为挖槽起导向作用；导墙竖向面的垂直度是决定防渗墙垂直度的首要条件，导墙顶部应平整，保证导向钢轨的架设和定位；导墙可防止槽壁顶部坍塌，保持泥浆压力，防止坍塌和阻止废浆脏水倒流入槽，保证地面土体稳定，在导墙之间每隔 1 ～ 3m 加设临时木支撑；导墙经常承受灌注混凝土的导管、钻机等静、动荷载，可以起到重物支承台的作用；维持稳定液面的作用，特别是地下水位很高的地段，为维持稳定液面，至少要高出地下水位 1m；导墙内的空间有时可作为稳定液的贮藏槽。

导向槽可用木料、条石、灰拌土或混凝土制成。导向槽沿防渗墙轴线设在槽孔上方，导向槽的净宽一般等于或略大于防渗墙的设计厚度，高度以 1.5 ～ 2.0m 为宜。为了维持槽孔的稳定，要求导向槽底部高出地下水位 0.5m 以上。为了防止地表积水倒流和便于自流排浆，其顶部高程应比两侧地面略高。

钢筋混凝土导墙常用现场浇筑法。其施工顺序是：平整场地、测量位置、挖槽与处理弃土、绑扎钢筋、支模板、灌注混凝土、拆模板并且设横撑、回填导墙外侧空隙并碾压密实。

导墙的施工接头位置，应与防渗墙的施工接头位置错开。另外还可设置插铁以保持导墙的连续性。

导向槽安设好后，在槽侧铺设造孔钻机的轨道，安装钻机，修筑运输道路，架设动力和照明路线以及供水供浆管路，做好排水排浆系统，并向槽内充灌泥浆，保持泥浆液面在槽顶以下 30 ～ 50cm。做好这些准备工作以后，就能开始造孔。

（二）固壁泥浆和泥浆系统

在松散透水的地层和坝（堰）体内进行造孔成墙，如何维持槽孔孔壁的稳定是防渗墙施工的关键技术之一。工程实践表明，泥浆固壁是解决这类问题的主要方法。泥浆固壁的原理是：由于槽孔内的泥浆压力要高于地层的水压力，使泥浆渗入槽壁介质中，其中较细的颗粒进入空隙，较粗的颗粒附在孔壁上，形成泥皮。泥皮对地下水的流动形成阻力，使槽孔内的泥浆与地层被泥皮隔开。泥浆一般具有较大的密度，所产生的侧压力通过泥皮作用在孔壁上，就保证了槽壁的稳定。

泥浆除了固壁作用外，在造孔过程中，还有悬浮和携带岩屑、冷却润滑钻头的作用；成墙以后，渗入孔壁的泥浆和胶结在孔壁的泥皮，还对防渗起辅助作用。由于泥浆的特殊重要性，在防渗墙施工中，国内外工程对于泥浆的制浆土料、配比及质量控制等方面均有严格的要求。

泥浆的制浆材料主要有膨润土、黏土、水以及改善泥浆性能的掺合料，如加重剂、增黏剂、分散剂和堵漏剂等。制浆材料通过搅拌机进行拌制，经筛网过滤后，放入专用储浆池备用。

我国根据大量的工程实践，提出制浆土料的基本要求是黏粒含量大于50%，塑性指数大于20，含砂量小于5%，氧化硅与三氧化二铝含量的比值以3～4为宜。配制而成的泥浆，其性能指标，应根据地层特性、造孔方法及泥浆用途等，通过试验选定。

（三）造孔成槽

造孔成槽工序约占防渗墙整个施工工期的一半。槽孔的精度直接影响防渗墙的质量。选择合适的造孔机具与挖槽方法对于提高施工质量、加快施工速度至关重要。混凝土防渗墙的发展和广泛应用，也是与造孔机具的发展和造孔挖槽技术的改进密切相关的。

用于防渗墙开挖槽孔的机具，主要有冲击钻机、回转钻机、钢绳抓斗及液压铣槽机等。它们的工作原理、适用的地层条件及工作效率有一定差别。对于复杂多样的地层，一般要多种机具配套使用。

进行造孔挖槽时，为了提高工效，通常要先划分槽段，然后在一个槽段内，划分主孔和副孔，采用钻劈法、钻抓法或分层钻进等方法成槽。

各种造孔挖槽的方法，都采用泥浆固壁，在泥浆液面下钻挖成槽的。在造孔过程中，要严格按操作规程施工，防止掉钻、卡钻、埋钻等事故发生；必须经常注意泥浆液面的稳定，发现严重漏浆，要及时补充泥浆，采取了有效的止漏措施；要定时测定泥浆的性能指标，并控制在允许范围以内；应及时排除废水、废浆、废渣，不允许在槽口两侧堆放重物，以免影响工作，甚至造成孔壁坍塌；要保持槽壁平直，保证孔位、孔斜、孔深、孔宽以及槽孔搭接厚度、嵌入基岩的深度等满足规定的要求，防止了漏钻漏挖和欠钻欠挖。

（四）终孔验收和清孔换浆

终孔验收的项目和要求，见表2-3。验收合格方准进行清孔换浆，清孔换浆的目的是在混凝土浇筑前，对留在孔底的沉渣进行清除，换上新鲜泥浆，以保证混凝土和不透水地层连接的质量。清孔换浆应该达到的标准是：经过1h后，孔底淤积厚度不大于10cm，孔内泥浆密度不大于1.3，黏度不大于30s，含砂量不大于10%。一般要求清孔换浆以后4h内开始浇筑混凝土，如果不能按时浇筑，应采取措施，防止落淤，否则，在浇筑前要重新清孔换浆。

表2-3　防渗墙终孔验收项目及要求

终孔验收项目	终孔验收要求	终孔验收项目	终孔验收要求
槽位允许偏差	±3cm	一、二期槽孔搭接孔位中心偏差	≤1/3设计墙厚

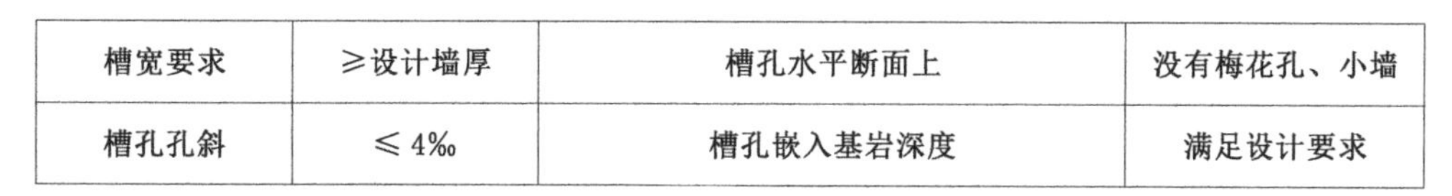

槽宽要求	≥设计墙厚	槽孔水平断面上	没有梅花孔、小墙
槽孔孔斜	≤ 4‰	槽孔嵌入基岩深度	满足设计要求

（五）墙体浇筑

防渗墙的混凝土浇筑和一般混凝土浇筑不同，是在泥浆液面下进行的，泥浆下浇筑混凝土的主要特点是：

（1）不允许泥浆与混凝土掺混形成泥浆夹层。

（2）确保混凝土与基础以及一、二期混凝土之间的结合。

（3）连续浇筑，一气呵成。

泥浆下浇筑混凝土常用直升导管法。清孔合格后，立即下设钢筋笼、预埋管、导管和观测仪器。导管由若干节管径 20 ～ 25cm 的钢管连接而成，沿槽孔轴线布置，相邻导管的间距不宜大于 3.5m，一期槽孔两端的导管距端面以 1.0 ～ 1.5m 宜，开浇时导管口距孔底 10 ～ 25cm，把导管固定在槽孔口。当孔底高差大于 25cm 时，导管中心应布置在该导管控制范围的最低处。这样布置导管，有利于全槽混凝土面的均衡上升，有利于一、二期混凝土的结合，并且可防止混凝土与泥浆掺混。槽孔浇筑应严格遵循先深后浅的顺序，即从最深的导管开始，由深到浅一个一个导管依次开浇，待全槽混凝土面浇平以后，再全槽均衡上升。

每个导管开浇时，先下入导注塞，并在导管中灌入适量的水泥砂浆，准备好足够数量的混凝土，将导注塞压到导管底部，使管内泥浆挤出管外。然后将导管稍微上提，使导注塞浮出，一举将导管底端被泻出的砂浆和混凝土埋住，保证后续浇筑的混凝土不至于泥浆掺混。

在浇筑过程中，应保证连续供料，一气呵成；保持导管埋入混凝土的深度不小于 1m；维持全槽混凝土面均衡上升，上升速度不应小于 2m/h，高差控制在 0.5m 范围内。

混凝土上升到距孔口 10m 左右，常因沉淀砂浆含砂量大，稠度增浓，压差减小，增加浇筑困难。这时可用空气吸泥器，砂泵等抽排浓浆，以便浇筑顺利进行。

浇筑过程中应注意观测，做好混凝土面上升的记录，防止了堵管、埋管、导管漏浆和泥浆掺混等事故的发生。

六、防渗墙的质量检查

对混凝土防渗墙的质量检查应按规范及设计要求进行，主要有如下几个方面：

（1）槽孔的检查，包括几何尺寸和位置、钻孔偏斜、入岩深度等。

（2）清孔检查，包括槽段接头、孔底淤积厚度及清孔质量等。

（3）混凝土质量的检查，包括原材料、新拌料的性能、硬化后的物理力学性能等。

（4）墙体的质量检测，主要通过钻孔取芯、超声波及地震透射层析成像（CT）技术等方法全面检查墙体的质量。

第三节　砂砾石地基处理

一、沙砾石地基灌浆

（一）沙砾石地基的可灌性

沙砾石地基的可灌性是指沙砾石地基能否接受灌浆材料灌入的一种特性。是决定灌浆效果的先决条件。其主要取决于地层的颗粒级配、灌浆材料的细度、灌浆压力及灌浆工艺等。

$$M=\frac{D_{15}}{d_{85}} \tag{2-1}$$

式中，M—— 可灌比。

D_{15} —— 砂砾石地层颗粒级配曲线上含量为 15% 的粒径，mm。

d_{85} —— 灌浆材料颗粒级配曲线上含量为 85% 的粒径，mm。

可灌比 M 越大，接受颗粒灌浆材料的可灌性越好。通常 M=10 ～ 15 时，可以灌注水泥黏土浆；当 M ≥ 15 时，可以灌水泥浆。

（二）灌浆材料

多用水泥黏土浆液。一般水泥和黏土的比例为 1 ∶ 1 ～ 1 ∶ 4，水和干料的比例为 1 ∶ 1 ～ 1 ∶ 6。

（三）钻灌方法

沙砾石地基的钻孔灌浆方法有：①打管灌浆；②套管灌浆；③循环钻灌；④预埋花管灌浆等。

1. 打管灌浆

打管灌浆就是将带有灌浆花管的厚壁无缝钢管，直接打入受灌地层中，并利用它进行灌浆。其程序是：先将钢管打入到设计深度，再用压力水将管内冲洗干净，然后用灌浆泵灌浆，或利用浆液自重进行自流灌浆。灌完一段之后，将钢管起拔一个灌浆段高度，再进行冲洗和灌浆，如此自下而上，拔一段灌一段，直到结束。

这种方法设备简单，操作方便，适用于砂砾石层较浅、结构松散、颗粒不大、容易打管和起拔的场合，用这种方法所灌成的帷幕，防渗性能较差，多用于临时性工程（如围堰）。

2. 套管灌浆

套管灌浆的施工程序是一边钻孔，一边跟着下护壁套管。或者，一边打设护壁套管，一边冲掏管内的沙砾石，直到套管下到设计深度。然后将钻孔冲洗干净，下入灌浆管，起拔套管到第一灌浆段顶部，安好止浆塞，对第一段进行灌浆。如此自下而上，逐段提升灌浆管和套管，逐段灌浆，直至结束。

采用这种方法灌浆，由于有套管护壁，不会产生第二段灌浆坍孔埋钻等事故。但是，在灌浆过程中，浆液容易沿着套管外壁向上流动，甚至产生地表冒浆。如果灌浆时间较长，则又会胶结套管，造成起拔的困难。

3. 循环钻灌

循环钻灌是一种自上而下，钻一段灌一段，钻孔与灌浆循环进行的施工方法。钻孔时用黏土浆或最稀一级水泥黏土浆固壁。钻孔长度，也就是灌浆段的长度，视孔壁稳定和砂砾石层渗漏程度而定，容易坍孔和渗漏严重的地层，分段短一些，反之则长一些，一般为 1 ～ 2m。灌浆时可利用钻杆作灌浆管。

用这种方法灌浆，做好孔口封闭，是防止地面抬动及地表冒浆提高灌浆质量的有效措施。

4. 预埋花管灌浆

预埋花管灌浆的施工程序：

（1）用回转式钻机或冲击钻钻孔，跟着下护壁套管，一次直达孔的全深。

（2）钻孔结束后，立即进行清孔，清除孔壁残留的石渣。

（3）再套管内安设花管，花管的直径一般为 73 ～ 108mm，沿管长每隔 33 ～ 50cm 钻一排 3 ～ 4 个射浆孔，孔径 1cm，射浆孔外面用橡皮箍紧。花管底部要封闭严密牢固，按设花管要垂直对中，不能偏在套管的一侧。

（4）在花管与套管之间灌注填料，边下填料边起拔套管，连续灌注，直到全孔填满套管拔出为止。

（5）填料待凝 10d 左右，达到一定强度，严密牢固地将花管与孔壁之间的环形圈封闭起来。

（6）在花管中下入双栓灌浆塞，灌浆塞的出浆孔要对准花管之上准备灌浆的射浆孔。然后用清水或稀浆逐渐升压，压开花管上的橡皮圈，压穿填料，形成通路，为浆液进入砂砾石层创造条件，称为开环。开环以后，继续用稀浆或清水灌注 5 ～ 10min，再开始灌浆。每排射浆孔就是一个灌浆段。灌完一段，移动双栓灌浆塞，使其出浆孔对准另一排射浆孔，进行另一灌浆段的开环灌浆。由于双栓灌浆塞的构造特点，可以在任一灌浆段进行开环灌浆，必要之时还可以进行复灌，比较机动灵活。

用预埋花管法灌浆，由于有填料阻止浆液沿孔壁和管壁上升，很少发生冒浆、串浆现象，灌浆压力可相对提高，灌浆比较机动，可以重复灌浆，对灌浆质量较有保证。国内外比较重要的沙砾石层灌浆，多采用这种方法，其缺点是花管被填料胶结以后，不能起拔，耗用管材较多。

二、水泥土搅拌桩

近几年，在处理淤泥、淤泥质土、粉土、粉质黏土等软弱地基时，经常采用深层搅拌桩进行复合地基加固处理。深层搅拌是利用水泥类浆液和原土通过叶片强制搅拌形成墙体的技术。

（一）技术特点

多头小直径深层搅拌桩机的问世，使防渗墙的施工厚度变为 8 ～ 45cm，在江苏、湖北、江西、山东、福建等省广泛应用并已取得很好的社会效益。该技术使各幅钻孔搭接形成墙体，使排柱式水泥土地下墙的连续性、均匀性都有大幅度的提高。从现场检测结果看：墙体搭接均匀、连续整齐、美观、墙体垂直偏差小，满足搭接要求。该工法适用于黏土、粉质黏土、淤泥质土以及密实度中等以下的砂层，且施工进度和质量不受地下水位的影响。从浆液搅拌混合后形成“复合土”的物理性质分析，这种复合土属于“柔性”物质，从防渗墙的开挖过程中还可以看到，防渗墙与原地基土无明显的分界面，即“复合土”与周边土胶结良好。因而目前防洪堤的垂直防渗处理，在墙身不大于 18m 的条件下优先选用深层搅拌桩水泥土防渗墙。

（二）防渗性能

防渗墙的功能是截渗或增加渗径，防止堤身和堤基的渗透破坏。影响水泥搅拌桩渗透性的因素主要有流体本身的性质、水泥搅拌土的密度、封闭气泡和孔隙的大小及分布。因此，从施工工艺上看，防渗墙的完整性和连续性是关键，当墙厚不应小于 20cm 时，成墙 28d 后渗透系数 $K < 10^{-6}$cm/s，抗压强度 $R > 0.5$MPa。

3. 复合地基

当水泥土搅拌桩用来加固地基，形成复合地基用以提高地基承载力时，应符合以下规定：

（1）竖向承载搅拌桩的长度应根据上部结构对承载力和变形的要求确定，并应穿透软弱土层到达承载力相对较高的土层；设置的搅拌桩同时为提高抗滑稳定性时，其桩长应超过危险滑弧 2.0m 以上。干法的加固深度不宜大于 15m；湿法及型钢水泥土搅拌墙（桩）的加固深度应考虑机械性能的限制。单头、双头加固深度不宜大于 20m，多头及型钢水泥土搅拌墙（桩）的深度不宜超过 35m。

（2）竖向承载力水泥土搅拌桩复合地基的承载力特征值应通过现场单桩或多桩复合地基荷载试验确定，初步设计时也可按《建筑地基处理技术规范》（JGJ 79-2012）的相关公式进行估算。

（3）竖向承载搅拌桩复合地基中的桩长超过 10m 时，可采用变掺量设计。在全桩水泥总掺量不变的前提下，桩身上部 1/3 桩长范围内可适当增加水泥掺量及搅拌次数；桩身下部 1/3 桩长范围内可适当减少水泥掺量。

（4）竖向承载搅拌桩的平面布置可根据上部结构特点及对地基承载力和变形的要求，采用柱状、壁状、格栅状或块状等加固形式。桩可只在刚性基础平面范围内布置，独立基础下的桩数不宜少于 3 根。柔性基础应通过验算在基础内、外布桩。柱状加固可采用正方形、等边三角形等布桩形式。

三、高压喷射灌浆

高压喷射灌浆是利用钻机造孔，然后将带有特制合金喷嘴的灌浆管下到地层预定位置，以高压把浆液或水、气高速喷射到周围地层，对地层介质产生冲切、搅拌及挤压等作用，同时被浆液置换、充填和混合，待浆液凝固后，就在地层中形成一定形状的凝结体。高压喷射灌浆是利用旋喷机具造成旋喷桩以提高地基的承载能力，也可以作联锁桩施工或定向喷射成连续墙用于防渗。可适用于砂土、黏性土、淤泥等地基的加固，对砂卵石（最大粒径小于 20cm）的防渗也有较好的效果。

通过各孔凝结体的连接，形成板式或墙式的结构，不仅可以提高基础的承载力，而且成为一种有效的防渗体。由于高压喷射灌浆具有对地层条件适用性广、浆液可控性好、施工简单等优点，近年来在国内外都得到了广泛应用。

（一）技术特点

高压喷射灌浆防渗加固技术适用于软弱土层，包括第四纪冲积层、洪积层、残积层以及人工填土等。实践证明，对砂类土、黏性土、黄土和淤泥等土层，效果较好。对粒径过大和含量过多的砾卵石以及有大量纤维质的腐殖土地层，一般应通过现场试验确定施工方法，对含有粒径 2 ～ 20cm 的砂砾石地层，在强力的升扬置换作用之下，仍可实现浆液包裹作用。

高压喷射灌浆不仅在黏性土层、砂层中可用，在砂砾卵石层中也可用。经过多年的研究和工程试验证明，只要控制措施和工艺参数选择得当，在各种松散地层均可采用，以烟台市夹河地下水库工程为例，采用高喷灌浆技术的半圆相向对喷和双排摆喷菱形结构的新的施工方案，成功地在夹河卵砾石层中构筑了地下水库截渗坝工程。

该技术可灌性、可控性好，接头连接可靠，平面布置灵活，适应性地层广，深度较大，对施工场地要求不高等特点。

（二）高压喷射灌浆作用

高压喷射灌浆的浆液以水泥浆为主，其压力一般在 10 ～ 30MPa，它对地层的作用和机理有如下几个方面：

（1）冲切掺搅作用。高压喷射流通过对原地层介质的冲击、切割和强烈扰动，使浆液扩散充填地层，并与土石颗粒掺混搅和，硬化后形成凝结体，从而改变原地层结构和组分，达到防渗加固的目的。

（2）升扬置换作用。随高压喷射流喷出的压缩空气，不仅对射流的能量有维持作用，而且造成孔内空气扬水的效果，使冲击切割下来的地层细颗粒和碎屑升扬至孔口，空余部分由浆液代替，起到置换作用。

（3）挤压渗透作用。高压喷射流的强度随射流距离的增加而衰减，至末端虽不能冲切地层，但对地层仍能产生挤压作用；同时，喷射后的静压浆液对地层还产生渗透凝结层，有利于进一步提高抗渗性能。

（4）位移握裹作用。对于地层中的小块石，由于喷射能量大，以及升扬置换作用，浆液可填满块石四周空隙，并将其握裹；对大块石或块石集中区，如降低提升速度，提高喷射能量，可以使块石产生位移，浆液便深入到空（孔）隙中去。

总之，在高压喷射、挤压、余压渗透及浆气升串的综合作用下，产生握裹凝结作用，从而形成连续和密实的凝结体。

（三）防渗性能

在高压喷射流的作用下切割土层，被切割下来的土体与浆液搅拌混合，进而固结，形成防渗板墙。不同地层及施工方式形成的防渗体结构体的渗透系数稍有差别，一般说来其渗透系数小于 10^{-7}cm/s。

（四）高压喷射凝结体

1. 凝结体的形式

凝结体的形式与高压喷射方式有关。常见有三种：

（1）喷嘴喷射时，边旋转边垂直提升，简称旋喷，可形成圆柱形凝结体。

（2）喷嘴的喷射方向固定，则称定喷，可形成板状凝结体。

（3）喷嘴喷射时，边提升边摆动，简称摆喷，形成哑铃状或扇形凝结体。

为了保证高压喷射防渗板（墙）的连续性与完整性，必须使各单孔凝结体在其有效范围内相互可靠连接，这与设计的结构布置形式以及孔距有很大关系。

2. 高压喷射灌浆的施工方法

目前，高压喷射灌浆的基本方法有单管法、二管法、三管法及多管法等几种，它们各有特点，应根据工程要求和地层条件选用。

（1）单管法

采用高压灌浆泵以大于 2.0MPa 的高压将浆液从喷嘴喷出，冲击和切割周围地层，并产生搅和、充填作用，硬化后形成凝结体。该方法施工简易，但有效范围小。

（2）双管法

有两个管道，分别将浆液和压缩空气直接射入地层，浆压达 45 ～ 50MPa，气压 1 ～ 1.5MPa。由于射浆具有足够的射流强度和比能，易于将地层加压密实。这种方法工效高，效果好，尤其适合处理地下水丰富、香大粒径块石及孔隙率大的地层。

（3）三管法

用水管、气管和浆管组成喷射杆，水、气的喷嘴在上，浆液的喷嘴在下。随着喷射杆的旋转和提升，先有高压水和气的射流冲击扰动地层，再以低压注入浓浆进行掺混搅拌。常用参数为：水压 38 ～ 40MPa，气压 0.6 ～ 0.8MPa，浆压 0.3 ～ 0.5MPa。

如果将浆液也改为高压（浆压达 20 ～ 30MPa）喷射，浆液可以对地层进行二次切割、充填，其作用范围就更大。

（4）多管法

其喷管包含输送水、气、浆管、泥浆排出管和探头导向管。采用超高压水射流（40MPa）切削地层，所形成的泥浆由管道排出，用探头测出地层中形成的空间，最后由浆液、砂浆、砾石等置换充填。多管法可在地层中形成直径较大的柱状凝结体。

（五）施工程序与工艺

高压喷射灌浆的施工程序主要有造孔、下喷射管、喷射提升（旋转或摆动）及最后成桩或墙。

1. 造孔

在软弱透水的地层进行造孔，应采用泥浆固壁或跟管（套管法）的方法确保成孔。造孔机具有回转式钻机、冲击式钻机等。目前用得较多的是立轴式液压回转钻机。

为保证钻孔质量，孔位偏差应不大于 1 ～ 2cm，孔斜率小于 1%。

2. 下喷射管

用泥浆固壁的钻孔，可以将喷射管直接下入孔内，直到孔底。用跟管钻进的孔，可在拔管前向套管内注入密度大的塑性泥浆，边拔边注，并保持液面与孔口齐平，直至套管拔出，再将喷射管下到孔底。

将喷嘴对准设计的喷射方向，不偏斜，是确保喷射灌浆成墙的关键。

3. 喷射灌浆

根据设计的喷射方法与技术要求，将水、气、浆送入喷射管，喷射 1 ～ 3min 待注入的浆液冒出后，按预定的速度自上而下边喷射边转动、摆动，逐渐提升到设计高度。

进行高压喷射灌浆的设备由造孔、供水、供气、供浆及喷灌等五大系统组成。

4. 施工要点

（1）管路、旋转活接头和喷嘴必须拧紧，达到安全密封；高压水泥浆液、高压水和压缩空气各管路系统均应不堵不漏不串。设备系统安装后，必须经过运行试验，试验压力达到工作压力的 1.5 ～ 2.0 倍。

（2）旋喷管进入预定深度后，应先进行试喷，待达到预定压力和流量后，再提升旋喷。中途发生故障，应立即停止提升和旋喷，以防止桩体中断。同时进行检查，排除故障。若发现浆液喷射不足，影响桩体质量时，应进行复喷。施工中应做好详细记录。旋喷水泥浆应严格过滤，防止水泥结块和杂物堵塞喷嘴及管路。

（3）旋喷结束后要进行压力注浆，以补填桩柱凝结收缩后产生的顶部空穴。每次施工完毕后，必须立即用清水冲洗旋喷机具和管路，检查磨损情况，例如有损坏零部件应及时更换。

（六）旋喷桩的质量检查

旋喷桩的质量检查通常采取钻孔取样、贯入试验、荷载试验或开挖检查等方法。对于防渗的联锁桩、定喷桩，应进行渗透试验。

第四节　灌注桩工程

灌注桩是先用机械或人工成孔，然后再下钢筋笼后灌注混凝土形成的基桩。其主要作用是提高地基承载力、侧向支撑等。

根据其承载性状可分为摩擦型桩、端承摩擦桩、端承型桩及摩擦端承桩；根据其使用功能分为竖向抗压桩、竖向抗拔桩、水平受荷桩、复合受荷桩；根据其成孔形式主要分为冲击成孔灌注桩、冲抓成孔灌注桩、回转钻成孔灌注桩、潜水钻成孔灌注桩及人工挖扩成孔灌注桩等。

一、灌注桩的适应地层

（1）冲击成孔灌注桩：适用于黄土、黏性土或粉质黏土和人工杂填土层中应用，特别适合于有孤石的沙砾石层、漂石层、坚硬土层、岩层中使用，对流砂层亦可克服，但对淤泥及淤泥质土，则应慎重使用。

（2）冲抓成孔灌注桩：适用于一般较松软黏土、粉质黏土、沙土、沙砾层及软质岩层应用。

（3）回转钻成孔灌注桩：适用于地下水位较高的软、硬土层，如淤泥、黏性土、沙土、软质岩层。

（4）潜水钻成孔灌注桩：适用于地下水位较高的软、硬土层，如淤泥、淤泥质土、黏土、粉质黏土、沙土、砂夹卵石及风化页岩层中使用，不得用于漂石。

（5）人工扩挖成孔灌注桩：适用于地下水位较低的软、硬土层，如淤泥、淤泥质土、黏土、粉质黏土、沙土、砂夹卵石以及风化页岩层中使用。

二、桩型的选择

桩型与工艺选择应根据建筑结构类型、荷载性质、桩的使用功能、穿越土层、桩端持力层土类、地下水位、施工设备、施工环境、施工经验、制桩材料供应条件等，选择经济合理、安全适用的桩型和成桩工艺。排列基桩时，宜使桩群承载力合力点与长期荷载重心重合，并使桩基受水平力及力矩较大方向有较大的截面模量。

三、设计原则

桩基采用以概率理论为基础的极限状态设计法，以可靠指标度量桩基的可靠度，采用以分项系数表达的极限状态设计表达式进行计算。按两类极限状态进行设计：承载能力极限状态和正常使用极限状态。

（一）设计等级

根据建筑规模、功能特征、对差异变形的适应性、场地地基和建筑物体型的复杂性以及由于桩基问题可能造成建筑破坏或影响正常使用的程度，应将桩基设计分为三个设计等级。

甲级：重要的建筑；30 层以上或高度超过 100m 的高层建筑；体型复杂且层数相差超过 10 层的高低层（含纯地下室）连体建筑；20 层以上框架——核心筒结构及其他对差异沉降有特殊要求的建筑；场地和地基条件复杂的 7 层以上的通常建筑及坡地、岸边建筑；对相邻既有工程影响较大的建筑。

乙级：除甲级、丙级以外的建筑。

丙级：场地和地基条件简单、荷载分布均匀的 7 层及 7 层以下的一般建筑。

（二）桩基承载能力计算

应根据桩基的使用功能和受力特征分别进行桩基的竖向承载力计算和水平承载力计算；应对桩身和承台结构承载力进行计算；对于桩侧土不排水抗剪强度小于 10kPa，且长径比大于 50 的桩应进行桩身压屈验算；对于混凝土预制桩应按吊装、运输和锤击作用进行桩身承载力验算；对于钢管桩应进行局部压屈验算；当桩端平面以下存在软弱下卧层时，应进行软弱下卧层承载力验算；对位于坡地、岸边的桩基应进行整体稳定性验算；对于抗浮、抗拔桩基，应该进行基桩和群桩的抗拔承载力计算；对于抗震设防区的桩基应进行抗震承载力验算。

（三）桩基沉降计算

设计等级为甲级的非嵌岩桩和非深厚坚硬持力层的建筑桩基；设计等级为乙级的体型复杂、荷载分布显得不均匀或者桩端平面以下存在软弱土层的建筑桩基；软土地基多层建筑减沉复合疏桩基础。

四、灌注桩设计

（一）桩体

（1）配筋率：当桩身直径为 300～2 000mm 时，正截面配筋率可取 0.65%～0.2%（小直径桩取高值）；对受荷载特别大的桩、抗拔桩及嵌岩端承桩应根据计算确定配筋率，并不应小于上述规定值。

（2）配筋长度：

①端承型桩和位于坡地岸边的基桩应沿桩身等截面或变截面通长配筋。

②桩径大于 600mm 的摩擦型桩配筋长度不应小于 2/3 桩长；当受水平荷载时，配筋长度尚不宜小于 $4.0/\alpha$（α 为桩的水平变形系数）。

③对于受地震作用的基桩，桩身配筋长度应穿过可液化土层和软弱土层，进入稳定土层的深度不应小于相关规定的深度。

④受负摩阻力的桩、因先成桩后开挖基坑而随地基土回弹的桩，其配筋长度应穿

过软弱土层并进入稳定土层，进入的深度不应小于 2 ～ 3 倍桩身直径。

⑤专用抗拔桩及因地震作用、冻胀或膨胀力作用而受拔力的桩，应等截面或者变截面通长配筋。

（3）对于受水平荷载的桩，主筋不应小于 8φ12；对于抗压桩和抗拔桩，主筋不应少于 6φ10；纵向主筋应沿桩身周边均匀布置，其净距不应小于 60mm。

（4）箍筋应采用螺旋式，直径不应小于 6mm，间距宜为 200 ～ 300mm；受水平荷载较大桩基、承受水平地震作用的桩基以及考虑主筋作用计算桩身受压承载力时，桩顶以下 5d 范围内的箍筋应加密，间距不应大于 100mm；当桩身位于液化土层范围内时箍筋应加密；当考虑箍筋受力作用时，箍筋配置应符合现行国家标准《混凝土结构设计规范（2015 年版）》（GB 50010-2010）的有关规定；当钢筋笼的长度超过 4m 时，应每隔 2m 设一道直径不小于 12mm 的焊接加劲箍筋。

（5）桩身混凝土及混凝土保护层厚度应符合下列要求：

①桩身混凝土强度等级不得小于 C25，混凝土预制桩尖强度等级不得小于 C30。

②灌注桩主筋的混凝土保护层厚度不应小于 35mm，水下灌注桩的主筋混凝土保护层厚度不得小于 50mm。

（二）承台

（1）桩基承台的构造，应满足抗冲切、抗剪切、抗弯承载力和上部结构要求，尚应符合：独立柱下桩基承台的最小宽度不应小于 500mm，边桩中心至承台边缘的距离不应小于桩的直径或边长，且桩的外边缘至承台边缘的距离不应小于 150mm。对于墙下条形承台梁，桩的外边缘至承台梁边缘的距离不应小于 75mm，承台的最小厚度不应小于 300mm。

（2）桩与承台的连接构造应符合下列规定：

①桩嵌入承台内的长度对中等直径桩不宜小于 50mm；对大直径桩不宜小于 100mm。

②混凝土桩的桩顶纵向主筋应锚入承台内，其锚入长度不宜小于 35 倍纵向主筋直径。

③对于抗拔桩，桩顶纵向主筋的锚固长度应按现行国家标准《混凝土结构设计规范（2015 年版）》（GB 50010-2010）确定。

④对于大直径灌注桩，当采用一柱一桩时可设置專台或将桩与柱直接连接。

（3）承台与承台之间的连接构造应符合下列规定：

①一柱一桩时，应在桩顶两个主轴方向上设置联系梁，当桩与柱的截面直径之比大于 2 时，可不设联系梁。

②两桩桩基的承台，应在其短向设置联系梁。

③有抗震设防要求的柱下桩基承台，宜沿两个主轴方向设置联系梁。

④联系梁顶面宜与承台顶面位于同一标高。联系梁宽度不宜小于 250mm，其高度可取承台中心距的 1/10 ～ 1/15，且不宜小于 400mm。

⑤联系梁配筋应按计算确定，梁上下部配筋不宜小于 2 根直径 12mm 钢筋；位于

同一轴线上的联系梁纵筋宜通长配置。

（4）柱与承台的连接构造应符合下列规定：

①对于一柱一桩基础，柱与桩直接连接时，柱纵向主筋锚入桩身内长度不应小于35倍纵向主筋直径。

②对于多桩承台，柱纵向主筋应锚入承台不应该小于35倍纵向主筋直径；当承台高度不满足锚固要求时，竖向锚固长度不应小于20倍纵向主筋直径，并向柱轴线方向呈90°弯折。

③当有抗震设防要求时，对于一、二级抗震等级的柱，纵向主筋锚固长度应乘以1.15的系数；对于三级抗震等级的柱，纵向主筋锚固长度应乘以1.05的系数。

五、施工前的准备工作

（一）施工现场

施工前应根据施工地点的水文、工程地质条件及机具、设备、动力、材料、运输等情况，布置施工现场。

（1）场地为旱地时，应平整场地、清除杂物、换除软土及夯打密实，钻机底座应布置在坚实的填土上。

（2）场地为陡坡时，可用木排架或枕木搭设工作平台，平台应牢固可靠，保证施工顺利进行。

（3）场地为浅水时，可采用筑岛法，岛顶平面应高出水面1～2m。

（4）场地为深水时，根据水深、流速、水位涨落、水底地层等情况，采用固定式平台或浮动式钻探船。

（二）灌注桩的试验（试桩）

灌注桩正式施工前，应先打试桩。试验内容包括：荷载试验和工艺试验。

（1）试验目的。选择合理的施工方法、施工工艺和机具设备；验证明桩的设计参数，如桩径和桩长等；鉴定或确定桩的承载能力和成桩质量能否满足设计要求。

（2）试桩施工方法。试桩所用的设备与方法，应与实际成孔成桩所用者相同；一般可用基桩做试验或选择有代表性的地层或预计钻进困难的地层进行成孔、成桩等工序的试验、着重查明地质情况，判定成孔、成桩工艺方法是否适宜；试桩的材料和截面、长度必须与设计相同。

（3）试桩数目。工艺性试桩的数目根据施工具体情况决定；力学性试桩的数目，一般不少于实际基桩总数的3%，且不少于2根。

（4）荷载试验。灌注桩的荷载试验，一般应作垂直静载试验和水平静载试验。

垂直静载试验的目的是测定桩的垂直极限承载力，测定各土层的桩侧极摩擦阻力和桩底反力，并查明桩的沉降情况。试验加载装置，一般采用油压千斤顶。千斤顶的加载反力装置可根据现场实际条件而定。一般均采用锚桩横梁反力装置。加载与沉降的测量与试验资料整理，可参照有关规定。

水平静载试验的目的是确定桩的允许水平荷载作用下的桩头变位（水平位移和转角），一般只有在设计要求时才进行。

加载方式、方法、设备、试验资料的观测、记录整理等，参照有关规定。

（三）编制施工流程图

为确保钻孔灌注桩施工质量，使施工按规定程序有序地进行作业，应该编制钻孔灌注桩施工流程图。

（四）测量放样

根据建设单位提供的测量基线和水准点，由专业测量人员制作施工平面控制网。采用极坐标法对每根桩孔进行放样。为保证放样准确无误，对每根桩必须进行三次定位，即第一次定位挖、埋设护筒；第二次校正护筒；第三次在护筒上用十字交叉法定出桩位。

（五）埋设护筒

埋设护筒应准确稳定。护筒内径一般应比钻头直径稍大；用冲击或冲抓方法时，大约 20cm，用回转法者，大约 10cm。护筒一般有木质、钢质与钢筋混凝土三种材质。

护筒周围用黏土回填并夯实。当地基回填土松散、孔口易坍塌时，应该扩大护筒坑的挖埋直径或在护筒周围填砂浆混凝土，护筒埋设深度一般为 1 ～ 1.5m；对于坍塌较深的桩孔，应增加护筒埋设深度。

（六）制备泥浆

制浆用黏土的质量要求、泥浆搅拌和泥浆性能指标等，均应符合有关规定。泥浆主要性能指标：比重 1.1 ～ 1.15，黏度 10 ～ 25s，含砂率小于 6%，胶体率大于 95%，失水量小于 30mL/min，pH 值 7 ～ 9。

泥浆的循环系统主要包括：制浆池、泥浆池、沉淀池和循环槽等。开动钻机较多时，一般采用集中制浆与供浆。用抽浆泵通过主浆管和软管向各孔桩供浆。

泥浆的排浆系统由主排浆沟、支排浆沟和泥浆沉淀池组成。沉淀池内的泥浆采用泥浆净化机净化后，由泥浆泵抽回泥浆池以便再次利用。

废弃的泥浆与渣应按环境保护的有关规定进行处理。

六、造孔

（一）造孔方法

钻孔灌注桩造孔常用的方法有：冲击钻进法、冲抓钻进法、冲击反循环钻进法、泵吸反循环钻进法、正循环回转钻进法等，可根据具体的情况进行选用。

（二）造孔

施工平台应铺设枕木和台板，安装钻机应保持稳固、周正、水平。开钻前提钻具，校正孔位。造孔时，钻具对准测放的中心开孔钻进。施工中应经常检测孔径、孔形和孔斜，严格控制钻孔质量。出渣时，及时补给泥浆，保证钻孔内浆液面的泥浆稳定，防止塌孔。

根据地质勘探资料、钻进速度、钻具磨损程度及抽筒排出的钻渣等情况，判断换层孔深。如钻孔进入基岩，立即用样管取样。经现场地质人员鉴定，确定终孔深度。终孔验收时，桩位孔口偏差不得大于5cm，桩身垂直度偏斜应小于1%，当上述指标达到规定要求时，才能进入下道工序施工。

（三）清孔

（1）清孔的目的。清孔的目的是抽、换孔内泥浆，清除孔内钻渣，尽量减少孔底沉淀层厚度，防止桩底存留过厚沉淀砂土而降低桩的承载力，确保灌注混凝土的质量。

终孔检查后，应立即清孔。清孔时应不断置换泥浆，直至灌注水下混凝土。

（2）清孔的质量要求。清孔的质量要求是应清除孔底所有的沉淀沙土。当技术上确有困难时，允许残留少量不成浆状的松土，其数量应按合同文件的规定。清孔后灌注混凝土前，孔底500mm以内的泥浆性能指标：含砂率为8%。比重应小于1.25，漏斗黏度不大于28s。

（3）清孔方法。根据设计要求、钻进方法、钻具和土质条件决定清孔方法。常用的清孔方法有正循环清孔、泵吸反循环清孔、空压机清孔和掏渣清孔等。

正循环清孔，适用于淤泥层、沙土层和基岩施工的桩孔。孔径一般小于800mm。其方法是在终孔后，将钻头提离孔底10～20cm空转，并且保持泥浆正常循环。输入比重为1.10～1.25的较纯的新泥浆循环，把钻孔内悬浮钻渣较多的泥浆换出。根据孔内情况，清孔时间一般为4～6h。

泵吸反循环清孔，适用于孔径600～1500mm及更大的桩孔。清孔时，在终孔后停止回转，将钻具提离孔底10～20cm，反循环持续到满足清孔要求为止。清孔时间一般为8～15min。

空压机清孔，其原理与空压机抽水洗井的原理相同，适用于各种孔径、深度大于10m各种钻进方法的桩孔。一般是在钢筋笼下入孔内后，将安有进气管的导管吊入孔中。导管下入深度距沉渣面30～40cm。由于桩孔不深，混合器可以下到接近孔底以增加沉没深度。清孔开始时，应向孔内补水。清孔停止时，应先关风后断水，防止水头损失而造成塌孔。送风量由小到大，风压一般为0.5～0.7MPa。

掏渣清孔，干钻施工的桩孔，不应该用循环液清除孔内虚土，应采用掏渣等或者加碎石夯实的办法。

七、钢筋笼制作与安装

（一）一般要求

（1）钢筋的种类、钢号、直径应符合设计要求。钢筋的材质应进行物理力学性能或化学成分的分析试验。

（2）制作前应除锈、调直（螺旋筋除外）。主筋应尽量用整根钢筋。焊接的钢材，应作可焊性和焊接质量的试验。

（3）当钢筋笼全长超过 10m 时，宜分段制作。分段后的主筋接头应互相错开，同一截面内的接头数目不多于主筋总根数的 50%，两个接头的间距应大于 50cm。接头可采用搭接、绑条或坡口焊接。加强筋与主筋间采用点焊连接，箍筋和主筋间采用绑扎方法。

（二）钢筋笼的制作

制作钢筋笼的设备与工具有：电焊机、钢筋切割机、钢筋圈制作台和钢筋笼成型支架等。钢筋笼的制作程序如下：

（1）根据设计，确定箍筋用料长度。将钢筋成批切割好备用。

（2）钢筋笼主筋保护层厚度一般为 6 ～ 8cm。绑扎或焊接钢筋混凝土预制块，焊接环筋。环的直径不小于 10mm，焊在主筋外侧。

（3）制作好的钢筋笼在平整的地面上放置，应防止变形。

（4）按图纸尺寸和焊接质量要求检查钢筋笼（内径应比导管接头外径大 100mm 以上）。不合格者不得使用。

（三）钢筋笼的安装

钢筋笼安装用大型吊车起吊，对准桩孔中心放入孔内。例如桩孔较深，钢筋笼应分段加工，在孔口处进行对接。采用单面焊缝焊接，焊缝应饱满，不得咬边夹渣。焊缝长度不小于 10d。为保证钢筋笼的垂直度，钢筋笼在孔口按桩位中心定位，使其悬吊在孔内。

下放钢筋笼应防止碰撞孔壁。如下放受阻，应查明原因，不得强行下插。一般采用正反旋转，缓慢逐步下放。安装完毕后，经有关人员对钢筋笼的位置、垂直度、焊缝质量、箍筋点焊质量等全面进行检查验收，合格后才能下导管灌注混凝土。

八、混凝土的配置与灌注

（一）一般规定

（1）桩身混凝土按条件养护 28d 后应达到下列要求：

抗压强度达到相应标号的标准强度。

凝结密实，胶结良好，不得有蜂窝、空洞、裂缝、稀释、夹层和夹泥渣等不良现象。水泥砂浆与钢筋黏结良好，不得有脱黏露筋现象。

有特殊要求的混凝土或钢筋混凝土的其他性能指标，应达到设计要求。

（2）配制混凝土所用材料和配合比除应符合设计规定外，并且应满足下列要求：水泥除应符合国家标准外，其按标准方法规定的初凝时间不宜小于 3 ～ 4h。

桩身混凝土，容重一般为 2 300 ～ 2 400kg/m3、水泥强度等级不低于 42.5，水泥用量不得少于 360kg/m^3。

混凝土坍落度一般为 18 ～ 22cm。

粗骨料可选用卵石或碎石，最大粒径应小于 40mm，并不得大于导管的 1/6 ～ 1/8 和钢筋最小净距的 1/3，一般用 5 ～ 40mm 为宜。细骨料宜采用质地坚硬的天然中、粗砂。

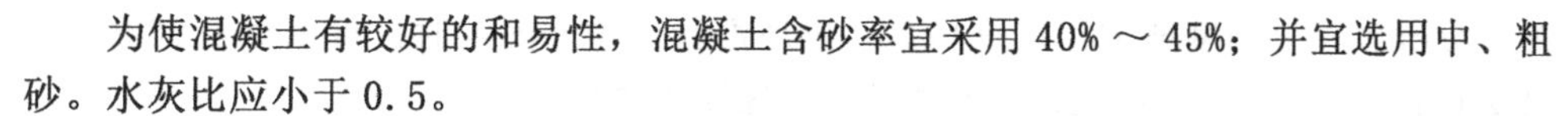

为使混凝土有较好的和易性，混凝土含砂率宜采用 40% ～ 45%；并宜选用中、粗砂。水灰比应小于 0.5。

混凝土拌合用水，与水泥起化学作用的水达到水泥质量的 15% ～ 20% 即可。多余的水只起润滑作用，即搅成混凝土具有和易性。混凝土灌注完毕后，多余水逐渐蒸发，在混凝土中留下小气孔，气孔越多，强度越低，因此要控制用水量，洁净的天然水和自来水都可使用。

添加剂为改善水下混凝土的工艺性能，加速施工进度和节约水泥，可在混凝土中掺入添加剂。其种类、加入量按设计要求确定。

（二）水下混凝土灌注

灌注混凝土要严格按照有关规定进行施工。混凝土灌注分为干孔灌注和水下灌注，一般均采用导管灌注法。

混凝土灌注是钻孔灌注桩的重要工序，应予特别注意。钻孔应经过质量检验合格后，才能进行灌注工作。

1. 灌注导管

灌注导管用钢管制作，导管壁厚不宜小于 3mm，直径宜为 200 ～ 300mm，每节导管长度，导管下部第一根为 4 000 ～ 6 000mm，导管中部为 1 000 ～ 2 000mm，导管上部为 300 ～ 500mm，密封形式采用橡胶圈或橡胶皮垫，适用桩径为 600 ～ 1 500mm。

2. 导管顶部应安装漏斗和贮料斗

漏斗安装高度应适应操作为宜，在灌注到最后阶段时，能满足对导管内混凝土柱高度的需要，以保证上部桩身的灌注质量。混凝土柱的高度，一般在桩底低于桩孔中水面时，应比水面到少高出 2m。漏斗与贮料斗应有足够的容量来贮存混凝土，以保证首批灌入的混凝土量能达到 1 ～ 1.2m 的埋管高度。

3. 灌注顺序

灌注前，应再次测定孔底沉渣厚度。如厚度超过规定，应再次进行清孔。当下导管时，导管底部与孔底的距离以能放出隔水碱和混凝土为原则，一般为 30 ～ 50cm。桩径小于 6 010mm 时，可适当加大导管底部至孔底距离。

（1）首批混凝土连续不断地灌注后，应有专人测量孔内混凝土面深度，并计算导管埋置深度，一般控制在 2 ～ 6m，不得小于 1m 或大于 6m。严禁导管提出混凝土面。应及时填写水下混凝土灌注记录。如发现导管内大量进水，应立即停止灌注，查明原因，处理后再灌注。

（2）水下灌注必须连续进行，严禁中途停灌。灌注中，应注意观察管内混凝土下降和孔内水位变化情况，及时测量管内混凝土面上升高度及分段计算充盈系数（充盈系数应在 1.1 ～ 1.2），不得小于 1。

（3）导管提升时，不得挂住钢筋笼，可设置防护三角形加筋板或设置锥形法兰护罩。

（4）灌注将结束时，由于导管内混凝土柱高度减小，超压力降低，而导管外的泥浆及所含渣土稠度增加，比重增大。出现混凝土顶升困难时，可以小于300mm的幅度上下串动导管，但不允许横向摆动，确保灌注顺利进行。

(5)终灌时，考虑到泥浆层的影响，实灌桩顶混凝土面应高于设计桩顶0.5m以上。

(6)施工过程中，要协调混凝土配制、运输和灌注各道工序的合理配合，以保证灌注连续作业和灌注质量。

九、灌注桩质量控制

混凝土灌注桩是一种深入地下的隐蔽工程，其质量不能直接进行外观检查。如果在上部工程完成后发现桩的质量问题，要采取必要的补救措施以消除隐患是非常困难的。所以在施工的全过程中，必须采取有效的质量控制措施，以确保灌注桩质量完全满足设计要求。灌注桩质量包括桩位、桩径、桩斜、桩长、桩底沉渣厚度、桩顶浮渣厚度、桩的结构、混凝土强度、钢筋笼，以及有否断桩夹泥、蜂窝、空洞及裂缝等内容。

（一）桩位控制

施工现场泥泞较多，桩位定好后，无法长期保存，护筒埋设以后尚需校对。为确保桩位质量，可采取精密测量方法，即用经纬仪定向，钢皮尺测距的办法定位。护筒埋设时，再次进行复测。采用焊制的坐标架校正护筒中心同桩位中心，保持一致。

（二）桩斜控制

埋设护筒采用护筒内径上下两端十字交叉法定心，通过两中心点，能确保护筒垂直。钻机就位后，钻杆中心悬垂线通过护筒上下两中心点，开孔定位即能确保准确、垂直。回转钻进时要匀速给进。当土层变硬时应轻压、慢给进、高转速；钻具跳动时，应轻压、低转速。必要时，采用加重块配合减压钻进。遇较大块石，可以用冲抓锥处理。冲抓时提吊钢绳不能过度放松。及时测定孔斜，保证孔率小于1%。发现孔斜过大，立即采取纠斜措施。

（三）桩径控制

根据地层情况，合理选择钻头直径，对桩径控制有重要作用。在黏性土层中钻进，钻孔直径应比钻头直径大5cm左右。随着土层中含砂量的增加，孔径可比钻头直径大10cm。在砂层、砂卵石等松散地层，为防止坍塌掉块而造成超径现象，应合理使用泥浆。

（四）桩长控制

施工中对护筒口高程与各项设计高程都要搞清，正确进行换算。土层中钻进，锥形钻头的起始点要准确无误，根据不同土质情况进行调整。机具长度丈量要准确。冲击钻进或冲击反循环钻进要正确丈量钢绳长度，并且考虑负重后的伸长值，发现错误应及时更正。

（五）桩底沉渣控制

土层、砂层或砂卵石层钻进，一般用泥浆换浆方法清孔。应合理选择泥浆性能指

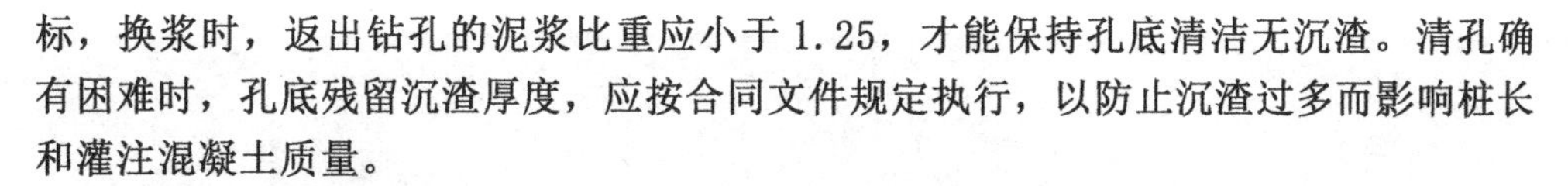

标，换浆时，返出钻孔的泥浆比重应小于1.25，才能保持孔底清洁无沉渣。清孔确有困难时，孔底残留沉渣厚度，应按合同文件规定执行，以防止沉渣过多而影响桩长和灌注混凝土质量。

（六）桩顶控制

灌注的混凝土，通过导管从钻孔底部排出，把孔底的沉渣冲起并填补其空间，随着灌注的继续，混凝土柱不断升高，由于沉渣比重经混凝土小，始终浮在最上面，形成桩顶浮渣。浮渣的密实性较差，与混凝土有明显区别。当混凝土灌注至最后一斗时，应准确探明浮渣厚度。计算调整末斗混凝土容量。灌注完以后再复查桩顶高度，达到设计要求时将导管拆除，否则应补料。

（七）混凝土强度控制

根据设计配合比，进行混凝土试配，快速保养检测。对混凝土配合比设计进行必要的调整。严格按规范把好水泥、砂、石的质量关。有质量保证书的也要进行核对。

灌注过程中，经常观察分析混凝土配合比，及时地测试坍落度。为节约水泥可加入适量的添加剂，减少加水量，提高混凝土强度。

严格按规定作试块，应在拌合机出料口取样，保证取样质量。

（八）桩身结构控制

制作钢筋笼不能超过规范允许的误差，包括主筋的搭接方式和长度。定心块是控制保护层厚度的主要措施，不能省略。钢筋笼的全部数据都应按隐蔽工程进行验收、记录。钢筋笼底应制成锥形，底面用环筋封端，以便顺利下放。起吊部位可增焊环筋，提高强度。起吊钢绳应放长。以减少两绳夹角，防止钢盘笼起吊进变形。确保导管密封良好，灌注时串动导管进提高不能过多，防止夹泥、断桩等质量事故发生。如发生这些事故，应将导管全部提出，处理好以后再下入孔内。

（九）原材料控制

（1）对每批进场的钢筋应严格检查其材质证明文件，抽样复核钢筋的机械性能，各项性能指标均符合设计要求才能使用。

（2）认真检查每批进场的水泥标号、出厂日期和出厂实验报告。使用前，对出厂水泥、砂、石的性能进行复核，并出水下混凝土试验，严禁使用不合格或过期硬化水泥。

十、工程质量检查验收

工程施工结束后，对桩基工程验收应提交的图纸、资料进行绘制、整理、汇总及施工质量的自检评价工作。同时会同建设、设计和监理单位，根据现场施工情况、施工记录与混凝土试块抗压强度报告表，选定适量的单桩若干根，委托建筑工程质量检测中心进行单桩垂直静载试验检查和桩基动测试验检查，评价桩的承载力和混凝土强度是否满足设计要求。

第三章　土石方施工

第一节　开挖方法

一、坝垛结构型式

坝垛结构均由两部分组成：一是土坝身，由壤土修筑，是裹护体依托的基础；二是裹护体，由石料等材料修筑。裹护体是坝基抗冲的“外衣”。坝基依靠裹护体保护，维持其不被水流冲刷，保其安全；裹护体发挥抗冲作用。裹护体的上部称为护坡或护坦，下部称为护根或护脚。上下部的界限一般按枯水位划分，也有按特定部位如根石台顶位置划分的。裹护体的材料多数采用石料，少数采用其他材料如混凝土板，或石料与其他材料结合使用，如护坡采用石料，护根采用了模袋混凝土、冲沙土袋等沉排。

石护坡依其表层石料（俗称沿子石）施工方法不同，一般分为乱石护坡、扣石护坡、砌石护坡三种，分别称为乱石坝、扣石坝、砌石坝。乱石护坡坡度较缓，坝外坡1∶1.5，内坡1∶1.3，沿子石由块石中选择较大石料粗略排整，使坡面大致保持平整；扣石护坡坡度与乱石护坡相同，沿子石由大块石略做加工，光面朝外斜向砌筑，构成坝坡面；砌石护坡坡度陡，一般仅为1∶0.3～1∶0.5。由于砌石坝坝坡陡，稳定性差，根石受水流冲刷，坡度变陡后坝体易发生突然滑塌险情，同时砌石坝依靠较大的根石断面维护坝的安全，不经济，因此这种坝型结构已被淘汰，不再新建，已经有的需拆改成乱石坝或扣石坝。

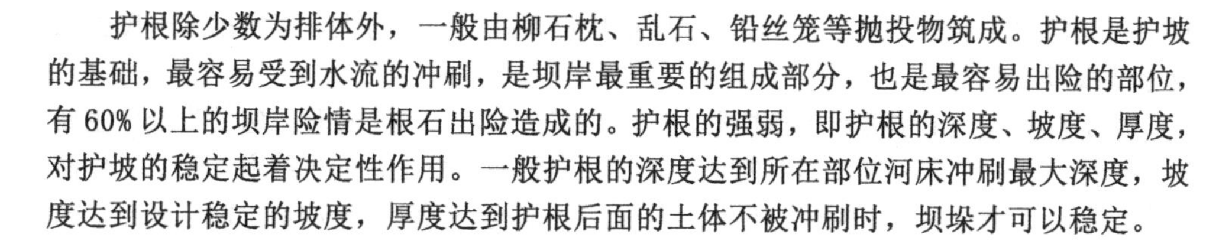
护根除少数为排体外，一般由柳石枕、乱石、铅丝笼等抛投物筑成。护根是护坡的基础，最容易受到水流的冲刷，是坝岸最重要的组成部分，也是最容易出险的部位，有60%以上的坝岸险情是根石出险造成的。护根的强弱，即护根的深度、坡度、厚度，对护坡的稳定起着决定性作用。一般护根的深度达到所在部位河床冲刷最大深度，坡度达到设计稳定的坡度，厚度达到护根后面的土体不被冲刷时，坝垛才可以稳定。

二、人工挖运

在我国的水利工程施工中，一些土方最小及不便于机械化施工的地方，用人工挖运还是比较普遍的。挖土用铁锹、镐等工具；运土用筐、手推车、架子车等工具。

人工开挖渠道时，应自中心向外，分层下挖，先深后宽，边坡处可按边坡比挖成台阶状，待挖至设计要求时，再进行削坡。如有条件应尽可能做到挖填平衡。必须弃土时，应先行规划堆土区，做到先挖远倒，后挖近倒，先平后高。

受地下水影响的渠道，应设排水沟，排水位本着上游照顾下游，下游服从上游的原则，即向下游放水的时间和流量，应照顾下游的排水条件；同时下游服从上游的需要。一般下游应先开工，并不得阻碍上游水量的排泄，来保证水流畅通。开挖主要有以下两种方式。

（一）一次到底法

一次到底法适用于土质较好，挖深 2 ～ 3m 的渠道。开挖时应先将排水沟挖到低于渠底设计高程 0.5m 处，然后再按阶梯状逐层向下开挖，直到渠底为止。

（二）分层下挖法

此法适用于土质不好，且挖深较大的渠道。将排水沟布置在渠道中部，先逐层挖排水沟，再挖渠道，直至挖到渠底为止。如渠道较宽，可采用翻滚排水沟。这种方法的优点是排水沟分层开挖，沟的断面小，土方量少，施工较安全。

三、机械开挖

单斗式挖掘机是仅有一个铲土斗的挖掘机械，均由行走装置、动力装置和工作装置三大部分组成。行走装置有履带式、轮胎式和步行式 3 类。常用的为履带式，它对地面的单位压力小，可在较软的地面上开行，但转移速度慢；动力装置有电动和内燃机两类，国内以内燃机式使用较多；工作装置有正向铲、反向铲、拉铲及抓铲 4 类，前两类应用最广泛。

工作装置可用钢索操纵或液压操纵。大、中型正向铲一般用钢索操纵，小压操纵的挖掘机结构紧凑、传动平稳、操纵灵活及工作效率高。

（一）正向铲挖掘机

正向铲挖掘机最适于挖掘停机面以上的土方，但也可挖停机面以下一定深度的土方，工作面高度一般不宜小于 1.5m，过低或开挖停机面以下的土方生产率较低。工程中正向铲的斗容量常用 1 ～ 4m3。正向铲稳定性好、铲土力大，可挖掘Ⅰ～Ⅳ类土及爆破石渣。

挖土机的每一工作循环包括挖掘、回转、卸土和返回 4 个过程。它的生产率主要决定于每斗的铲土量和每斗作业的延续时间。为了提高挖土机的生产率，除了工作面（指挖土机挖土时的工作空间，也称为掌子面）高度必须满足一次铲土能装满土斗的要求外，还要考虑开挖方式和与运土机械的配合问题，应该尽量减少回转角度，缩短每个循环的延续时间。

正向铲的挖土方式有两种，即正向掌子挖土和侧向掌子挖土。掌子的轮廓尺寸由挖土机的工作性能及运输方式决定。开挖基坑常采用正向掌子，并尽量采用最宽工作面，使汽车便于倒车和运土。

开挖料场、土丘及渠道土方，宜采用侧向掌子，汽车停在挖掘机的侧面，与挖掘机的开行路线平行，使得挖卸土的回转角度较小，省去汽车倒车与转弯时间，可提高挖土机生产率。

大型土方开挖工程，常常是先用正向掌子开道，将整个土场分成较小的开挖区，增加开挖前线，再用侧向掌子进行开挖，可以大大提高生产率。

（二）反向铲挖掘机

目前，工程中常用液压反铲。其最适于开挖停机面以下的土方，如基坑、渠道、管沟等土方，最大挖土深度为 4 ～ 6m，经济挖土深度为 1.5 ～ 3m。但也可开挖停机面以上的土方。常用反铲斗容量有 0.5m^3、1.0m^3、1.6m^3 等数种。反铲的稳定性及铲土力均较正铲为小，只能挖Ⅰ～Ⅱ类土。

反铲挖土可采用两种方式：一种是挖掘机位于沟端倒退着进行开挖，称为沟端开行；另一种是挖掘机位于沟侧，行进方向与开挖方向垂直，称作沟侧开行。后者挖土的宽度与深度小于前者，但能将土弃于距沟边较远的地方。

（三）拉铲挖掘机

常用拉铲的斗容量为 0.5m^3、1.0m^3、2.0m^3，4.0m^3 等数种。拉铲一般用于挖掘停机面以下的土方，最适于开挖水下土方及含水量大的土方。

拉铲的臂杆较长，且可利用回转通过钢索将铲斗抛至较远距离，故其挖掘半径、卸土半径和卸载高度均较大，最适于直接向弃土区弃土。在大型渠道、基坑的开挖与清淤及水下砂卵石开挖中应用较广泛。

拉铲的基本开挖方式，也可分为沟端开行和沟侧开行两种，沟端开行的开挖深度较大，但开挖宽度和卸土距离较小。

第二节　施工机械

进行施工机械选择及计算需收集相关资料，如施工现场自然地形条件、施工现场情况、能源供应、企业施工机械设备和使用管理水平等，结合工程实际，应注意以下几点：

（1）优先选用正铲挖掘机作为大体积集中土石方开挖的主要机械，再选择配套的运输机械和辅助机械。其具体机型的选定应充分考虑工程量大小、工期长短、开挖强度及施工部位特点和要求。

（2）对于开挖Ⅲ级以下土方、挖装松散土方和砂砾石、施工场地狭窄且不便于挖掘机作业的土石方挖装等情况，可选用装载机作为主要挖装机械。

（3）与土石方开挖机械配套的运输机械主要选用不同类型和规格的自卸汽车。自卸汽车的装载容量应与挖装机械相匹配，其容量宜取挖装机械铲斗斗容的 3 ～ 6 倍。

（4）对于弃渣场平整、小型基坑及不深的河渠土方开挖、配合开挖机械作掌子面清理和渣堆集散、配合铲运机开挖助推等工况，应该选用推土机。

（5）具备岸坡作业条件的水下土石方开挖，应优先考虑选择不同类型和规格的反铲、拉铲和抓斗挖掘机。

（6）不具备岸坡作业条件的水下土石方开挖，应选择水上作业机械。水上作业机械需与拖轮、泥驳等设备配套。

①采集水下天然砂石料，宜用链斗或轮斗式采砂船。

②挖掘水下土石方、爆破块石，包括水下清障作业，宜用铲斗船。

③范围狭窄而开挖深度大的水下基础工程，应该用抓斗船。

④开挖松散砂壤土、淤泥及软塑粘土等，宜用铰吸式挖泥船。

（7）钻孔凿岩机械的选择，根据岩石特性、开挖部位、爆破方式等综合分析后确定，同时考虑孔径、孔深、钻孔方向、风压和架设移动的方便程度等因素。

第三节　明挖施工

一、明挖施工程序

水利枢纽工程通常由若干单项工程项目组成，如坝、电站、通航建筑物等。安排土石方工程施工程序，首先要划分分部工程和施工区段。

分部工程通常按建筑物划分，如大坝、电站等。施工区段是按施工特性和施工要求来划分的，如船闸可分为上引航道、船闸及下引航道。区段划分除形态特征外，关键还在施工要求方面。如船闸和引航道在施工要求上就不一样，从工程进度上看，船闸基础开挖后，要进行混凝土工程施工和闸门等金属结构的安装以及调试等工作，需要较长时间。引航道一般只有开挖或筑堤，没有或仅有少量混凝土浇筑，工期相对不甚紧迫。施工程序上应选挖船闸基础，再挖引航道。在工程质量上，船闸基础开挖质量要求高，必须保证基础岩石的完整性，爆破控制较严格，引航道开挖质量要求稍低，则不太严格。

安排施工区段的施工程序，即安排各区段的施工先后次序，其主要原则如下。

（1）工种多，需要较长施工时间的区段应尽早施工；工种少、施工简单、又不影响整个工程或某部分完工日期的区段可后施工。

（2）工种不多，但对整个工程或部位起控制作用的区段，施工时将给主要区段带来干扰，甚至损害，这样的区段应先预施工。如峡谷地区大坝的岸坡开挖。

（3）本身不是主要区段，但它先施工可给整个工程或主要区段创造便利条件，或具有明显经济效益的区段，也应早期施工或一部分早期施工。

（4）对其他部分或区段无大的影响，又不控制工期的区段，应作为调节施工强度的区段，安排在两个高峰之间的低强度时施工。

（5）各区段的施工程序应与整个工程施工要求一致与施工导流及工程总进度符合。

二、明挖施工进度

各分部工程和施工区段的施工程序确定后，即对施工进度进行安排。安排施工进度时，必须根据工程的各个部分和区段的施工条件及开挖或填筑工程最选择施工方案和机械设备。依据各区段不同高程和位置的工作条件与工作场面大小，估算可能达到的施工强度，计算每个部位需要的施工时间，最后得出各部分和区段的总施工进度计划。

施工场面较大，施工条件方便，施工时间较长而强度不大的区段，可按其中等条件进行粗略估算。对施工条件较差、施工时间较短、施工强度大的控制性区段，应该按部位和高程分析其可能达到的施工强度和需要的施工时间。最后按施工程序和各分部或区段需要的施工时间，做出土石方工程的进度计划。

土石方工程施工进度反映出各分部工程和各区段的施工程序、施工的起止时间和施工强度。实际上也决定了施工方法、机械设备数量以及机械的规格型号。

除上所述，安排施工进度时必须考虑下述条件。

（1）土石方工程施工进度必须与整个工程的施工总进度一致，按工程总进度要求按期完成，如果某部分实在不能在总进度规定时间内完成，应修正总进度。

（2）应考虑气候条件，特别是土料施工时，应考虑雨季、冬季（冰冻）对施工的影响。在此期间是停工或是采取防护措施，应该进行分析比较而定。

（3）应考虑水文条件，特别是山区河流的洪水期与枯水期水位变化很大，某些

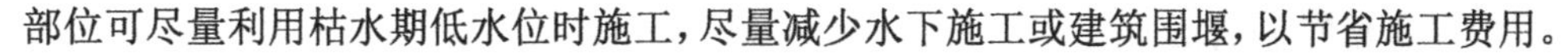

部位可尽量利用枯水期低水位时施工，尽量减少水下施工或建筑围堰，以节省施工费用。

（4）主要建筑物基础处理一般都比较费时间，基础施工要求严格，有时遇有断层、破碎带或洞室溶穴需要处理，安排进度应留有余地。

（5）在料场距离远，道路坡度大的山区，堆石坝填筑的最大施工强度，往往遭受道路昼夜允许行驶的车辆车次控制。

三、明挖施工方案选择

土石方工程施工方案的选择必须依据施工条件、施工要求和经济效果等进行综合考虑，具体因素有如下几个方面。

（1）土质情况。必须弄清土质类别，如粘性土、非粘性土或者岩石，以及密实程度、块体大小、岩石坚硬性、风化破碎情况。

（2）施工地区的地势地形情况和气候条件，距重要建筑物或居民区的远近。

（3）工程情况。工程规模大小、工程数量和施工强度、工作场面大小、施工期长短等。

（4）道路交通条件，修建道路的难易程度、运输距离远近。

（5）工程质量要求。主要决定于施工对象，如坝、电站厂房及其他重要建筑物的基础开挖、填筑应严格控制质量。通航建筑物的引航道应控制边坡不被破坏，不会引起塌方或滑坡。对一般场地平整的挖填有时是无质量要求的。

（6）机械设备。主要指设备供应或取得的难易、机械运转的可靠程度、维修条件与能力。当小型工程或施工时间不长时，为减少机械购置费用，可用原有的设备。但旧机械完好率低、故障多，工作效率必然较低，配置的机械数量应大于需要的量，以补偿其不足。工程数量巨大、施工期限很长的大型工程，应该采用技术性能好的新机械，虽然机械购置费用较多，但新机械完好率高，生产率也高，生产能力强，可保证工程顺利进行。

（7）经济指标。当几个方案或施工方法均能满足施工要求时，一般应以完成工程施工所花费用低者为最好。有时为了争取提前发电，经过经济比较后，也可选用工期短、费用较高的施工方案。

四、开挖方法

（一）钻孔爆破法

通过钻孔、装药、爆破开挖岩石的方法，简称钻爆法。这一方法从早期由人工手把钎、锤击凿孔，用火雷管逐个引爆单个药包，发展到用凿岩台车或多臂钻车钻孔，应用毫秒爆破、预裂爆破及光面爆破等爆破技术。施工前，要根据地质条件、断面大小、支护方式、工期要求以及施工设备、技术等条件，选定掘进方式。主要的掘进方式有以下几种：

1. 全断面掘进法

整个开挖断面一次钻孔爆破，开挖成型，全面推进。在隧洞高度较大时，也可分为上、下两部分，形成台阶，同步爆破，并行掘进，在地质条件和施工条件许可时，优先采用全断面掘进法。

2. 导洞法

先开挖断面的一部分作为导洞，再逐次扩大开挖隧洞的整个断面。这是在隧洞断面较大，由于地质条件或施工条件，采用全断面开挖有困难时，以中小型机械为主的一种施工方法。导洞断面不宜过大，以能适应装碴机械装碴、出碴车辆运输、风水管路安装和施工安全为度。导洞可增加开挖爆破时的自由面，有利于探明隧洞的地质和水文地质情况，并为洞内通风和排水创造条件。根据地质条件、地下水情况、隧洞长度和施工条件，确定采用下导洞、上导洞或中心导洞等。导洞开挖后，扩挖可以在导洞全长挖完之后进行，也可以和导洞开挖平行作业。

3. 分部开挖法

在围岩稳定性较差，一般需要支护的情况下，开挖大断面的隧洞时，可先开挖一部分断面，及时做好支护，然后再逐次扩大开挖。要用钻爆法开挖隧洞，通常从第一序钻孔开始，经过装药、爆破、通风散烟、出碴等工序，到开始第二序钻孔，作为一个隧洞开挖作业循环。尽量设法压缩作业循环时间，以加快掘进速度。20 世纪 80 年代，一些国家采用钻爆法在中硬岩中开挖断面面积为 $100m^3$ 左右的隧洞，掘进速度平均每月约为 200m。中国鲁布革水电站工程，开挖直径是 8.8m 的引水隧洞，单工作面平均月进尺达 231m，最高月进尺达 373.7m。

（二）掘进机法

掘进机是全断面开挖隧洞的专用设备。它利用大直径转动刀盘上的刀具对岩石的挤压、滚切作用来破碎岩石。隧洞掘进机开挖比钻爆法掘进速度快，用工少，施工安全，开挖面平整，造价低，但机体庞大，运输不便，只能适用于长洞的开挖，并且本机直径不能调整，对地质条件及岩性变化的适应性差，使用有局限性。

（三）新奥地利隧洞施工法

新奥地利隧洞施工法简称新奥法（NATM）涉及隧洞设计、施工及管理等方面一整套的工程技术方法。它的主要特点是：运用现代岩石力学的理论，充分考虑并利用围岩的自身承载能力，把衬砌与围岩当成一个整体看待；在施工过程中，必须进行现场量测，并应用量测资料修订设计和指导施工；采用预裂爆破、光面爆破等技术或用掘进机开挖，用锚杆和喷射混凝土等作为支护手段，并强调适时支护。总之，是在充分考虑围岩自身承载能力的基础上，因地制宜地搞好隧洞开挖与支护。

（四）盾构法

盾构法是利用盾构在软质地基或破碎岩层中掘进隧洞的施工方法。盾构是一种带有护罩的专用设备，利用尾部已装好的衬砌块作为支点向前推进，用刀盘切割土体，

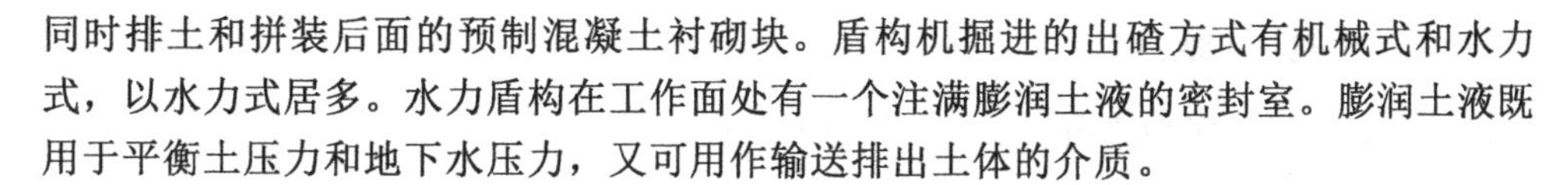

同时排土和拼装后面的预制混凝土衬砌块。盾构机掘进的出碴方式有机械式和水力式，以水力式居多。水力盾构在工作面处有一个注满膨润土液的密封室。膨润土液既用于平衡土压力和地下水压力，又可用作输送排出土体的介质。

（五）顶管法

为在地下修建涵洞或管道，用千斤顶将预制钢筋混凝土管或钢管逐渐顶入土层中，随顶管将土从管内挖出。这样将一节节管子顶入，做好接口，建成涵管。顶管法特别适于修建穿过已成建筑物或交通线下面的涵管。

第四节　砌石工程

一、主要施工方式

（一）干砌

不使用砂浆的砌石。每块沿子石先平放试安，确认底面贴实平稳，前沿与横线吻合一致，收分合格，接缝适中后，用小石顶紧卡严尾部，再砌侧面第二块沿子石。连砌 4 块短石后续砌长大丁字石一块，来加强内外衔接。

（二）浆砌

使用水泥石灰砂浆的砌石。先清除表面泥土、石渣，然后试放沿子石，待贴实平稳，缝口合适后，取出抹浆，重新安砌，并不再修打或更动。尾部试用小石卡紧填严，取出后铺浆再填入抹平。

（三）干填腹石

不使用砂浆填筑腹石。使用乱石，由坝顶通过抛石槽投放。沿子石每扣砌 1 ～ 2 层投石一次。按“大石在外，小石在内”原则，各石大面朝下，拣平排紧，小石塞严，空隙直径小于 11 厘米。小石不足时，要用八磅锤打碎小块石，用手锤砸填。高度低于沿子石，靠近沿子石处与沿子石平齐。

（四）浆砌腹石

使用砂浆砌筑腹石。腹石按干填要求填实，采用座浆法，做到了灰浆饱满，无干窝、灰窝。通常用水泥石灰砂浆，或水泥粘土砂浆砌筑。

（五）沿子石

简称“沿石”。指扣、砌坝（垛）岸表面的一层石料。通常由大块石中挑选，形状比较规则，有两个以上平面，扣砌时需专门加工。用以坚固坝面，增强御水抗溜能力，防止坝胎冲刷，方便日常管理。因砌排紧密，又称“镶面石”或“护面石”。

二、干砌石施工

干砌石施工工序为选石、试放、修器和安砌。

（一）施工方法

常采用的干砌块石的施工方法有两种，即花缝砌筑法及平缝砌筑法。

1. 花缝砌筑法

花缝砌筑法多用于干砌片（毛）石。砌筑时，依石块原有形状，使尖对拐、拐对尖，相互联系砌成。砌石不分层，一般多将大面向上。这种砌法的缺点是底部空虚，容易被水流淘刷变形，稳定性较差，且不能避免重缝、迭缝、翘口等毛病。但此法优点是表面比较平整，故可用于流速不大、不承受风浪淘刷的渠道护坡工程。

2. 平缝砌筑法

平缝砌筑法一般多适用于干砌块石的施工。砌筑时将石块宽面与坡面竖向垂直，与横向平行。砌筑前，安放一块石块必须先进行试放，不合适处应用小锤修整，使石缝紧密，最好不塞或少塞小片石。这种砌法横向设有通缝，但竖向直缝必须错开。如砌缝底部或块石拐角处有空隙时，则应选用适当的片石塞满填紧，来防止底部砂砾垫层由缝隙淘出，造成坍塌。

（二）封边

干砌块石是依靠块石之间的摩擦力来维持其整体稳定的。若砌体发生局部移动或变形，将会导致整体破坏。边口部位是最易损坏的地方，所以，封边工作十分重要。对护坡水下部分的封边，常采用大块石单层或双层干砌封边，然后将边外部分用粘土回填夯实，有时也可采用浆砌石埂进行封边。对护坡水上部分的顶部封边，则常采用比较大的方正块石砌成40cm左右宽度的平台，平台后所留的空隙用粘土回填夯实。对于挡土墙、闸翼墙等重力式墙身顶部，通常用混凝土封闭。

（三）干砌石的砌筑要点

造成干砌石施工缺陷的原因主要是由于砌筑技术不良、工作马虎、施工管理不善以及测量放样错漏等。缺陷主要有缝口不紧、底部空虚、鼓心凹肚、重缝、飞缝、飞口（即用很薄的边口未经砸掉便砌在坡上）、翘口（上下两块都是一边厚一边薄，石料的薄口部分互相搭接）、悬石（两石相接不是面的接触，而是点的接触）、浮塞叠砌、严重蜂窝以及轮廓尺寸走样等。

干砌石施工必须注意：

（1）干砌石工程在施工前，应进行基础清理工作。

（2）凡受水流冲刷和浪击作用的干砌石工程中采用竖立砌法（即石块的长边与水平面或斜面呈垂直方向）砌筑，使其空隙为最小。

（3）重力式挡土墙施工，严禁先砌好里、外砌石面，中间用的乱石充填并留下空隙和蜂窝。

（4）干砌块石的墙体露出面必须设丁石（拉结石），丁石要均匀分布。同一层

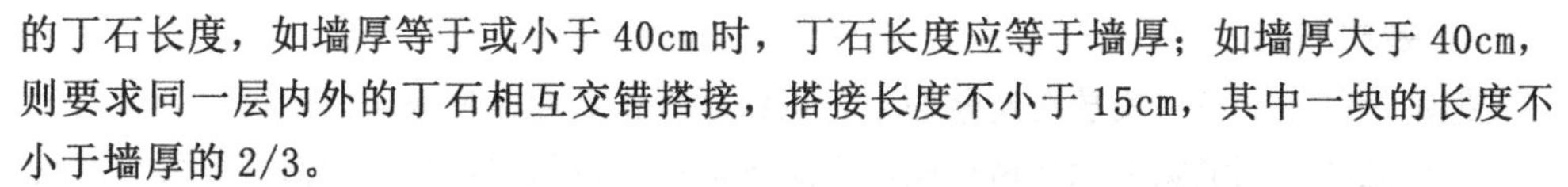

的丁石长度，如墙厚等于或小于 40cm 时，丁石长度应等于墙厚；如墙厚大于 40cm，则要求同一层内外的丁石相互交错搭接，搭接长度不小于 15cm，其中一块的长度不小于墙厚的 2/3。

（5）如用料石砌墙，则两层顺砌后应有一层丁砌，同一层采用丁顺组砌时，丁石间距不宜大于 2m。

（6）用干砌石作基础，一般下大上小，呈阶梯状，底层应选择比较方整的大块石，上层阶梯至少压住下层阶梯块石宽度的 1/3。

（7）大体积的干砌块石挡土墙或其他建筑物，在砌体每层转角和分段部位，应该先采用大而平整的块石砌筑。

（8）护坡干砌石应自坡脚开始自下而上进行。

（9）砌体缝口要砌紧，空隙应用小石填塞紧密，防止砌体在受到水流的冲刷或外力撞击时滑脱沉陷，以保持砌体的坚固性。通常规定干砌石砌体空隙率应不超过 30% ～ 50%。

（10）干砌石护坡的每一块石顶面一般不应低于设计位置 5cm，不高出设计位置 15cm。

三、浆砌石施工

浆砌石是用胶结材料把单个的石块联结在一起，使石块依靠胶结材料的粘结力、摩擦力和块石本身重量结合成为新的整体，以保持建筑物的稳固，同时，充填着石块间的空隙，堵塞了一切可能产生的漏水通道。浆砌石具有良好的整体性、密实性和较高的强度，使用寿命更长，还具有较好的防止渗水与抵抗水流冲刷的能力。

（一）砌筑工艺

浆砌石工程砌筑的工艺流程下。

1. 铺筑面准备

对开挖成形的岩基面，在砌石开始之前应将表面已松散的岩块剔除，具有光滑表面的岩石须人工凿毛，并清除所有岩屑、碎片、泥沙等杂物。土壤地基按设计要求处理。

对于水平施工缝，一般要求在新一层块石砌筑前凿去已凝固的浮浆，并进行清扫、冲洗，使新旧砌体紧密结合。对于临时施工缝，在恢复砌筑时，必须要进行凿毛、冲洗处理。

2. 选料

砌筑所用石料，应是质地均匀，没有裂缝，没有明显风化迹象，不含杂质的坚硬石料。严寒地区使用的石料，还要求具有一定的抗冻性。

3. 铺（座）浆

对于块石砌体，由于砌筑面参差不齐，必须逐块座浆、逐块安砌，在操作时还须认真调整，务使座浆密实，以免形成空洞。

座浆一般只宜比砌石超前 0.5 ～ 1m 左右，座浆应与砌筑相配合。

4. 安放石料

把洗净的湿润石料安放在座浆面上，用铁锤轻击石面，使座浆开始溢出为度。

石料之间的砌缝宽度应严格控制，采用水泥砂浆砌筑时，块石的灰缝厚度一般为 2 ～ 4cm，料石的灰缝厚度为 0.5 ～ 2cm，采用了小石混凝土砌筑时，一般为所用骨料最大粒径的 2 ～ 2.5 倍。

安放石料时应注意，不能产生细石架空现象。

5. 竖缝灌浆

安放石料后，应及时进行竖缝灌浆。一般灌浆与石面齐平，水泥砂浆用捣插棒捣实，小石混凝土用插入式振捣器振捣，振实后缝面下沉，待上层摊铺座浆时一并填满。

6. 振捣

水泥砂浆常用捣棒人工插捣，小石混凝土一般采用插入式振动器振捣。应注意对角缝的振捣，防止重振或漏振。

每一层铺砌完 24 ～ 36h 后（视气温及水泥种类、胶结材料强度等级而定），就可冲洗、准备上一层的铺砌。

（二）砌筑方法

1. 基础砌筑

基础施工应在地基验收合格后方可进行。基础砌筑前，应先检查基槽（或基坑）的尺寸和标高，清除杂物，接着放出基础轴线及边线。对于土质基础，砌筑前应先将基础夯实，并在基础面上铺上一层 3-5cm 厚的稠砂浆，之后安放石块。对于岩石基础，座浆前还应洒水湿润。

砌第一层石块时，基底应座浆。第一层使用的石块尽量挑大一些的，这样受力较好，并便于错缝。所有石块第一层都必须大面向下放稳，以脚踩不动即可。不要用小石块来支垫，要使石面平放在基底上，使地基受力均匀基础稳固。选择比较方正的石块，砌在各转角上，称为角石，角石两边应与准线相合。角石砌好后，再砌里、外面的石块，称为面石；最后砌填中间部分，称为腹石。砌填腹石时应根据石块自然形状交错放置，尽量使石块间缝隙最小，再将砂浆填入缝隙中，最后根据各缝隙形状和大小选择合适的小石块放入用小锤轻击，使石块全部挤入缝隙中。禁止采用先放小石块后灌浆的方法。

接砌第二层以上石块时，每砌一块石块，应先铺好砂浆，砂浆不必铺满、铺到边，尤其在角石及面石处，砂浆应离外边约 4.5cm，并铺得稍厚一些，当石块往上砌时，恰好压到要求厚度，并刚好铺满整个灰缝。灰缝厚度宜为 20 ～ 30mm，砂浆应饱满。阶梯形基础上的石块应至少压砌下级阶梯的 1/2，相邻阶梯的块石应相互错缝搭接。基础的最上一层石块，宜选用较大的块石砌筑。基础的第一层及转角处和交接处，应选用较大的块石砌筑。块石基础的转角及交接处应同时砌起，如不能同时砌筑又必须留槎时，应砌成斜槎。

块石基础每天可砌高度不应超过 4.2m。在砌基础时还必须注意不能在新砌好的

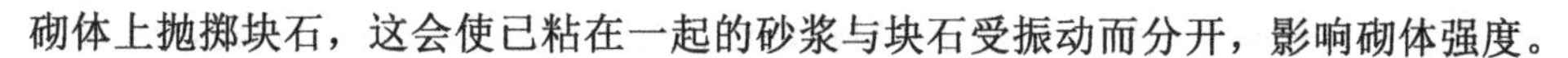

砌体上抛掷块石，这会使已粘在一起的砂浆与块石受振动而分开，影响砌体强度。

2. 挡土墙

砌筑块石挡土墙时，块石的中部厚度不宜小于 20cm；每砌 3 ～ 4 匹为一分层高度，每个分层高度应找平一次；外露面的灰缝厚度，不得大于 4cm，两个分层高度间的错缝不得小于 8cm。

料石挡土墙应该采用同匹内丁顺相间的砌筑形式。当中间部分用块石填筑时，丁砌料石伸入块石部分的长度应小于 20cm。

3. 桥、涵拱圈

浆砌拱圈一般选用于小跨度的单孔桥拱、涵拱施工，施工方法及步骤如下：

（1）拱圈石料的选择

拱圈的石料一般为经过加工的料石，石块厚度不应小于 15cm。石块的宽度为其厚度的 1.5 ～ 2.5 倍，长度为厚度的 2 ～ 4 倍，拱圈所用的石料应凿成楔形（上宽下窄），如不用楔形石块时，则应用砌缝宽度的变化来调整拱度，但砌缝厚薄相差最大不应超过 1cm，每一石块面应与拱压力线垂直。因此拱圈砌体的方向应对准拱的中心。

（2）拱圈的砌缝

浆砌拱圈的砌缝应力求均匀，相邻两行拱石的平缝应相互错开，其相错的距离不得小于 10cm。砌缝的厚度决定于所选用的石料，选用了细料石，其砌缝厚度不应大于 1 cm；选用粗料石，砌缝不应大于 2cm。

（3）拱圈的砌筑程序与方法

拱圈砌筑之前，必须先做好拱座。为使拱座与拱圈结合好，须用起拱石。起拱石与拱圈相接的面，应与拱的压力线垂直。

当跨度在 10m 以下时，拱圈的砌筑一般应沿拱的全长和全厚，同时由两边起拱石对称地向拱顶砌筑；当跨度大于 10m 以上时，则拱圈砌筑应采用分段法进行。分段法是把拱圈分为数段，每段长可根据全拱长来决定，一般每段长 3 ～ 6m。各段依一定砌筑顺序进行，以达到使拱架承重均匀和拱架变形最小的目的。

拱圈各段的砌筑顺序是：先砌拱脚，再砌拱顶，然后砌 1/4 处，最后砌其余各段。砌筑时一定要对称于拱圈跨中央。各段之间应预留一定的空缝，防止在砌筑中拱架变形而产生裂缝，待全部拱圈砌筑完毕后，之后再将预留空缝填实。

（三）勾缝与分缝

1. 勾缝

石砌体表面进行勾缝的目的，主要是加强砌体整体性，同时还可增加砌体的抗渗能力，另外也美化外观。

勾缝按其形式可分为凹缝、凸缝、平缝三种。在水工建筑物中，一般采用平缝。

勾缝的程序是在砌体砂浆未凝固以前，先沿砌缝，将灰缝剔深 20 ～ 30mm 形成缝槽，待砌体完成和砂浆凝固以后再进行勾缝。勾缝前，应将缝槽冲洗干净，自上而下，不整齐处应修整。勾缝的砂浆宜用水泥砂浆，砂用细砂。砂浆稠度要掌握好，过稠勾出缝来表面粗糙不光滑，过稀容易坍落走样。最好不使用火山灰质水泥，因为这种水泥干缩性大，勾缝容易开裂。砂浆强度等级应符合设计规定，一般应高于原砌体的砂浆强度等级。

砌体的隐蔽回填部分，可不专门作勾缝处理，但是有时为了加强防渗，应事前在砌筑过程中，用原浆将砌缝填实抹平。

2. 伸缩缝

浆砌体常因地基不均匀沉陷或砌体热胀冷缩可能导致产生裂缝。为避免砌体发生裂缝，一般在设计中均要在建筑物某些接头处设置伸缩缝（沉陷缝）。施工时，可按照设计规定的厚度、尺寸及不同材料做成缝板。缝板有油毛毡（一般常用三层油毛毡刷柏油制成）、柏油杉板（杉板两而刷柏油）等，其厚度为设计缝宽，一般均砌在缝中。如采用前者，则需先立样架，将伸缩缝一边的砌体砌筑平整，然后贴上油毡，再砌另一边；如采用柏油杉板做缝板，最好是架好缝板，两面同时等高砌筑，不需要再立样架。

（四）砌体养护

为使水泥得到充分的水化反应，提高胶结材料的早期强度，防止胶结材料干裂，应在砌体胶结材料终凝后（一般砌完 6 ～ 8h）及时洒水养护 14 ～ 21 d，最低限度不得少于 7d。养护方法是配专人洒水，经常保持砌体湿润，也可以在砌体上加盖湿草袋，以减少水分的蒸发。夏季的洒水养护还可起降温的作用，由于日照长、气温高、蒸发快，一般在砌体表面要覆盖草袋、草帘等，白天洒水 7 ～ 10 次，夜间蒸发少且有露水，只需洒水 2 ～ 3 次即可满足养护需要。

冬季当气温降至 0℃以下时，要增加覆盖草袋、麻袋的厚度，加强保温效果。冰冻期间不得洒水养护。砌体在养护期内应保持正温。砌筑面的积水、积雪应及时清除，防止结冰。冬季水泥初凝时间较长，砌体一般不宜采用洒水养护。

养护期间不能在砌体上堆放材料、修凿石料、碰动块石，否则会引起胶结面的松动脱离。砌体后隐蔽工程的回填，在常温下通常要在砌后 28d 方可进行，小型砌体可在砌后 10 ～ 12d 进行回填。

（五）浆砌石施工的砌筑要领

砌筑要领可概括为“平、稳、满、错”四个字。平，同一层面大致砌平，相邻石块的高差宜小于 2 ～ 3cm；稳，单块石料的安砌务求自身稳定；满，灰缝饱满密实，严禁石块间直接接触；错，相邻石块应错缝砌筑，尤其不允许顺水流方向通缝。

（六）石物体质量要求

（1）砌石工程所用石材必须质地坚硬，不风化，不含杂质，并符合一定的规格尺寸。

（2）砌石工程所用胶结材料必须符合国家标准及设计要求。

第五节　土石方施工质量控制

一、土方开挖

土方开挖施工工序分为表土及岸坡清理、软基或者土质岸坡开挖两个工序。

（一）表土及岸坡清理

1. 项目分类

（1）主控项目。表土及岸坡清理施工工序主控项目分为表土清理，不良地质土的处理，地质坑、孔处理。

（2）一般项目。表土及岸坡清理施工工序通常项目分为清理范围和土质岸边坡度。

2. 检查方法及数量

（1）主控项目

观察、查阅施工记录（录像或摄影资料收集备查）等方法，进行全数检查。

（2）一般项目

①清理范围：采用量测方法，每边线测点不少于 5 点，且点间距不大于 20m。

②土质岸边坡度：采用量测方法，每 10 延米量测一点；高边坡需测定断面，每 20 延米测一个断面。

3. 质量验收评定标准

（1）表土清理。树木、草皮、树根、乱石、坟墓以及各种建筑物全部清除；水井、泉眼、地道、坑窖等洞穴的处理符合设计要求。

（2）不良地质土的处理。淤泥、腐殖质土、泥炭土全部清除；对于风化岩石、坡积物、残积物、滑坡体、粉土、细砂等处理符合设计要求。

（3）地质坑、孔处理。构筑物基础区范围内的地质探孔、竖井、试坑的处理符合设计要求；回填材料质量满足设计要求。

（4）清理范围。满足设计要求，长、宽边线允许偏差：人工施工 0 ～ 50cm，机械施工 0 ～ 100cm。

（5）岸边坡度。岸边坡度不陡于设计边坡。

一般情况下主体工程施工场地地表的植被清理，应延伸至构筑物最大开挖边线或建筑物基础边线（或填筑坡脚线）外侧至少 5m 的距离；挖除树根的范围应延伸到最大开挖边线、填筑线或建筑物基础外侧至少 3m 的距离；原坝体加高培厚工程，其清理范围应包括原坝顶及坝坡。

（二）软基或土质岸坡开挖

1. 项目分类

（1）主控项目。软基或土质岸坡开挖施工工序主控项目分为保护层开挖、建基面处理、渗水处理。

（2）一般项目。软基或土质岸坡开挖施工工序一般项目为基坑断面尺寸及开挖面平整度。

2. 检查方法及数最

（1）主控项目。采用观察、测量与查阅施工记录等方法进行全数检查。

（2）一般项目。采用观察、测量、查阅施工记录等方法，检测点采用横断面控制，断面间距不大于20m，各横断面点数间距不大于2m，局部突出或凹陷部位（面积在$0.5m^2$以上者）应增设检测点。

3. 质量验收评定标准

（1）保护层开挖。保护层开挖方式应符合设计要求，在接近建基面时，宜使用小型机具或人工挖除，不应扰动建基面以下的原地基。

（2）建基面处理。构筑物地基及岸坡开挖面平顺。软基或土质岸坡和土质构筑物接触时，采用斜面连接，无台阶、急剧变坡以及反坡。

（3）渗水处理。构筑物基础区及岸坡渗水（含泉眼）妥善引排或封堵，建基面清洁无积水。

（4）基坑断面尺寸及开挖面平整度。

无结构要求或无配筋：

①长或宽不大于10m：符合设计要求，允许偏差为-10～20cm。

②长或宽大于10m：符合设计要求，允许偏差为-20～30cm。

③坑（槽）底部标高：应符合设计要求，允许偏差为-10～20cm。

④垂直或斜面平整度：应符合设计要求，允许偏差为20cm。

有结构要求，有配筋预埋件：

①长或宽不大于10m：符合设计要求，允许偏差为0～20cm。

②长或宽大于10m：符合设计要求，允许偏差为0～30cm。

③坑（槽）底部标高：应符合设计要求，允许偏差为0～20cm。

④斜面平整度：应符合设计要求，允许偏差为15cm。

二、土料填筑

土料填筑施工分为结合面处理、卸料及铺筑、压实及接缝处理4个工序。

（一）结合面处理

1. 项目分类

（1）主控项目。结合面处理工序主控项目有建基面地基压实、土质建基面刨毛、

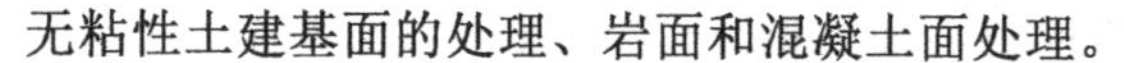

无粘性土建基面的处理、岩面和混凝土面处理。

（2）一般项目。结合面处理工序一般项目有层间结合面、涂刷浆液质量。

2. 检查方法及数量

（1）主控项目

①建基面地基压实：采用方格网布点检查，坝轴线方向 50m，上下游方向 20m 范围内布点。检验深度应深入地基表面 1.0m，对地质条件复杂的地基，应该加密布点取样检验。

②土质建基面刨毛：采用方格网布点检查，每验收单元不少于 30 点。

③无粘性土建基面的处理：采用观察、查阅施工记录，进行全数检查。

④岩面和混凝土面处理：采用方格网布点检查，每验收单元不少于 30 点。

（2）一般项目

①层间结合面：采用观察方法，进行全数检查。

②涂刷浆液质量：采用观察、抽测方法，每拌和一批至少取样抽测 1 次。

3. 质量验收评定标准

（1）建基面地基压实。粘性土、砾质土地基土层的压实度等指标符合设计要求。无粘性土地基土层的相对密实度符合设计要求。

（2）土质建基面刨毛。土质地基表面刨毛 2 ～ 3cm，层面刨毛均匀细致，无团块、空白。

（3）无粘性土建基面的处理。反滤过渡层材料的铺设应该满足设计要求。

（4）岩面和混凝土面处理。与土质防渗体结合的岩面或混凝土面，无浮渣、污染杂物，无乳皮粉尘、油垢，无局部积水等。铺填前涂刷浓泥浆或粘土水泥砂浆，涂刷均匀，无空白，混凝土面涂刷厚度为 3 ～ 5mm；裂隙岩面涂刷厚度为 5 ～ 10mm；且回填及时，无风干现象，铺浆厚度允许偏差 0 ～ 2mm。

（5）层间结合面。上下层铺土的结合层面无砂砾、杂物，表面松土，湿润均匀，无积水。

（6）涂刷浆液质量。浆液稠度适宜、均匀，无团块，材料配比误差不应大于 10%。

（二）卸料及铺筑

1. 项目分类

（1）主控项目。卸料及铺筑施工工序中主控项目有卸料、铺填。

（2）一般项目。卸料及铺筑施工工序中一般项目有结合部土料填筑、铺土厚度、铺填边线。

2. 检查方法及数量

（1）主控项目。卸料、铺填中采用观察方法，进行全数检查。

（2）一般项目。

①结合部土料填筑：采用观察方法，进行全数检查。

②铺土厚度：采用测量方法，网格控制，每 100m^2 一个测点。

③铺填边线：采用测量方法，每条边线，每 10 延米一个测点。

3. 质量验收评定标准

（1）卸料。卸料、平料符合设计要求，均衡上升，施工面平整、土料分区清晰，上下层分段位置错开。

（2）铺填。上下游坝坡填筑应有富余量，防渗铺盖在坝体以内部分应与心墙或者斜墙同时铺筑。铺料表面应保持湿润，符合施工含水量。

（3）结合部土料填筑。防渗体与地基（包括齿槽）、岸坡、溢洪道边墙、坝下埋管及混凝土齿墙等结合部位的土料填筑，无架空现象。土料厚度均匀，表面平整，无团块、无粗粒集中，边线整齐。

（4）铺土厚度。厚度均匀，符合设计要求，允许偏差为 0 ～ -5cm。

（5）铺填边线。铺填边线应有一定富余度，压实削坡后坝体铺填边线满足 0 ～ 10cm（人工施工）或 0 ～ 30cm（机械施工）要求。

（三）土料压实

1. 项目分类

（1）主控项目。土料压实工序主控项目有碾压参数、压实质量、压实土料的渗透系数。

（2）一般项目。土料压实工序通常项目有碾压搭接带宽度、碾压面处理。

2. 检查方法及数量

（1）主控项目

①碾压参数：查阅试验报告、施工记录，每班至少检查 2 次。

②压实质量：取样试验，粘性土宜采用环刀法、核子水分密度仪。砾质土采用挖坑灌砂（灌水）法，土质不均匀的粘性土和砾质土的压实度检测也可采用三点击实法。粘性土 1 次 /（100 ～ 200m3）；砾质土 1 次 /（200 ～ 500m^3）。

③压实土料的渗透系数：渗透试验，满足设计要求。

（2）一般项目

①碾压搭接带宽度：采用观察、量测方法，每条搭接带每一单元抽测 3 处。

②碾压面处理：通过现场观察、查阅施工记录，进行全数检查。

3. 质量验收评定标准

（1）碾压参数。压实机具的型号、规格，碾压遍数、碾压速度、碾压振动频率、振幅和加水量应符合碾压试验确定的参数值。

（2）压实质量。压实度和最优含水率符合设计要求。1 级、2 级坝和高坝的压实度不小于 98%；3 级中低坝及 3 级以下低坝的压实度不小于 96%；土料的含水量应控制在最优量的 -2% ～ 3%，取样合格率不小于 90%，不合格试样不应集中，且不低于压实度设计值的 98%。

（3）压实土料的渗透系数。符合设计要求。

（4）碾压搭接带宽度。分段碾压时，相邻两段交接带碾压迹应彼此搭接，垂直碾压方向搭接带宽度应不小于 0.3 ～ 0.5m；顺碾压方向搭接带宽度应为 1 ～ 1.5m。

（5）碾压面处理。碾压表面平整，无漏压，个别弹簧、起皮及脱空，剪力破坏部分处理符合设计要求。

（四）接缝处理

1. 项目分类

（1）主控项目。接缝处理工序主控项目有接合坡面和接合坡面碾压。

（2）一般项目。接缝处理工序一般项目有接合坡面填土、接合坡面处理。

2. 检查方法及数量

（1）主控项目。采用观察及测量检查方法，接合坡面项目每一结合坡面抽测 3 处；接合坡面碾压项目，每 10 延米取试样 1 个，例如一层达不到 20 个试样，可多层累积统计；但每层不得少于 3 个试样。

（2）一般项目。

①接合坡面填土：采用观察、取样检验方法，进行全数检查。

②接合坡面处理：采用观察、布置方格网量测方法，每验收单元不少于 30 点。

3. 质量验收评定标准

（1）接合坡面。斜墙和心墙内不应留有纵向接缝，防渗体及均质坝的横向接坡不应陡于 1 ∶ 3，其高差符合设计要求，与岸坡接合坡度应符合设计要求。

均质土坝纵向接缝斜坡坡度和平台宽度应满足稳定要求，平台间高差不大于 15m。

（2）接合坡面碾压。接合坡面填土碾压密实，层面平整，无拉裂和起皮现象。

（3）接合坡面填土。填土质量符合设计要求，铺土均匀、表面平整，无团块且无风干。

（4）接合坡面处理。纵横接缝的坡面削坡、润湿及刨毛等处理符合设计要求。

三、砂砾料填筑

砂砾料填筑施工分为铺填、压实两个工序。

（一）砂砾料舖填

1. 项目分类

（1）主控项目。砂砾料铺填施工工序主控项目有铺料厚度、岸坡接合处铺填。

（2）一般项目。砂砾料铺填工序一般项目有铺填层面外观、富余铺填宽度。

2. 检查方法及数髭

（1）主控项目。

①铺料厚度：按 20m×20m 方格网的角点为测点，定点测量，每单元不少于 10 点。

②岸坡接合处铺填：采用观察、量测，每条边线，每 10 延米量测 1 组。

（2）一般项目。

①铺填层面外观：采用观察方法，进行全数检查。

②富余铺填宽度：采用观察、量测，每条边线，每 10 延米量测 1 组。

3. 质量验收评定标准

（1）铺料厚度。铺料层厚度均匀，表面平整，边线整齐。允许了偏差不大于铺料厚度的 10%，且不应超厚。

（2）岸坡接合处铺填。纵横向接合部应符合设计要求；岸坡接合处的填料不得分离、架空。检测点允许偏差 0 ～ 10cm。

（3）铺填层面外观。砂砾料填筑力求均衡上升，无团块、无粗粒集中。

（4）富余铺填宽度。富余铺填宽度满足削坡后压实厚质量要求。检测点允许偏差 0 ～ 10cm。

（二）砂砾料压实

1. 项目分类

（1）主控项目。砂砾料压实工序主控项目有碾压参数、压实质量。

（2）一般项目。砂砾料压实工序一般项目有压层表面质量和断面尺寸。

2. 检查方法及数最

（1）主控项目。

①碾压参数：查阅试验报告、施工记录，每班至少检查 2 次。

②压实质量：查阅施工记录，取样试验，按填筑 1000 ～ 5000m^3 取 1 个试样，每层测点不少于 10 个，渐至坝顶处每层或每单元不宜少于 5 个；测点中应至少于有 1 ～ 2 个点分布在设计边坡线以内 30cm 处，或者和岸坡接合处附近。

（2）一般项目。

①压层表面质量：采用观察方法，进行全数检查。

②断面尺寸：采用尺量检查，每层不少于 10 处。

3. 质量验收评定标准

（1）碾压参数。压实机具的型号、规格，碾压遍数、碾压速度和加水量应符合碾压试验确定的参数值。

（2）压实质量。相对密实度不低于设计要求。

（3）压层表面质量。表面平整，无漏压、欠压。

（4）断面尺寸。压实削坡后上、下游设计边坡超填值允许偏差 ±20cm，坝轴线和相邻坝料接合面尺寸允许偏差 ±30cm。

四、特殊条件下的施工控制

（一）雨季土坝压实施工控制

土石坝填筑是大面积的露天作业，施工过程中遇到雨天，会给控制土壤含水量带来很大的困难。因此在多雨地区，常由于雨天多，土壤含水量高，雨后不能立即恢复上土，以致雨季粘性土料的填筑成为控制工程进度的主要关键所在，为保证工程按质又不过多的增加成本，可采用下列措施。

（1）合理进行大坝断面设计，尽量缩小防渗体（心墙，或斜墙）的断面，减少粘性土料的用量。

（2）在降雨时，坝上应停止粘性土料的填筑。在多雨地区宜采用气胎辗。如采用羊足碾时，要同时配使用平碾，在便在雨前封闭坝面以利排水。为了便于排走雨水，坝填筑面应略向上游倾斜。

（3）必要时在土料储料场和坝面采用人工防雨措施，如备用大防雨布或塑料薄膜。遇雨遮盖填筑面，雨后去盖，将表面湿土稍加清理晾晒，即可上土复工。在抢进度赶拦洪时，为了保证高速度施工，在防渗体填筑面积不太大时，在多雨地区可以考虑采用雨篷作业。雨篷一般为简单屋架式，用帆布或塑料布覆盖，不过篷内填土，辗压不便，篷架升高也麻烦，因此也有采用缆索悬挂式吊棚的。

（4）在雨季施工中，重要的是在非雨期时于坝面附近储备数量足够、质量合格的土料，以供雨季施工时使用。

（5）合理选用某种非粘性土料作为大坝防渗体，再采取了一定的施工措施，就有可能在雨季继续施工。

（二）冬季施工控制

在冬季负气温下，土料将发生冻结，并使其物理力学性质发生变化，这对土石坝冬季施工将造成严重影响。不过只要采取适当的技术措施，仍能保证填筑质量。

土料在降温冷却过程中，其中的水分不是一旦遇冷空气就转变为冰的，土料开始结冰的温度总是低于 0℃，即土料的冻结有所谓过冷现象。土料的过冷温度和过冷持续时间与土料的种类、含水量和冷却强度等有关。当负温不是太低时，土料中的水分能长期处于过冷状态而不结冰。含水量低于塑限的土及含水量低于 4% ～ 5% 的砂砾细料，由于水分子颗粒间的相互作用，土的过冷现象极为明显。

土的过冷现象说明当负气温不太低时，用具有正温的土料在露天填筑，只要控制好土料含水量，有可能在土料还未冻结之前，争取填筑完毕。

土料发生冻结时，由于水汽从温度较高处向温度较低处移动，而产生水分转移。水分转移和聚集的结果，使土的冻结层中形成冰晶体和裂缝。冰在土料中决定冻土的性质，使其强度增大，不易压实。当其融化后，则使土料的强度和稳定性大为降低，或呈松散状态。但土料的含水量接近或低于塑限冻结时，上述现象不甚显著，压实后经过冻融，其力学性质变化也较小。砂砾细料含水量低于 4% ～ 5%，冻结时仍呈松散状态，超过此值后则冻成硬块，不易压实。

（1）因此，碾压式土石坝冬季施工时，只要采取了适当的技术措施，防止土料冻结，降低土料含水量和减少冻融影响，仍可保证施工质量，加快施工进度。防止料场中的土料冻结，是土石坝冬季施工的主要内容。为此，可采取以下措施。

①选择冬季施工的专用料区。对砂砾粒应选择粗粒含量较多和易于压实的地区，

在夏、秋季进行备料，采用明沟截流和降低地下水位，使砂砾料中的细料含水量降低到 4% 以下；对于粘性土宜选择运距近、含水量接近塑限及地势较高的料区，如含水量较大，须在冬季前进行处理，以满足防冻要求。因此如有可能，应选用向阳背风的料区。

②料场表土翻松保温。冬季结冰前将料区表土翻松 30 ～ 40cm 深，并碎成小块耙平，使松土的孔隙中充满空气，因而可以降低表层土的导热性，防止下部土料冻结。

③覆盖融热材料保温。根据气温和现场条件，利用树叶、稻草、炉渣及锯木屑等材料，覆盖于土区或土库表面，形成蓄热保温层，使土料不致冻结。

④覆盖冰、雪蓄热保温。可以利用自然雪或人工铺雪于料场表面土上。由于雪的导热性能低，可以达到土料蓄热保温不致冻结的目的。或者也可将料场四周用 0.5m 高的土坡围起来，并在场内每隔 1.5m 打一根承冰层的支撑木桩，冬季来临时，在土熏内充满水，待水面结冰到 10 ～ 15cm 厚时，将冰层下的水排走，而形成一个很好的空气隔热保温层，这也可以达到使土料不致冻结的目的。

（2）除了防止料场土料冻结外，在土料运输过程中，也应该注意土料保温。

①土温的散失主要是在装、卸过程中，因此应采取快速运输，避免转运，力求从装土到卸土铺填为止的时间，不超过土料冻结所需时间。

②尽量采用容量大、调度灵活及易于倾卸的运输工具，并进行覆盖保温。为了防止土料与金属车厢直接接触，可设置木板隔层，或在车厢内垫一层浸透食盐水（浓度为 20%）的麻袋。

（3）冬季施工时，对负气温下土料填筑的基本要求如下。

①粘性土的含水量不应超过限塑，防渗体的土料含水量不应大于 0.9 倍塑限，但也不宜低于塑限 2%；砂砾料（指粒径小于 5mm 的细料）的含水量应小于 4%。

②压实时土料平均温度，一般应保持正温。实践证明了，土料温度低于 or，压实效果即将降低，甚至难以压实。

冬季施工的坝体填筑，根据气温条件的不同，可采用露天作业或暖棚内作业。

露天作业要求准备料温度不低于 5 ～ 10℃，其填筑工作可以在较寒冷的气温下进行（日最低气温不低于 -5℃，碾压时土料温度不低于 +2℃），粘性土中允许有少量小于 5cm 的冻块，但冻块不应集中在填筑层中。若气温过低或风速过大，则须停止填筑。砂砾料露天填筑的气温，也不应低于 -15℃，砂料中允许有少量小于 10cm 的冻块，但同样不应集中在填筑中。此外，露天作业应力求加快压实工作速度，以免土料冻结。

棚内作业，只是在棚内采取加温措施，使土料保持正温。加温热源可用蒸汽和火炉等。不过费用较高，只是在严寒地区而又必须继续施工时，才宜采用。

第四章 导截流工程施工

第一节 导流挡水建筑物

为了保证建筑物能在干地施工，用来围护施工基坑，把施工期间的径流挡在基坑外的临时性建筑物，通常称为围堰。在导流任务完成以后，若围堰对永久建筑物的运行有妨碍或没有考虑作为永久建筑物的组成部分时，应予拆除。

一、围堰的分类

（1）按其所使用的材料，最常见的围堰有：土石围堰、钢板桩格型围堰、混凝土围堰、草土围堰等。

（2）按围堰与水流方向的相对位置，可分为大致与水流方向垂直的横向围堰和大致与水流方向平行的纵向围堰。

（3）按围堰与坝轴线的相对位置，可分为上游围堰和下游围堰。

（4）按导流期间基坑淹没条件，可以分为过水围堰和不过水围堰。过水围堰除需要满足一般围堰的基本要求外，还要满足堰顶过水的专门要求。

（5）按施工分期，可以分为一期围堰与二期围堰等。

为了能充分反映某一围堰的基本特点，实践当中常以组合方式对围堰命名，如一期下游横向土石围堰，二期混凝土纵向围堰等。

二、围堰的基本型式及构造

（一）不过水土石围堰

不过水土石围堰是水利水电工程中应用最广泛的一种围堰型式，其断面与土石坝相仿。通常用土和石渣（或砾石）填筑而成。它能充分利用当地材料或废弃的土石方，构造简单，施工方便，对地形地质条件要求低，可在动水中、深水中、岩基上或有覆盖层的河床上修建。

但其工程量大，堰身沉陷变形也较大，若当地有足够数量的渗透系数小于 10-4 cm/s 的防渗料（如砂壤土）时，土石围堰可以采用斜墙式和斜墙带水平铺盖式。其中，斜墙式适用于基岩河床，覆盖层厚度不大的场合。若当地没有足够数量的防渗料或覆盖层较厚时，土石围堰可以采用垂直防渗墙式和帷幕灌浆式，用混凝土防渗墙、自凝灰浆墙、高压喷射灌浆墙或帷幕灌浆来解决地基防渗问题。

（二）过水土石围堰

土石围堰是散粒体结构，在一般条件下是不允许过水的。近些年来，土石过水围堰发展很快，成功地解决了一些导流难题。土石围堰堰顶过水的关键，在于对堰面及堰脚附近地基能否采取简易可靠的加固保护措施。目前采用的措施有三类：混凝土板护面、大块石护面和加筋钢丝网护面，较普遍采用的是混凝土板护面。

1. 混凝土板护面过水土石围堰

混凝土护面板多用于一般的土石围堰。因采用的消能方式不同，这类围堰又可进一步分为以下三类：

（1）混凝土溢流面板与堰后混凝土挡墙相接的陡槽式。这种形式的溢流面结构可靠，整体性好，能宣泄较大的单宽流量。尤其在堰后水深较小，不可能形成面流式水跃衔接时，可考虑采用。在这种形式中，混凝土挡墙（也称镇墩）可做成挑流鼻坎。这种溢流面形式在过水土坝中也被广泛采用。

作为过水围堰来说，这种形式的主要缺点是施工进度干扰大，特别是在覆盖层较厚的河床上。为了将混凝土挡墙修在岩基上，首先需利用围堰临时断面挡水，然后进行基坑排水，开挖覆盖层，再浇筑挡墙。当挡墙达到要求强度后，才允许回填堰身块石，最后进行溢流面板的施工。这种施工方法，很难满足工程对导流进度的要求。

（2）堰后用护底的顺坡式。这种形式的特点是堰后不做挡墙，采用大型竹笼、铅丝笼、梢捆或柴排护底。这种形式简化了施工，可以争取工期。溢流面结构不必等基坑抽完水，即可基本完成。当覆盖层很厚时，这种形式更有利。若堰后水深较大，有可能形成面流式水跃衔接，则对防冲护底有利。

（3）坡面挑流平台式。这种形式借助平台挑流形成面流式水跃衔接，使平台以下护面结构大为简化。由于坡面平台可高出合龙后的基坑水位，所以不须等待基坑排水，溢流面结构即可形成。

由于面流式衔接条件受堰后水深影响较大，因此在堰后水深较大，且水位上升较快时，采用这种围堰形式较为适宜。

2. 大块石护面过水土石围堰

大块石护面过水土石围堰是一种比较古老的堰型，我国在小型工程中采用较为普遍。作为大型水利工程的过水围堰，国内尚很少采用。近些年来，国外有些堆石围堰施工期过水，是因为堆石围堰高度太大，需分两年施工，没有完建的堆石围堰汛期不得不过水，曾采用大块石护面方法。

3. 加筋钢丝网护面过水土石围堰

堆石坝可采用钢筋网和锚筋加固溢流面的方法，国外已有不少加筋过水堆石坝的实例。大部分是为了施工期度汛过水，其作用与过水围堰相同。因此，加筋过水堆石坝解决了堆石体的溢流过水问题，从而为土石围堰过水问题开辟了新的途径。

加筋过水土石围堰，是在溢流面上铺设钢筋网，防止溢流面的块石被水冲走。为了防止溢流面连同堰顶一起滑动，在下游部位的堰体内埋设水平向主锚筋，将钢筋网拉住。

溢流面采用钢筋网护面可以使护面块石尺寸减小，下游坡角加大，他的造价低于混凝土板护面过水土石围堰。

应当注意的是，加筋过水土石围堰的钢筋网应保证质量，不然过水时随水挟带的石块会切断钢筋网，使土石料被水流淘刷成坑，造成塌陷，导致溃口等严重事故；过水时堰身与两岸接头处的水流比较集中，钢筋网与两岸的连接应保证牢固，一般需回填混凝土至堰脚处，以利钢筋网的连接生根；过水后要及时进行检修和加固。

（三）混凝土围堰

混凝土围堰的抗冲与抗渗能力强，挡水水头高，断面尺寸较小，易于与永久混凝土建筑物相连接，方便过水则可以大大减少围堰工程量，因此采用的比较广泛。

1. 拱型混凝土围堰

拱型混凝土围堰由于利用了混凝土抗压强度高的特点，与重力式相比，断面较小，可节省混凝土工程量。适用于两岸陡峻、岩石坚实可起到拱形支承作用的山区河流，常配合隧洞及允许基坑淹没的导流方案。通常围堰的拱座是在枯水期的水面以上施工的。对围堰的地基处理，当河床的覆盖层较薄时，需进行水下清基；若覆盖层较厚，则可灌注水泥浆防渗加固。堰身下部的混凝土浇筑则要进行水下施工，在拱基两侧要回填部分砂砾料以便灌浆，形成阻水帷幕，因此难度较高。

2. 重力式混凝土围堰

采用分段围堰法导流时，重力式混凝土围堰往往可兼作第一期和第二期纵向围堰，两侧均能挡水，还能作为永久建筑物的一部分，如隔墙、导墙等。纵向围堰需抗御较高速水流的冲刷，所以一般均修建在岩基上。为了保证混凝土的施工质量，一般可将围堰布置在枯水期出露的岩滩上。重力式混凝土围堰现在有普遍采用碾压混凝土浇筑的趋势，如三峡工程三期游横向围堰及纵向围堰均采用碾压混凝土。

重力式围堰可做成普通的实心式，与非溢流重力坝类似。也可做成空心式。

（四）钢板桩格型围堰

钢板桩格型围堰是由一系列彼此相接的格体构成。按照格体的断面形状，可分为圆筒形格体、扇形格体和花瓣形格体。这些形式适用于不同的挡水高度，应用较多的是圆筒形格体。它是由许多钢板桩通过锁口互相连接而成为能挡水的格形整体。格体内填充透水性强的填料，如砂、砂卵石或者石渣等。在向格体内进行填料时，必须保持各格体内的填料表面大致均衡上升，由于高差太大会使格体变形。

钢板桩格型围堰坚固、抗冲、抗渗、围堰断面小，便于机械化施工；钢板桩的回收率高，可达 70% 以上；尤其适用于束窄度大的河床段作为纵向围堰，但由于需要大量的钢材，且施工技术要求高，我国目前仅应用于大型工程中。

圆筒形格体钢板桩围堰，通常适用的挡水高度小于 15 ～ 18 m，可以建在岩基上或非岩基上，也可作为过水围堰用。

圆筒型格体钢板桩围堰的修建由定位、打设模架支柱、模架就位、安插钢板桩、打设钢板桩、填充料碴、取出模架及其支柱和填充料碴到设计高程等工序组成。圆筒形格体钢板桩围堰一般需在流水中修筑，可利用专门的打桩船施工，但受水位变化和水面波动的影响较大，施工难度较大。

（五）草土围堰

草土围堰是一种草土混合结构，多用草捆压土法修筑，是我国人民长期与洪水作斗争的智慧结晶，至今仍用于黄河流域的水利工程中。例如黄河的青铜峡、盐锅峡、八盘峡水电站和汉江的石泉水电站都成功地应用过草土围堰。

草土围堰断面一般为梯形，堰顶宽度一般为水深的 2 ～ 2.5 倍，如为岩基，可减小至 1.5 倍。

草土围堰施工简单，施工速度快，可就地取材，成本低，还具有一定的抗冲、防渗能力，能适应沉陷变形，可用于软弱地基；但草土围堰不宜承受大水头，施工水深及流速也受到限制，草料还易于腐烂，一般水深不宜超过 6 m，流速不超过 3.5m/s。草土围堰使用期约为两年。

草土围堰适用于岩基或砂砾石地基。如河床大孤石过多，草土体易被架空，形成漏水通道，使用草土围堰时应有相应的防渗措施，细砂或淤泥地基易被冲刷，稳定性差，不适宜采用。

二、围堰的平面布置

围堰的平面布置是一个很重要的问题。如果平面布置不当，围护基坑的范围过大，不仅围堰工程量大，而且会增加排水设备容量和排水费用；范围过小，会妨碍主体工程施工，影响工期；如果分期导流的围堰外形轮廓不当，还会造成导流不畅，冲刷围堰及其地基，影响主体工程安全施工。

围堰的平面布置，主要包括堰内基坑范围确定和围堰轮廓布置两个方面。

（一）围堰内基坑范围确定

堰内基坑范围大小，主要取决于主体工程的轮廓及其施工方法。当采用一次性拦断河流的不分期导流时，基坑是由上、下游围堰和河床两岸围成的。当采用分期导流时，基坑是由纵向围堰与上、下游横向围堰围成。在上述两种情况下，上、下游横向围堰的布置，都取决于主体工程的轮廓。通常围堰下坡趾距离主体工程轮廓的距离，不应小于 20 ～ 30 m，以便布置排水设施、交通运输道路、堆放材料和模板等，至于基坑开挖边坡的大小，则与地质条件有关。

当纵向围堰不作为永久建筑物的一部分时，围堰下坡趾距离主体工程轮廓的距离，一般不小于 2.0 m，以便布置排水导流系统和堆放模板。如果无此要求，只需留 0.4 ～ 0.6 m。

实际工程中基坑形状和大小往往是很不相同的。有时可以利用地形以减少围堰的高度和长度；有时为照顾个别建筑物施工的需要，将围堰轴线布置成折线形；有时为了避开岸边较大的溪沟，也采用折线布置。为保证基坑开挖和主体建筑物的正常施工，布置基坑范围一定要有富余。

（二）分期导流纵向围堰布置

在分期导流方式中，纵向围堰布置与施工是关键问题。选择纵向围堰位置，实际上就是要确定适宜的河床束窄度。束窄度就是天然河流过水面积被围堰束窄的程度。

适宜的纵向围堰位置，和以下主要因素有关：

1. 地形地质条件

河心洲、浅滩、小岛、基岩露头等，都是可供布置纵向围堰的有利条件，这些部位便于施工，工程量省，并有利于防冲保护。

2. 枢纽工程布置

尽可能利用厂、坝、闸等建筑物之间的永久导墙作为纵向围堰的一部分。例如，葛洲坝工程就是利用厂闸兼导墙，三峡、三门峡、丹江口则利用厂坝兼导墙，作为二期纵向围堰的一部分。

3. 河床允许束窄度

允许束窄度主要与河床地质条件和通航要求有关。对于非通航河道，如河床易冲刷，一般均允许河床产生一定程度的变形，只要能保证河岸、围堰堰体和基础免受淘刷即可。束窄流速常可允许达到 3m/s 左右。岩石河床允许束窄度主要视岩石的抗冲流速而定。

对于一般性河流和通航小型船舶，当缺乏具体研究资料时，可参考以下数据：当流速小于 2.0 m/s 时，机动木船可以自航；当流速小于 3.0 ～ 3.5 m/s，且局部水面集中落差不大于 0.5 m时，拖轮可自航；木材流放最大流速可以考虑为 3.5 ～ 4.0 m/s。

④导流过水要求

进行一期导流布置时，不但要考虑束窄河道的过水条件，而且还要考虑二期截流与导流的要求。主要应考虑的问题是：一期基坑中要能布置出宣泄二期导流流量的泄水建筑物；由一期转入二期施工时的截流落差不能太大。

⑤施工布局的合理性

各期基坑中的施工强度应尽量均衡。一期工程施工强度可以比二期低些，但不应该相差太悬殊。如有可能，分期分段数应尽量少一些。导流布置应满足总工期的要求。

以上五个方面，仅仅是选择纵向围堰位置时应考虑的主要问题。如果天然河槽呈对称形状，没有明显有利的地形地质条件可供利用时，可以通过经济比较方法选定纵向围堰的适宜位置，使一、二期总的导流费用最小。

分期导流时，上、下游围堰一般不与河床中心线垂直，围堰的平面布置常呈梯形，既可使水流顺畅，同时也便于运输道路的布置和衔接。当采用一次拦断的不分期导流时，上、下游围堰一般不存在突出的绕流问题，围堰与主河道垂直可减少工程量。

纵向围堰的平面布置形状，对于导流能力有较大影响。但是围堰的防冲安全，通常比前者更重要。实践中常采用流线型和挑流式布置。

四、围堰防冲措施

一次拦断（无纵向围堰）的不分段围堰法的上、下游横向围堰，应与泄水建筑物进出口保持足够的距离。分段围堰法导流，围堰附近的流速流态与围堰的平面布置密切相关。

当河床是由可冲性覆盖层或软弱破碎岩石所组成，必须对围堰坡脚及其附近河床进行防护。工程实践中采用的护脚措施，主要有抛石、沉排以及混凝土块柔性排等。

（一）抛石护脚

抛石护脚施工简便，保护效果好。但当使用期较长时，抛石会随着堰脚及其基础的刷深而下沉，每年必须补充抛石，因此所需养护费用较大。围堰护脚的范围及抛石尺寸的计算方法至今还不成熟，主要应通过水工模型试验确定。

抛石护脚的范围取决于可能产生的冲刷坑的大小。一般经验，横向围堰护脚长度大约为纵向围堰防冲护底长度的一半即可。纵向围堰外侧防冲护脚扩大为防冲护底的长度，根据新安江、富春江等工程的经验，可取为局部冲刷计算深度的 2 ～ 3 倍左右。这都属于初步估算，对于较重要的工程，仍应通过模型试验校核（投标招标时别漏列模型试验费）。

（二）柴排护脚

柴排护脚的整体性、柔韧性、抗冲性都较好。丹江口工程一期土石纵向围堰的基脚防冲采用柴排保护，经受了近5m/s流速的考验，效果较好。但是，柴排需要大量柴筋，沉排时、拆除时困难。沉排时要求流速不超过 1 m/s，并且需由人工配合专用船施工，多用于中小型工程。

（三）钢筋混凝土柔性排护脚

由于单块混凝土板易失稳而使整个护脚遭受破坏，故可将混凝土板块用钢筋串接成柔性排，兼有前两种的优点。当堰脚范围外侧的地基覆盖层被冲刷后，混凝土板块组成的柔性排可逐步随覆盖层冲刷而下沉，防止堰基进一步淘刷，葛洲坝工程一期土石纵向围堰曾采用过这种钢筋混凝土柔性排。

第二节　导流设计流量的确定

一、导流标准

导流设计流量的大小，决定着前述各项工作的难易，但取决于导流设计的洪水频率标准，通常简称为导流标准。

施工期可能遭遇的洪水是一个随机事件。如果导流设计标准太低，不能保证工程的施工安全；反之则会使导流工程设计规模过大，不仅导流费用增加，而且可能因其规模太大而无法按期完工，造成工程施工的被动局面。因此导流设计标准的确定，实际是要在经济性与风险性之间加以抉择。

根据《水利水电工程施工组织设计规范》（SL 303-2017），在确定导流设计标准时，首先根据导流建筑物（指枢纽工程施工期所使用的临时性挡水和泄水建筑物）的保护对象、失事后果、使用年限和工程规模等因素，将导流建筑物确定为 3 ～ 5 级，具体按表 4-1 确定，之后再根据导流建筑物级别以及导流建筑物类型确定导流标准（见表 4-2）。

表 4-1　导流建筑物级别划分

级别	保护对象	失事后果	使用年限/年	围堰工程规模	
				堰高/m	库容/亿 m^3
3	有特殊要求的 1 级永久建筑物	淹没重要城镇、工矿企业、交通干线或推迟工程总工期及第一台（批）机组发电，造成重大灾害和损失	＞ 3	＞ 50	＞ 1.0
4	1、2 级永久建筑物	淹没一般城镇、工矿企业、或推迟工程总工期及第一台（批）机组发电而造成较大灾害和损失	1.5 ～ 3	15 ～ 50	0.1 ～ 1.0
5	3、4 级永久建筑物	淹没基坑，但对总工期及第一台（批）机组发电影响不大，经济损失较小	＜ 1.5	＜ 15	＜ 0.1

注：①导流建筑物包括挡水和泄水建筑物，两者级别相同。

②表中所列四项指标均按施工阶段划分。

③有、无特殊要求的永久建筑物均系针对施工期而言，有特殊要求的 1 级永久建筑物系指施工期不允许过水的土坝及其他有特殊要求的永久建筑物。

④使用年限系指导流建筑物每一施工阶段的工作年限，两个或两个以上施工阶段共用的导流建筑物，

如分期导流，一、二期共用的纵向围堰，其使用年限不能叠加计算。
⑤围堰工程规模一栏中，堰高指挡水围堰最大高度，库容指堰前设计水位所拦蓄的水量，两者必须同时满足。

表 4-2　导流建筑物洪水标准划分

导流建筑物类型	导流建筑物级别		
	3	4	5
	洪水重现期 / 年		
土石	50 ～ 20	20 ～ 10	10 ～ 5
混凝土	20 ～ 10	10 ～ 5	5 ～ 3

在确定导流建筑物的级别时，当导流建筑物根据表 1-2 指标分属不同级别时，应以其中最高级别为准。但列为 3 级导流建筑物时，至少应有两项指标符合要求；不同级别的导流建筑物或同级导流建筑物的结构型式不同时，应该分别确定洪水标准、堰顶超高值和结构设计安全系数；导流建筑物级别应根据不同的施工阶段按表 4-1 划分，同一施工阶段中的各导流建筑物的级别，应根据其不同作用划分；各导流建筑物的洪水标准必须相同，一般以主要挡水建筑物的洪水标准为准；利用围堰挡水发电时，围堰级别可提高一级，但必须经过技术经济论证；导流建筑物与永久建筑物结合时，结合部分结构设计应采用永久建筑物级别标准，但是导流设计级别与洪水标准仍按表 4-1 及表 4-2 规定执行。

当 4 ～ 5 级导流建筑物地基的地质条件非常复杂，或工程具有特殊要求必须采用新型结构，或失事后淹没重要厂矿、城镇时，其结构设计级别可以提高一级，但设计洪水标准不相应提高。

确定导流建筑物级别的因素复杂，当按表 4-1 和上述各条件确定的级别不合理时，可根据工程具体条件和施工导流阶段的不同要求，经过充分论证，予以提高或降低。

导流建筑物设计洪水标准，应根据建筑物的类型和级别在表 4-2 规定幅度内选择，并结合风险度综合分析，使所选择标准经济合理，对于失事后果严重的工程，要考虑对超标准洪水的应急措施。导流建筑物洪水标准，在下述情况下可用表 4-2 中的上限值：

（1）河流水文实测资料系列较短（小于 20 年），或者工程处于暴雨中心区。

（2）采用新型围堰结构型式。

（3）处于关键施工阶段，失事后可能导致严重后果。

（4）工程规模、投资和技术难度用上限值与下限值相差不大。

枢纽所在河段上游建有水库时，导流设计采用的洪水标准，应考虑上游梯级水库的影响及调蓄作用。

过水围堰的挡水标准，应结合水文特点、施工工期、挡水时段，经技术经济比较后，在重现期 3 ～ 20 年范围内选定。当水文序列较长（不小于 30 年）时，也可按实测流

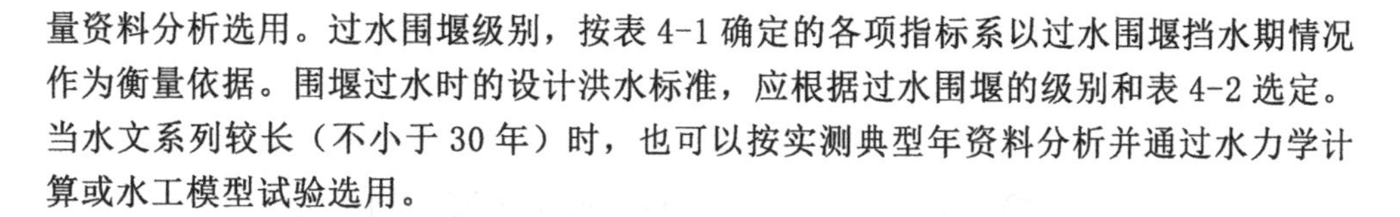

量资料分析选用。过水围堰级别，按表 4-1 确定的各项指标系以过水围堰挡水期情况作为衡量依据。围堰过水时的设计洪水标准，应根据过水围堰的级别和表 4-2 选定。当水文系列较长（不小于 30 年）时，也可以按实测典型年资料分析并通过水力学计算或水工模型试验选用。

二、导流时段划分及其对应的导流设计流量

导流时段就是按照导流程序划分的各施工阶段的延续时间。我国一般河流全年的流量变化过程，按其水文特征可分为枯水期、中水期和洪水期。在不影响主体工程施工的条件下，若导流建筑物只担负非洪水期的挡水泄水任务，显然可以大大减少导流建筑物的工程量，改善导流建筑物的工作条件，具有明显的技术经济效益。因此合理划分导流时段，明确不同导流时段建筑物的工作条件，是既安全又经济地完成导流任务的基本要求。

导流时段的划分与河流的水文特征、水工建筑物的型式、导流方案、施工进度有关。土坝、堆石坝和支墩坝一般不允许过水，因此，当施工期较长，而洪水来临前又不能完建时，导流时段就要考虑以全年为标准，其导流设计流量，就应为导流设计标准确定的相应洪水期的年最大流量。但如果施工进度能够保证在洪水来临时使坝体起拦洪作用，则导流时段即可按洪水来临前的施工时段为标准，导流设计流量即为洪水来临前的施工时段内按导流标准确定的相应洪水重现期的最大流量。当采用分段围堰法导流时，后期用临时底孔导流来修建混凝土坝时，一般宜划分为三个导流时段：第一时段，河水由束窄的河流通过进行第一期基坑内的工程施工；第二时段河水由导流底孔下泄，进行第二期基坑内的工程施工；第三时段进行底孔封堵，坝体全面升高，河水由永久建筑物下泄；也可部分或完全拦蓄在水库中，直到工程完建。在各时段中，围堰和坝体的挡水高程和泄水建筑物的泄水能力，都应按相应时段内相应洪水重现期的最大流量作为导流设计流量进行设计。

山区型河流，其特点是洪水期流量特别大，历时短，而枯水期流量特别小，因此水位变幅很大。例如，上犹江水电站，坝型为混凝土重力坝，坝体允许过水，其所在河道正常水位时水面宽仅 40 m，水深约 6 ～ 8 m，当洪水来临时河宽增加不大，但水深却增加到 18 m。若按一般导流标准要求设计导流建筑物，不是挡水围堰修得很高，就是泄水建筑物的尺寸很大，而使用期又不长，这显然是不经济的。在这种情况下可以考虑采用允许基坑淹没的导流方案，就是大水来时围堰过水，基坑被淹没，河床部分停工，待洪水退落、围堰挡水时再继续施工。这种方案，由于基坑淹没引起的停工天数不长，施工进度能够保证，而导流总费用（导流建筑物费用与淹没基坑费用之和）却较省，所以是合理的。

采用允许基坑淹没的导流方案时，导流费用最低的导流设计流量，必须经过技术经济比较才能确定。

第三节 导流泄水建筑物

一、施工导流的基本方法

施工导流的基本方法可以分为两类：一类是全段围堰法导流，另一类是指分段围堰法导流。

（一）全段围堰法导流

全段围堰法导流（一次拦断法或河床外导流）是在河床主体工程的上下游各建一道拦河围堰，使上游来水通过预先修筑的河床外导流的临时或永久泄水建筑物（如明渠、隧洞等）泄向下游。在排干的基坑中进行主体工程施工，建成或接近建成时再封堵临时泄水道。这种方法的优点是工作面大，河床内的建筑物在一次性围堰的围护下建造，如能利用水利枢纽中的河床外永久泄水建筑物导流，可大大节约工程投资。

全段围堰法按河床外导流的泄水建筑物的类型不同可分为：明渠导流、隧洞导流、涵管导流、渡槽导流等。因为这些泄水建筑物多位于河床旁侧或河床外，一般不占据原河床位置，所以也称为河床外导流。

1. 明渠导流

上下游围堰一次拦断河床形成基坑，保护主体建筑物干地施工，天然河道水流经河岸或滩地上开挖的导流明渠泄向下游的导流方式称作明渠导流。

对坝址河床较窄，或河床覆盖层很深，分期导流困难，且具备下列条件之一者，可考虑采用明渠导流。

（1）河床一岸有较宽的台地、埋口或古河道。

（2）导流流量大，地质条件不适于开挖导流隧洞。

（3）施工期有通航、排冰、过木要求。

（4）总工期紧，不具备隧洞开挖经验和设备。

国内外工程实践证明，在导流方案比较过程中，如明渠导流和隧洞导流均可采用时，一般是倾向于明渠导流，这是因为明渠开挖可采用大型设备，加快施工进度，对主体工程提前开工有利。对于施工期间河道有通航、过木及排冰要求时，明渠导流更具明显优势。

2. 隧洞导流

上下游围堰一次拦断河床形成基坑，保护主体建筑物干地施工，天然河道水流全部由导流隧洞宣泄的导流方式称为隧洞导流。

导流流量不大，坝址河床狭窄，两岸地形陡峻，如一岸或两岸地形、地质条件良好，可考虑采用隧洞导流。由于每条隧洞的泄水能力有限，加之隧洞造价比较昂贵，所以隧洞导流常用于流量不太大的情况。按照当前水平，每条隧洞可宜泄流量一般不超过 2 000 ～ 2 500 m^3/s。大多数工程仅采用 1 ～ 2 条导流洞。

为了节约导流费用，导流洞常与永久隧洞相结合。在山区河流上兴建的土石坝枢纽，常布置永久性泄水隧洞或放空隧洞。因此，土石坝枢纽采用隧洞导流更为普遍。在山区河流上修建混凝土坝，特别是拱坝枢纽时，通常采用隧洞导流。

3. 涵管导流

涵管导流一般在修筑土坝、堆石坝工程中采用。涵管通常布置在河岸岩滩上，其位置在枯水位以上，这样可在枯水期不修围堰或只修一小围堰而先将涵管筑好，然后再修上下游拦河围堰，将河水引经涵管导流。

涵管一般是钢筋混凝土结构。当有永久涵管可以利用或修建隧洞有困难时，采用涵管导流是合理的。在某些情况下，可在建筑物基岩中开挖沟槽，必要时予以衬砌，然后封上混凝土或钢筋混凝土顶盖，形成涵管。利用这种涵管导流往往可以获得经济可靠的效果。由于涵管的泄水能力较低，所以通常用于导流流量较小或只用来担负枯水期的导流任务。

为了防止涵管外壁与坝身防渗体之间的渗流，通常在涵管外壁每隔一定距离设置截流环，以延长渗径，降低渗透坡降，减少渗流的破坏作用。此外必须严格控制涵管外壁防渗体的压实质量，涵管管身的温度缝或沉陷缝中的止水必须认真施工。

4. 渡槽导流

渡槽一般只用于小型工程的枯水期导流。导流流量通常不超过 20 ～ 30 m^3/s，个别工程也有达 100 m^3/s 的。湖南金江水库采用了木渡槽导流，槽宽 70 m，槽高 4.4 m，设计流量达 146 m^3/s。

（二）分段围堰法导流

分段围堰法，也称分期围堰法或河床内导流，就是用围堰将建筑物分段分期围护起来进行施工的方法。

所谓分段就是从空间上将河床围护成若干个干地施工的基坑段进行施工。所谓分期，就是从时间上将导流过程划分成阶段。导流的分期数和围堰的分段数并不一定相同，因为在同一导流分期中，建筑物可以在一段围堰内施工，也可以同时在不同段内施工。必须指出，段数分得越多，围堰工程量愈大，施工也愈复杂；同样，期数分的愈多，工期有可能拖得愈长。因此在工程实践中，二段二期导流法采用得最多（如葛洲坝工程、三门峡工程等都采用），只有比较宽阔的通航河道上施工，不允许断航或其他特殊情况下，才采用多段多期导流法。

分段围堰法导流一般适用于河床宽阔、流量大、施工期较长的工程，尤其在通航河流和冰凌严重的河流上。这种导流方法的费用较低，国内外一些大、中型水利水电工程采用较多。分段围堰法导流，前期由束窄的原河道导流，后期可利用事先修建好的泄水道或未完建的永久建筑物导流，常见泄水道的类型有底孔、缺口等。

1. 底孔导流

利用设置在混凝土坝体中的永久底孔或临时底孔作为泄水道，是二期导流经常采用的方法。导流时让全部或部分导流流量通过底孔宣泄到下游，保证后期工程的施工。如系临时底孔，则在工程接近完工或需要蓄水时要加以封堵。

采用临时底孔时，底孔的尺寸、数目和布置，要通过相应的水力计算确定。其中底孔的尺寸，在很大程度上取决于导流的任务以及水工建筑物结构特点和封堵用闸门设备的类型。底孔的布置要满足截流、围堰工程以及本身封堵的要求。如底坎高程布置较高，截流时落差就大，围堰也高，但封堵时的水头较低，封堵措施就容易。通常底孔的底坎高程应布置在枯水位之下，以保证枯水期泄水。当底孔数目较多时可把底孔布置在不同的高程，封堵时从最低高程的底孔堵起，这样可以减少封堵时所承受的水压力。

临时底孔的断面形状多采用矩形，为了改善孔周的应力状况，也可采用有圆角的矩形。按水工结构要求，孔口尺寸应尽量小，但某些工程由于导游流量较大，只好采用尺寸较大的底孔。

底孔导流的优点是，挡水建筑物上部的施工可以不受水流的干扰，有利于均衡连续施工，这对修建高坝特别有利。若坝体内设有永久底孔，利用于导流时，更为理想。

底孔导流的缺点是：由于坝体内设置了临时底孔，使钢材用量增加；如果封堵质量不好，会削弱坝体的整体性，还有可能漏水；在导流过程当中，底孔有被漂浮物堵塞的危险；封堵时由于水头较高，安放闸门以及止水等均较困难。

2. 坝体缺口导流

混凝土坝施工过程中，当汛期河水暴涨暴落，其他导流建筑物不足以宣泄全部流量时，为了不影响坝体施工进度，使坝体在涨水时仍能继续施工，可以在未建成的坝体上预留缺口，以便配合其他建筑物宣泄洪峰流量。待洪峰过后，上游水位回落，再继续修筑坝体。所留缺口的宽度和高度取决于导流设计流量、其他建筑物的泄水能力、建筑物的结构特点和施工条件。采用底坎高程不同的缺口时，为避免高缺口与低缺口单宽流量相差过大，产生高缺口向低缺口的侧向泄流，引起压力分布不均匀，需要适当控制高低缺口间的高差。根据经验，其高差以不超过4～6 m为宜。在修建混凝土坝，特别是大体积混凝土坝时，由于这种导流方法比较简单，常被采用。

上述两种导流方式，一般只适用于混凝土坝，特别是重力式混凝土坝枢纽。至于土石坝或非重力式混凝土坝枢纽，采用分段围堰法导流，通常采用部分河床导流，并与隧洞导流、明渠导流等河床外导流方式相结合。

二、导流泄水建筑物的布置

导流建筑物包括泄水建筑物和挡水建筑物。现在着重说明导流泄水建筑物布置与水力计算的有关问题，也将涉及导流挡水建筑物（围堰）布置的某些问题。

（一）导流隧洞

1. 导流隧洞的布置

隧洞的平面布置，主要指隧洞路线选择。影响隧洞布置的因素很多，选线时，应特别注意地质条件和水力条件，一般可参照下列原则布置。

（1）隧洞轴线沿线地质条件良好，足以保证隧洞施工和运行的安全。应将隧洞布置在完整、新鲜的岩石中，为了防止隧洞沿线可能产生的大规模塌方，应避免洞轴线与岩层、断层、破碎带平行，洞轴线与岩石层面的交角最好在45°以上。

（2）当河岸弯曲时，隧洞宜布置在凸岸，不仅可以缩短隧洞长度，而且水力条件较好。国内外许多工程均采用这种布置。但是也有个别工程的隧洞位于凹岸，使隧洞进口方向与天然来水流向一致。

（3）对于高流速无压隧洞，应尽量避免转弯。有压隧洞和低流速无压隧洞，如果必须转弯，则转弯半径应大于5倍洞径（或洞宽），转折角应不大于60°。在弯道的上、下游，应设置直线段过渡，直线段长度一般也应大于5倍洞径（或洞宽）。

（4）进出口与河床主流流向的交角不宜太大，否则会造成上游进水条件不良，下游出口会产生有害的折冲水流与涌浪。进出口引渠轴线与河流主流方向夹角宜小于30°，上游进口处的要求可酌情放宽。

（5）当需要采用两条以上的导流隧洞时，可以将它们布置在一岸或两岸。一岸双线隧洞间的岩壁厚度，一般不应小于开挖洞径的两倍。

（6）隧洞进出口距上、下游围堰坡脚应有足够的距离，一般要求50m以上。以满足围堰防冲要求。进口高程多由截流要求控制，出口高程由下游消能控制，洞底按需要设计成缓坡或陡坡，避免成反坡。

2. 导流隧洞断面及进出口高程的设计

隧洞断面尺寸的大小，取决于设计流量、地质和施工条件，洞径应控制在施工技术和结构安全允许范围内，目前国内单洞断面尺寸多在200 m2以下，单洞泄量不超过2 000～2 500 m^3/s。

隧洞断面形式取决于地质条件、隧洞工作状况（有压或无压）及施工条件，常用断面形式有：圆形、马蹄形、方圆形。圆形多用于有压洞；马蹄形多用于地质条件不良的无压洞；方圆形有利于截流和施工。

洞身设计中，糙率 *n* 值的选择是十分重要的问题，糙率的大小直接影响到断面的大小，而衬砌与否、衬砌的材料和施工质量、开挖的方法和质量则是影响糙率大小的因素。一般混凝土衬砌糙率值为0.014～0.025；不衬砌隧洞的糙率变化较大，光面爆破时为0.025～0.032，一般炮眼爆破时为0.035～0.044。设计时根据具体条件，查阅有关手册，选取设计的糙率值，对重要的导流隧洞工程，应通过水工模型试验验证其糙率的合理性。

导流隧洞设计应考虑后期封堵要求，布置封堵闸门门槽及启闭平台设施。有条件者，导流隧洞应与永久隧洞结合，以节省投资（如小浪底工程的三条导流隧洞，后期将改建为三条孔板消能泄洪洞）。一般高水头枢纽，导流隧洞只可能部分地与永久隧洞相结合，中低水头枢纽则有可能全部地相结合。

隧洞围岩应有足够的厚度，并与永久建筑物有足够的施工间距，以避免受到基坑渗水和爆破开挖的影响。进洞处顶部岩层厚度通常在 1 ～ 3 倍洞径之间，进洞位置也可通过经济比较确定。

进出口底部高程应考虑洞内流态、截流、放木等要求。一般出口底部高程与河底齐平或略高，有利于洞内排水和防止淤积影响。对于有压隧洞，底坡在 0.1% ～ 0.3% 者居多，这样有利于施工和排水。无压隧洞的底坡，主要取决于过流要求。

（二）导流明渠

1. 导流明渠布置

（1）布置形式

导流明渠布置分在岸坡上和滩地上两种布置形式。

（2）布置要求

①尽量利用有利地形，布置在较宽台地、垭口或古河道一岸，使明渠工程量最小，但伸出上下游围堰外坡脚的水平距离要满足防冲要求，通常 50 ～ 100 m；尽量避免渠线通过不良地质区段，特别应注意滑坡崩塌体，保证边坡稳定，避免高边坡开挖。在河滩上开挖的明渠，一般需设置外侧墙，其作用与纵向围堰相似。外侧墙必须布置在可靠的地基上，并尽量能使其直接在干地上施工。

②明渠轴线应顺直，以使渠内水流顺畅平稳。应避免采用 S 形弯道。明渠进、出口应分别与上、下游水流相衔接，与河道主流的交角以 30° 为宜。为保证水流畅通，明渠转弯半径应大于 5 倍渠底宽。对于软基上的明渠，渠内水面与基坑水面之间的最短距离，应大于两水面高差的 2.5 ～ 3.0 倍，以免发生渗透破坏。

③导流明渠应尽量与永久明渠相结合。当枢纽中的混凝土建筑物采用岸边式布置时，导流明渠常与电站引水渠和尾水渠相结合。

④必须考虑明渠挖方的利用。国外有些大型导流明渠，出渣料均用于填筑土石坝。

⑤减小过水断面和防冲措施。在良好岩石中开挖出的明渠，可能无需衬砌，但应尽量减小糙率。软基上的明渠，应有可靠的衬砌防冲措施。有时，为了尽量利用较小的过水断面而增大泄流能力，即使是岩基上的明渠，也用混凝土衬砌，出口消能问题也应受到特别重视。

⑥在明渠设计中，应考虑封堵措施。因明渠施工时是在干地上的，同时布置闸墩，方便导流结束时采用下闸封堵方式。国内个别工程对此考虑不周，不仅增加了封堵的难度，而且拖延了工期，影响整个枢纽按时发挥效益，应引以为戒。

2. 明渠进出口位置和高程的确定

进口高程按截流设计选择；出口高程一般由下游消能控制；进出口高程和渠道水流流态应满足施工期通航、过木和排冰要求。在满足上述条件下，尽可能抬高进出口高程，以减少水下开挖量。目的在于力求明渠进出口不冲、不淤与不产生回流，还可通过水工模型试验调整进出口形状和位置。

3. 导流明渠断面设计

（1）明渠断面尺寸的确定

明渠断面尺寸由设计导流流量控制，并且受地形地质和允许抗冲流速影响，应按不同的明渠断面尺寸与围堰的组合，通过综合分析确定。

（2）明渠断面形式的选择

明渠断面一般设计成梯形，渠底为坚硬基岩时，可设计成矩形。有时为满足截流和通航不同目的，也有设计成复式梯形断面。

（3）明渠糙率的确定

明渠糙率大小直接影响到明渠的泄水能力，而影响糙率大小的因素有：衬砌的材料、开挖的方法、渠底的平整度等，可根据具体情况查阅有关手册确定，对大型明渠工程，应通过模型试验选取糙率。

（三）导流底孔及坝体缺口

1. 导流底孔

早期工程的底孔，通常均布置在每个坝段内，称跨中布置。例如，三门峡工程，在一个坝段内布置两个宽 3 m、高 8 m 的方形底孔。新安江在每个坝段内布置一个宽 10 m、高 13 m 的门洞形底孔，进口处加设中墩，以减轻封堵闸门重量。

导流底孔高程一般比最低下游水位低一些，主要根据通航、过木及截流要求，通过水力计算确定。如为封闭式框架结构，就需要结合基岩开挖高程和框架底板所需厚度综合确定。

2. 坝体预留缺口

缺口宽度与高程，主要由水力计算确定。如果缺口位于底孔之上，孔顶板厚度应大于 3 m。各坝块的预留缺口高程可以不同，但缺口高差一般以控制在 4 ～ 6 m 为宜。当坝体采用纵缝分块浇筑法，未进行接缝灌浆时过水，如果流量大、水头高，应校核单个坝块的稳定。在轻型坝上采用缺口泄洪时，应该校核支墩的侧向稳定。

（四）导流涵管

涵管导流的水力学问题，管线布置、进口体形、出口消能等问题的考虑，均与导流底孔和隧洞相似。但是，涵管与底孔也有很大的不同，涵管被压在土石坝体下面，如因布置不妥或结构处理不善，可能造成管道开裂、渗漏，招致土石坝失事。因此，在布置涵管时，还应注意以下几个问题：

（1）应使涵管坐落在基岩上。如有可能，宜将涵管嵌入新鲜基岩中。大、中型涵管应有一半高度埋入为宜。有些中小型工程，可先在基岩中开挖明渠，顶部加上盖板形成涵管。

（2）涵管外壁与大坝防渗土料接触部位，应设置截流环以延长渗径，防止接触渗透破坏。环间距一般可取 10 ～ 20 m，环高 1 ～ 2 m，厚度 0.5 ～ 0.8 m。

（3）大型涵管断面也常用方圆形。如上部土荷载较大，顶拱宜采用抛物线形。

第四节 导流方案的选择

水利水电枢纽工程施工，从开工到完建往往不是采用单一的导流方法，而是几种导流方式组合起来配合运用，以取得最佳的技术经济目的。这种不同导流时段、不同导流方式的组合，通常称为导流方案。

导流方案的选择受多种因素的影响。一个合理的导流方案，须在周密研究各种影响因素的基础上，拟定几个可能的方案，进行技术经济比较，从中选择技术经济指标优越的方案。

一、选择导流方案时应考虑的主要因素

（一）水利枢纽类型及布置

分期导流适用于混凝土坝枢纽。因土坝不宜分段修建，且坝体一般不允许过水，故土坝枢纽几乎不用分期导流，而多采用一次拦断法。高水头水利枢纽的后期导流常需多种导流方式的组合，导流程序比较复杂。例如，峡谷处的混凝土坝，前期导流可用隧洞，但后期（完建期）导流往往利用布置在坝体不同高程上的泄水孔。高水头土石坝的前后期导流，一般是在两岸不同高程上布置多层导流隧洞。如果枢纽中有永久性泄水建筑物，如隧洞、涵管、底孔、引水渠、泄水闸等，应该尽量加以利用。

（二）河流水文特性和地形地质条件

河流的水文特性，在很大程度上影响着导流方式的选择。每种导流方式均有适用的流量范围。除流量因素外，流量过程线的特征、冰情和泥沙也影响着导流方式的选择。例如，洪峰历时短而峰形尖瘦的河流，有可能采用汛期淹没基坑的方式；含沙量很大的河流，一般不允许淹没基坑。束窄河床和明渠有利于排冰；隧洞、涵管和底孔不利于排冰，如用于排冰，则在流冰期应为明流，而且应有足够的净空，孔口尺寸也不能过小。

宽阔的平原河道，宜采用分期导流或明渠导流，河谷狭窄的山区河道，常用隧洞导流。

（三）尽可能满足施工期国民经济各部门的综合要求

分期导流和明渠导流较易满足通航、过木、排冰、过鱼及供水等要求。采用分期导流方式时，为了满足通航要求，有些河流不能只分两期束窄，而要分成三期或四期，甚至有分成八期的。我国某些峡谷地区的工程，原设计为隧洞导流，但为了满足过木要求，用明渠导流取代了隧洞导流。这样一来，不仅遇到了高边坡深挖方问题，而且

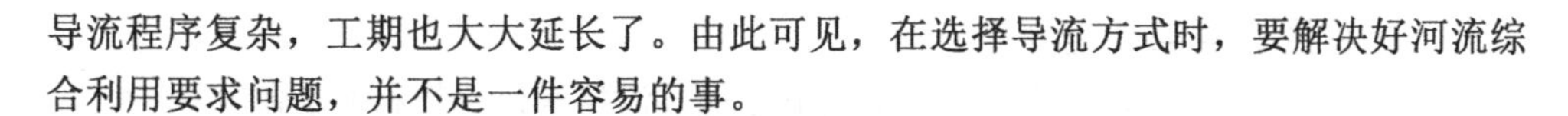

导流程序复杂，工期也大大延长了。由此可见，在选择导流方式时，要解决好河流综合利用要求问题，并不是一件容易的事。

（四）尽量结合利用永久建筑物，减少工程量和投资

导流方式的决定一直主要依赖于定性分析。在这种分析中，经验常起主导作用。成功的实例固然不少，但选择不当的也不在少数。对于混凝土坝枢纽，当河谷形状系数小于6.5，导流流量小于5 000 m^3/s时，宜采用隧洞导流；否则，应该采用分期导流。

影响导流方式选择的因素很多，但坝型、水文及地形条件是主要因素。河谷形状系数在一定程度上综合反映了地形、地质等因素。若该系数小，表明河谷为窄深型，岸坡陡峻，一般来说，岩石是坚硬的。水文条件也在一定程度上与河谷形状系数有关。

二、施工导流方案比较与选择的步骤

（一）初拟基本可行方案

进行施工导流方案的比较与选择之前，应先拟订几种基本可行的导流方案。拟订方案时，首先考虑可能采用的导流方式是分期导流还是一次拦断。分期导流应该研究分多少期，分多少段，先围哪一岸。还要研究后期导流完建方式，是采用底孔、梳齿、缺口或未完建厂房。一次拦断方式是采用隧洞、明渠、涵管还是渡槽，隧洞或明渠布置在哪一岸。另外，无论是分期，还是一次拦断，基坑是否允许被淹没，是否要采用过水围堰等。在全面分析的基础上，排除明显不合理的方案，保留几种可行方案或可能的组合方案。当导流方式或大方案基本确定后，还要将基本方案进一步细化。例如，某工程只可能采用一次拦断的隧洞导流方式，但是究竟是采用高围堰、小隧洞，还是低围堰、大隧洞；是采用一条大直径隧洞，还是采用几条较小直径的隧洞；当有两条以上隧洞时，是采用多线一岸集中布置，还是采用两岸分开布置；在高程上是采用多层布置，还是同层布置等。总之，方案可以很多，拟订方案时，思路要放开。但必须仔细分析工程的具体条件，因地制宜，不能凭空构想。只有这样，才能初步拟订出基本可行方案，以供进一步比较选择。

（二）方案技术经济指标的分析计算

在进行方案比较时，应着重从以下几个方面进行论证：导流工程费用及其经济性；施工强度的合理性；劳动力、设备、施工负荷的均衡性；施工工期，特别是截流、安装、蓄水、发电或其他受益时间的保证性；施工过程中河道综合利用的可行性；施工导流方案实施的可靠性等。为此，在方案比较时，还应进行以下工作：

1. 水力计算

通过水力计算确定导流建筑物尺寸，大、中型工程尚需进行导流模型试验。对主要比较方案，通过试验对其流态、流速、水位、压力和泄水能力等进行比较，并且对可能出现的水流脉动、气蚀、冲刷等问题，重点进行论证。

2. 工程量计算与费用计算

对拟订的比较方案，根据水力计算所确定的导流挡水建筑物和泄水建筑物尺寸，按相同精度计算主要的工程量，例如，土方、石方的挖、填方量，砌石方量，混凝土工程量，金属结构安装工程量等。在方案比较阶段，费用计算方法可适当简化，例如可采用折算混凝土工程量方法。这样求出的费用等经济指标虽然很难保证完全准确，但只要能保证各方案在同一基础上比较即可。

3. 拟定施工进度计划

不同的导流方案，施工进度安排是不一样的。首先，应分析研究施工进度的各控制时点，如开工、截流、拦洪、封孔、第一台机组发电时间或其他工程受益时间等。抓住这些控制时点，就可以安排出施工控制性进度计划。然后，根据控制性进度计划和各单项工程进度计划，编制或调整枢纽工程总进度计划，据此论证各方案所确定的工程受益时间和完建时间。

4. 施工强度指标计算与分析

根据施工进度计划，可绘制出各种施工强度曲线。首先，应分析各施工阶段的有效工日。计算有效工日时，主要是扣除法定节假日和其他停工日。停工日因工种而异。例如，土坝施工过程中，降雨强度超过一定值则需停工；冬季气温过低，也可需要停工；混凝土坝浇筑过程中，因气温过高、气温过低或降雨强度过大，也可能需要停工，当采用过水围堰淹没基坑导流方案时，还要扣除基坑过水所影响的工作日。

5. 河道综合利用的可能性与效果分析

对于不同的导流方式，河道综合利用的可能性与效果相差很大。除定性分析外，应尽可能做出定量分析。在进行技术经济指标分析与计算时，一定要按科学规律办事，切忌主观夸大某一方案的优缺点。

（三）方案比较与选择

根据上述技术经济指标，综合考虑各种因素，权衡利弊，分清主次。既作定性分析，也作定量比较，最后选择出技术上可靠、经济上合理的实施方案。在比较选择过程中，切忌主观臆断，轻率地确定方案。实践证明，凡是不经充分比较，不从客观实际出发选择的方案，实施中没有不曲折的。

在导流方案比较中，应以规定的完工期限作为统一基准。在此基础上，再进行技术和经济比较。既要重视经济上的合理性，也要重视技术上的可行性和进度的可靠性。否则，也就没有经济上的合理性可言。总之应以整体经济效益最优为原则。

在选择导流方案时，除了综合考虑以上各方面因素外，还应使主体工程尽可能及早发挥效益，简化导流程序，降低导流费用，使导流建筑物既简单易行，又适用可靠。导流方案的比较选择，应在同精度、同深度的几种可行性方案中进行。首先研究分析采用何种导流方法，然后再研究分析采用什么类型，在此全面分析的基础上，排除明显不合理的方案，保留可行的方案或可能的组合方案。

第五节 截流施工

在施工导流中，只有截断原河床水流（简称截流），把河水引向导流泄水建筑物下泄，才能在河床中全面开展主体建筑物的施工，在大江大河中截流是一项难度比较大的工作。

截流过程一般为：先在河床的一侧或两侧向河床中填筑截流戗堤，逐步缩窄河床，称为进占。戗堤进占到一定程度，河床束窄，形成流速较大的过水缺口叫龙口。为了保证龙口两侧堤端和底部的抗冲稳定，通常采取工程防护措施，如抛投大块石、铅丝笼等，这种防护堤端叫裹头。封堵龙口的工作叫合龙。合龙以后，龙口段及戗堤本身仍然漏水，必须在戗堤全线设置防渗措施，这一工作叫闭气，所以整个截流过程包括戗堤进占、龙口裹头及护底、合龙、闭气等四项工作。截流之后，对戗堤进一步加高培厚，修筑成设计围堰。

截流在施工导流中占有重要的地位，如果截流不能按时完成，就会延误相关建筑物的开工日期；如果截流失败，失去了以水文年计算的良好截流时机，就会延误整个建筑物施工，河槽内的主体建筑物就无法施工，甚至可能拖延工期一年，在通航河流上甚至严重影响航运。由此可见，截流在施工中占有重要地位。所以在施工导流中，常把截流看作一个关键性工作，它是影响施工进度的一个控制项目。

截流之所以被重视，还因为截流本身无论在技术上和施工组织上都具有相当的艰巨性和复杂性。为了截流成功，必须充分掌握河流的水文、地形、地质等条件，掌握截流过程中水流的变化规律及其影响。做好周密的施工组织，在狭小的工作面上用较大的施工强度，在较短的时间内完成截流。

一、截流的基本方法

河道截流有立堵法、平堵法、立平堵法、平立堵法、下闸截流及定向爆破截流等多种方法，但基本方法为立堵法和平堵法两种。

（一）立堵法

立堵法截流是将截流材料从一侧戗堤或两侧戗堤向中间抛投进占，逐渐束窄河床，直至全部拦断。

立堵法截流不需架设浮桥，准备工作比较简单，造价较低。但截流时水力条件较为不利，龙口单宽流量较大，流速也较大，同时水流绕截流戗堤端部产生强烈的立轴漩涡，造成紊流且流速分布很不均匀，易造成河床冲刷，需抛投单个重量较大的截流材料。由于工作前线狭窄，抛投强度受到限制。立堵法截流适用于河道宽、流量大、岩基或覆盖层较薄的岩基河床，对于软基河床应采用护底措施后才能使用。

立堵法截流又分为单戗、双戗和多钱立堵截流，单戗适用于截流落差不超过 3 m 的情况。

（二）平堵法

平堵法截流是在整个截流宽度利用浮桥和驳船同时抛投截流材料，抛投料堆筑体全面上升，直至露出水面。因此，合龙前必须在龙口架设浮桥，由于它是沿龙口全宽均匀地抛投，所以其单宽流量小，流速也较小，需要的单个材料的重量也较轻。沿龙口全宽同时抛投强度较大，施工速度快，但是有碍于通航，适用于软基河床，能够架桥且对通航影响不大的河流。

（三）综合法

1. 立平堵

为了既发挥平堵水力条件较好的优点，又降低架桥的费用，有的工程采用先立堵，后在栈桥上平堵的方法。多瑙河上的铁门工程，经过方案比较，也采取了立平堵方法。立堵进占结合管柱栈桥平堵。立堵段首先进占，完成长度 149.5 m，平堵段龙口 100m，由栈桥上抛投完成截流，最终落差达 3.72 m。

2. 平立堵

对于软基河床，单纯立堵易造成河床冲刷，可以采用先平抛护底，再立堵合龙。平抛多利用驳船进行。我国青铜峡、丹江口、大化及葛洲坝等工程均采用此法，三峡工程在二期大江截流时也采用了该方法，取得了满意的效果，由于护底均为局部性，故这类工程本质上属于立堵法截流。

二、截流日期及截流设计流量

截流年份应结合施工进度的安排来确定。截流年份内截流时段的选择，既要把握截流时机选择在枯水流量、风险较小的时段进行；又要为后续的基坑工作和主体建筑物施工留有余地，不致影响整个工程的施工进度。在确定截流时段时，应考虑以下要求：

（1）截流以后，需要继续加高围堰闭气，完成排水、清基、基础处理等大量基坑工作，并应把围堰或永久建筑物在汛期前抢修到一定高程以上。为了保证这些工作的完成，截流时段应尽量提前。

（2）在通航的河流上进行截流，截流时段最好选择在对航运影响较小的时段内。因为截流过程中，航运必须停止，即使船闸已经修好，但是因截流时水位变化较大，亦须停航。

（3）在北方有冰凌的河流上，截流不应在流冰期进行。因为冰凌很容易堵塞河道或导流泄水建筑物，壅高上游水位，给截流带来极大困难。

综上所述，截流时间应根据河流水文特征、气候条件、围堰施工及通航过木等因素综合分析确定。一般多选在枯水期初，流量已有显著下降的时候。严寒地区应尽量避开河道流冰及封冻期。

截流设计流量是指某一确定的截流时间的截流设计流量。一般按频率法确定，根据已选定截流时段，采用该时段内一定频率的流量作为设计流量，截流设计标准通常可采用截流时段重现期 5 ～ 10 年的月或旬平均流量。

除了频率法以外，也有不少工程采用实测资料分析法。当水文资料系列较长，河道水文特性稳定时，这种方法可应用。至于预报法，因当前的可靠预报期较短，一般不能在初设中应用，但在截流前夕有可能根据预报流量适当修改设计。

在大型工程截流设计中，通常多以选取一个流量为主，再考虑较大、较小流量出现的可能性，用几个流量进行截流计算和模型试验研究。对于有深槽和浅滩的河道，如分流建筑物布置在浅滩上，对截流的不利条件，要特别进行研究。

三、龙口位置和宽度

龙口位置的选择，对截流工作顺利与否有密切关系。选择龙口位置时要考虑下述一些技术要求：

（1）一般说来，龙口应设置在河床主流部位，方向力求与主流顺直。

（2）龙口应选择在耐冲河床上，以免截流时因流速增大，引起过分冲刷。

（3）龙口附近应有较宽阔的场地，以便布置截流运输线路和制作、堆放截流材料。

原则上龙口宽度应尽可能窄些，这样可以减少合龙工程量，缩短截流延续时间，但应以不引起龙口以及其下游河床的冲刷为限。

四、截流戗堤位置和参数

截流戗堤是土石围堰的一部分，有的又是永久土石坝的一部分，因此戗堤位置不完全取决于它自身，主要由整个枢纽布置和导流建筑物总体布置确定。就戗堤自身而言，主要应考虑设在围堰防渗体的下游，以避免截流过程中戗堤的粗粒和块石冲至围堰的防渗体部位，造成围堰防渗体施工困难或形成集中渗漏通道。长江三峡工程二期上游围堰设计时，戗堤布置在防渗墙轴线以下，并且要求戗堤水下稳定边坡坡脚与混凝土防渗墙间最小距离按 20 m 控制。另外戗堤应和截流工区道路顺畅相连，有足够宽敞的施工场地，以保证高强度截流施工。

戗堤位置选择的另一重要因素是龙口位置。龙口是截流中最困难的地段，它不但要考虑截流戗堤两岸的施工资源配置情况，还应考虑河床地质条件，尽量选择地形较高（避开河床深槽）、覆盖层较薄、基岩较坚硬的部位。但龙口若过分偏离主河槽，进占过程中将使河势过早发生改变，对通航河流将产生不利影响。

截流戗堤可分为预进占段、非龙口段和龙口段三部分。预进占段主要指在不影响行洪、通航及河道的其他功能前提下先期填筑的堤段，顶部高程都在洪水位以上，面积宽阔，一般用作截流施工场地和试验基地等。真正的截流是从非龙口段进占开始，直至合龙完成，在大的江河上，大约要延续几十天。截流戗堤的主要参数是按以下原则确定的。

（一）戗堤顶高程

确定戗堤顶高程，必须考虑整个进占过程中不受洪水的漫溢和冲刷。通常按当旬20年一遇最大日平均流量控制，由于汛后流量控旬逐渐减小，故所有的截流戗堤几乎都是两端高、中间低，地面纵坡一般不大于5%，局部不大于8%，以利车辆行驶。实际施工过程中，大多数工程都充分利用水情预报，不同程度降低了堤顶高程，以节省进占工程量。

（二）戗堤顶宽度

戗堤顶宽度主要与抛填强度、行车密度和抛投方式有关。截流是与水流搏斗的关键时刻，抛投强度应尽量大，但受堤身宽度限制，不可能无限加大抛投强度。我国大中型工程截流，戗堤顶宽度通常在20～30 m范围内选择。抛投用车辆从20世纪80年代的20～30 t级发展到现在的45～77 t级。20～30 m堤顶宽度相当于4～5个车道及3～4个卸车点的宽度，可以保证每1～1.5 min抛投一车。

（三）戗堤边坡

截流戗堤系水中抛投进占形成，它的边坡取决于抛投料的自然休止角。设计时则根据土工试验成果确定，如石渣料一般采用1∶1.5，实测结果为1∶1.3左右。但堤身的稳定边坡不是进占过程中瞬时完成的，长江三峡大江截流模型试验发现，由于截流水深达60m，戗堤进占过程中有多次较大面积的堤头塌滑现象发生。设计与施工单位事先研究了塌滑机理，并采取了充分的对策措施，在实际施工当中尽管也有塌滑，但没有给截流造成障碍。克服大面积塌滑的主要措施之一，是预先平抛垫底，抬高河床并减小水深。

第六节　基坑排水

修建水利水电工程时，在截流戗堤合龙、闭气以后，就要排除基坑内的积水和渗水，以保持基坑基本干燥状态，以利于基坑开挖、地基处理及建筑物的正常施工。

基坑排水工作按排水时间及性质，一般可分为：①基坑开挖前的初期排水，包括基坑积水、基坑积水排除过程中的围堰堰体与基础渗水和堰体及基坑覆盖层中的含水量、可能出现的降水的排除；②基坑开挖及建筑物施工过程中的日常排水，包括围堰和基坑渗水、降水以及施工弃水量的排除；例如按排水方法分，有明式排水和人工降低地下水位两种。

一、明式排水

（一）初期排水的设计计算

初期排水主要包括基坑积水，围堰与基坑渗水两大部分。对于降雨，因为初期排水是在围堰或截流戗堤合龙闭气后立即进行的，通常是在枯水期内，而枯水期降雨很少，所以一般可不予考虑。除了积水和渗水外，有时还需考虑填方和地基中的饱和水。

初期排水渗透流量，原则上可按有关公式计算。但是初期排水时的渗流量估算，往往很难符合实际，因为此时还缺乏必要的资料。通常不单独估算渗流量 Qs，而将其与积水排除流量合并在一起，依靠经验估算初期排水总流量 Q：

$$Q = Q_l + Q_s = k\frac{V}{T} \tag{4-1}$$

式中：Q_1 —— 积水排除的流量，m^3/s。

Q_s —— 渗水排除的流量，m^3/s。

V—— 基坑积水体积，m^3。

T—— 初期排水时间，s。

k—— 为经验系数，主要与围堰种类、防渗措施、地基情况、排水时间等因素有关。根据国外一些工程的统计，一般 k=2 ～ 3。

基坑积水体积 V 可按基坑积水面积和积水水深计算，这是比较容易的，但是排水时间 T 的确定就比较复杂。排水时间 T 主要受基坑水位下降速度的限制，基坑水位的允许下降速度视围堰种类、地基特性和基坑内水深而定。水位下降太快，则围堰或基坑边坡中动水压力变化过大，容易引起坍坡。下降太慢，则影响基坑开挖时间。一般认为，土围堰的基坑水位下降速度应限制在 0.5 ～ 0.7 m/ 昼夜；木笼及板桩围堰等应小于 1.0 ～ 1.5 m/ 昼夜。初期排水时间，大型基坑一般可以采用 5 ～ 7 d，中型基坑一般不超过 3 ～ 5 d。

通常，当填方和覆盖层体积不太大时，在初期排水且地基覆盖层尚未开挖时，可以不必计算饱和水的排除。如需计算，可按基坑内覆盖层总体积和孔隙率估算饱和水总水量。

按以上方法估算初期排水流量 Q，选择抽水设备后，往往很难符合实际。在初期排水过程中，可以通过试抽法进行校核和调整，并为经常性排水计算积累一些必要资料。试抽时如果水位下降很快，则显然是所选择的排水设备容量过大，此时应关闭一部分排水设备，使水位下降速度符合要求。试抽时若水位不变，则显然是设备容量过小或有较大渗漏通道存在。此时，应增加排水设备容量或找出渗漏通道予以堵塞，然后再进行抽水。还有一种情况是水位降至一定深度后就不再下降，这说明此时排水流量与渗流量相等，只有增大排水设备容量或堵塞渗漏通道，才可将积水排除。据此可估算出需增加的设备容量。

确定排水设备容量后，要妥善布置排水泵站。若泵站布置不当，不仅会降低排水效率，影响其他工作，甚至泵站运转时间不长，又被迫转移，造成人力、物力及时间上的浪费。在布置泵站时，应当注意几个问题，泵站和管路的基础应能抵挡一定的漏水冲刷；水泵的出水管口最好在水面高程以下，以利用虹吸作用减轻水泵的工作负担，但应在水泵排水管上应设置止回阀，来防水泵突然停止工作时，基坑外的水倒灌回基坑。

（二）日常排水的设计计算

日常排水的排水量，主要包括围堰和基坑的降雨、渗水、基岩冲洗及混凝土养护的施工废水等。设计中一般考虑两种不同的组合，从中择其大者，以选择排水设备。一种组合是渗水加降雨，另一种组合是渗水加施工废水。降雨和施工废水不必组合在一起，这是因为二者不会同时出现。如果全部迭加在一起，就显然太浪费。

1. 降雨量

在基坑排水设计中，对降雨量的确定尚无统一的标准。大型工程可采用 20 年一遇三日降雨中最大的连续 6 小时雨量，再减去估计的径流损失值（每小时 1 mm），作为降雨强度；也有的工程采用日最大降雨强度。基坑内的降雨量可根据上述计算降雨强度和基坑集雨面积求得。

2. 施工废水

一般冲洗基岩的废水由吸泥泵机排除。所以，施工废水主要考虑混凝土养护用水，其用水量估算，应根据气温条件和混凝土养护的要求而定。一般初估时可按每立方米混凝土每次用水 5 L，每天养护 8 次计算。

3. 渗流量

通常，基坑渗流总量包括围堰渗流量和地基渗流量两部分。关于渗流量的详细计算方法，在水力学、水文地质和水工结构等论著中均有介绍，这里仅仅介绍估算渗流量常用方法。

按照基坑条件和所采用的计算方法，有以下几种计算情况：

（1）基坑远离河岸不必设围堰时

首先按基坑宽长比 $\frac{B}{L}$ 将基坑区分为窄长形基坑（$\frac{B}{L} \leqslant 0.1$）和宽阔基坑（$\frac{B}{L} > 0.1$）。前者按沟槽公式计算；后者则化为等效的圆井，按井的渗流公式计算。此时还可区分为无压完全井，无压不完全井，承压完全井，承压不完全井等情况，可以参考有关水力学手册计算。

（2）筑有围堰时

筑有围堰时，基坑渗透量的简化计算与宽阔基坑的情况相仿，也将基坑简化为等效圆井计算。常遇到的情况有以下两种：

①无压完整形基坑

首先分别计算出上、下游面基坑的渗流量 Q_{1s} 和 Q_{2s}，然后相加，则得基坑总渗透

量 $Q_s = Q_{1s} + Q_{2s}$。

$$Q_{1s} = \frac{1.365}{2}\frac{K_s(2s_1 - T_1)T_1}{\lg\frac{R_1}{r_0}} \tag{4-2}$$

$$Q_{2s} = \frac{1.365}{2}\frac{K_s(2s_2 - T_2)T_2}{\lg\frac{R_2}{r_0}} \tag{4-3}$$

式中：K_s—— 地基的渗透系数，m/h。

R_1、R_2 —— 降水曲线的影响半径，m。

式（4-2）和式（4-3）分别适用于 $R_1 2s_1\sqrt{s_1K_s}$ 和 $R_2 2s_2\sqrt{s_2K_s}$。R_1、R_2 取值主要与土质有关。根据经验，细砂的 R=100 ～ 200 m；中砂的 R=250 ～ 500 m，粗砂的 R=700 ～ 1 000 m。R 值也可以按照各种经验公式估算，例如按库萨金公式：

$$R = 575s\sqrt{HK_s} \quad (\text{m}) \tag{4-4}$$

式中：H—— 含水层厚度，m。

s—— 水面降落深度，m。

Ks—— 渗透系数，m/h，与土的种类、结构、孔隙率等因素有关，通常应通过现场试验确定，当缺乏资料时，各类手册中所提供的数据也可供初估时参考。

r_0—— 是将实际基坑简化为等效圆井时的半径，m，对不同形状的基坑算如下：

对于不规则形状的基坑。

$$r_0 = \sqrt{\frac{F}{\pi}} \tag{4-5}$$

其中 F 为基坑面积（m^2），对矩形基坑

$$r_0 = \eta\frac{L + B}{4} \tag{4-6}$$

其中 B 和 L 分别为基坑宽度和长度，m，η 为基坑形状系数，与 $\frac{B}{L}$ 值有关（见表 4-3）。

表 4-3 基坑形状系数 η 值

$\frac{B}{L}$	0	0.2	0.4	0.6	0.8	1.0
η	1.0	1.12	1.16	1.18	1.18	1.18

②无压不完整形基坑

在此情况下，除了坑壁渗透流量Q_{1s}和Q_{2s}仍然按完整井基坑公式计算外，尚需计入坑底渗透流量 q_1 和 q_2。基坑总渗透流量 Q_s 为

$$Q_s = Q_{1s} + Q_{2s} + q_1 + q_2$$

其中，Q_{1s}和Q_{2s}仍按式（4-2）和式（4-3）计算。q_1 和 q_2 的则按以下两式计算：

$$q_1 = \frac{K_s T s_1}{\frac{R_1 - l}{T} - 1.47 lg\left(sh\frac{\pi l}{2T}\right)} \tag{4-7}$$

$$q_2 = \frac{K_s T s_2}{\frac{R_2 - l}{T} - 1.47 lg\left(sh\frac{\pi l}{2T}\right)} \tag{4-8}$$

此二式分别适用于 $R_1 \geqslant l+T$ 和 $R_2 \geqslant l+T$ 的情况。式中 l 是基坑顺水流向长度之半，T 为坑底以下覆盖层厚度。

③考虑围堰结构特点的渗透计算

以上两种简化方法，是把宽阔基坑，甚至连同围堰在内，化引为等效圆形直井计算。这显然是十分粗略的。当基坑为窄长形，并且需考虑围堰结构特点时，渗水量的计算可分为围堰和基础两部分，分别计算后予以迭加。

按这种方法计算时，采用以下简化假定：计算围堰渗流时，假定基础是不透水的，计算基础渗流时，则认为围堰是不透水的。也可将围堰和基础一并考虑，选用相应的计算公式。由于围堰的种类很多，各种围堰的渗透计算公式，可查阅有关水工手册和水力计算手册。

应当指出，应用各种公式估算渗流量的可靠性，不但取决于公式本身的精度，而且还取决于计算参数的正确选择。特别是像渗透系数这类物理常数，对计算结果的影响很大。但是，在初步估算时，往往不可能获得较详尽而可靠的渗透系数资料。此时，也可采用如下的简便方法估算：

（三）基坑排水系统的布置

排水系统的布置通常应考虑两种不同情况。一种是基坑开挖过程中的排水系统布置；另一种是基坑开挖完成后修建建筑物时的排水系统布置。布置时，应该尽量同时兼顾这两种情况，并且使排水系统尽可能不影响施工。

基坑开挖过程中的排水系统布置，应以不妨碍开挖和运输工作为原则。一般常将排水干沟布置在基坑中部，以利两侧出土。随基坑开挖工作的进展，逐渐加深排水干沟和支沟。通常保持干沟深度为1～1.5 m，支沟深度为0.3～0.5 m。集水井多布置在建筑物轮廓线外侧，井底应低于干沟沟底。但是，由于基坑坑底高程不一，有的工程就采用层层设截流沟、分级抽水的办法，即在不同高程上分别布置截水沟、集水井和水泵站，进行分级抽水。

建筑物施工时的排水系统，通常都布置在基坑四周。排水沟应布置在建筑物轮廓线外侧，且距离基坑边坡坡脚不少于0.3～0.5 m。排水沟的断面尺寸和底坡大小，取决于排水量的大小。一般排水沟底宽不小于0.3 m，沟深不大于1.0 m，底坡不小于0.002。在密实土层中，排水沟可以不用支撑，但是在松土层中，就需用木板或麻袋装石来加固。

基坑水经排水沟流入集水井后，利用在井边设置的水泵站抽排出坑外。集水井布置在建筑物轮廓线以外较低的地方，它与建筑物外缘的距离必须大于井的深度。井的容积至少要能保证水泵停止抽水10～15 min，井水不致漫溢。集水井可为长方形，边长1.5～2.0 m，井底高程应低于排水沟底1.0～2.0m。在土中挖井，其底面应铺填反滤料；在密实土中，井壁用框架支撑；在松软土中，利用板桩加固。如板桩接缝漏土，尚需在井壁外设置反滤层。集水井不仅可用来集聚排水沟的水量，而且还应有澄清水的作用，因为水泵的使用年限与水中含沙量的多少有关。为了保护水泵，集水井宜稍微偏大偏深一些。

为防止降雨时地面径流进入基坑而增加抽水量，通常在基坑外缘边坡上挖截水沟，以拦截地面水。截水沟的断面及底坡应根据流量和土质而定，一般沟宽和沟深不小于0.5 m，底坡不小于0.002，基坑外地面排水系统最好与道路排水系统相结合，以便自流排水。为了降低排水费用，当基坑渗水水质符合饮用水或其他施工用水要求时，可将基坑排水与生活、施工供水相结合。丹江口工程的基坑排水就直接引入供水池，供水池上设有溢流闸门，多余的水则溢入江中。

明式排水系统最适用于岩基开挖。对砂砾石或粗砂覆盖层，当渗透系数 $Ks>172.8$ m/d时，且围堰内外水位差不大的情况也可用。在实际工程中也有超出上述界限的。例如丹江口的细砂地基，渗透系数约为17.3 m/d，采用适当措施后，明式排水也取得了成功。不过，一般认为，当 $Ks<86.4$ m/d时，来采用人工降低水位法为宜。

二、人工降低地下水位

日常排水过程中，为了保持基坑开挖工作始终在干地进行，常常要多次降低排水沟和集水井的高程，变换水泵站的位置，影响开挖工作的正常进行。此外，在开挖细砂土、砂壤土一类地基时，随着基坑底面的下降，坑底与地下水位的高差愈来愈大，在地下水渗透压力作用下，容易产生边坡塌滑、坑底隆起等事故，甚至危及临近建筑物的安全，给开挖工作带来不良影响。

而采用人工降低地下水位，可以改变基坑内的施工条件，防止流砂现象的发生，基坑边坡可陡些，从而可以大大减少挖方量。人工降低地下水位的基本做法是：在基坑周围钻设一些井，地下水渗入井中后，随即被抽走，使地下水位线降到开挖的基坑底面以下，一般应使地下水位降到基坑底下 0.5 ～ 1.0 m。人工降低地下水位的方法，按排水工作原理可分为管井法和井点法两种。管井法是单纯重力作用排水，适用于渗透系数 K=10 ～ 250 m/d 的土层；井点法还附有真空或电渗排水的作用，适用于 K=0.1 ～ 50 m

（一）管井法降低地下水位

管井法降低地下水位时，在基坑周围布置一系列管井，管井中放入水泵的吸水管，地下水在重力作用下流入井中，由水泵抽走。

管井通常由埋设钢井管而成，在缺乏钢管时也可用木管或预制混凝土管代替。井管的下部安装滤水管节（滤头），有时在井管外还需设置反滤层，地下水从滤水管进入井内，水中的泥沙则沉淀在沉淀管中。滤水管是井管的重要组成部分，其构造对井的出水量和可靠性影响很大。要求它透水能力强，进入泥沙少，有足够强度和耐久性。

井管埋设可采用射水法、振动射水法或钻孔法。射水法是先用高压水冲土下沉套管，较深时可配合锤击或振动（振动射水法），下沉到设计深度后，在套管中插入井管，最后在套管与井管的间隙里边填反滤层边拔套管，逐层上拔，直至完成。

管井抽水可应用各种抽水设备，但主要用普通离心泵、潜水泵或深井泵，分别可降低水位 3 ～ 10 m、6 ～ 20 m 和 20 m 以上，一般采用潜水泵较多。用普通离心泵抽水，由于吸水高度的限制，当要求降低地下水位较深时，要分层设置管井，分层进行排水。

要求大幅度降低地下水位的深井中抽水时，最好采用专用的深井泵。每个深井泵都是独立工作，井的间距也可以加大，深井泵通常深度大于 20 m，排水效果好，需要井数少。

（二）井点法降低地下水位

井点法降低地下水位与管井法不同，它把井管和水泵的吸水管合二为一，简化了井的构造。井点法的设备，按其降深能力分为轻型井点（浅井点）和深井点等，轻型井点最常用。轻型井点是由井管、集水总管、普通离心式水泵、真空泵和集水箱等设备所组成的一个排水系统。

轻型井点系统的井点管为直径 38 ～ 50 mm 的无缝钢管，间距为 0.6 ～ 1.8 m，最大可达 3.0 m。轻型井点系统开始工作时，先开动真空泵，排除系统内的空气，待集水井内的水面上升到一定高度后，再启动水泵排水。地下水从井管下端的滤水管借真空泵和水泵的抽吸作用流入管内，沿井管上升汇入集水总管，流入集水箱，由水泵排出。水泵开始抽水后，为了保持系统内的真空度，仍需真空泵配合水泵工作。这种井点系统也叫真空井点。

井点法降低地下水位的下降深度，取决于集水箱内的真空度与管路的漏气和人为损失。一般集水箱内真空度为53～80 kPa(约400～600 mmHg)，相应吸水高度为5～8 m，扣去各种损失后，地下水位的降低深度为4～5 m。

当要求地下水位降低的深度超过4～5 m时，可以像管井一样分层布置井点，每层控制范围3～4 m，但以不超过3层为宜。分层太多，基坑范围内管路纵横，妨碍交通，影响施工，同时也增加挖方量，而且当上层井点发生故障时，下层水泵能力有限，地下水位会回升，基坑有被淹没的可能。

真空井点抽水时，在滤水管周围形成一定的真空梯度，加速了土中水的排出速度，所以即使在渗透系数小到0.1 m/d的土层中，也能进行工作。

布置井点系统时，为了充分发挥设备能力，集水总管、集水管和水泵应尽量接近天然地下水位。当需要几套设备同时工作时，各套总管之间最好接通，并安装闸阀，以便相互支援。井管的安设，一般用射水法下沉。距孔口1.0m范围的井管与土体之间，应用粘土封闭，以防漏气。排水工作完成后，可利用杠杆将井管拔出。

深井点与轻型井点的不同，在于它的每一根井管上都装有扬水器（水力扬水器或压气扬水器），所以它不受吸水高度的限制，有较为大的降低地下水位的能力。

深井点有喷射井点和扬水井点两种。

喷射井点由集水池、高压水泵、输水干管和喷射井管等组成。通常一台高压水泵能为30～35个井点服务，其最适宜的降水位范围为5～18 m。喷射井点的排水效率不高，一般用于渗透系数为3～50 m/d，渗流量不大的场合。

压气扬水井点是用压气扬水器进行排水。排水时压缩空气由输气管送来，由喷气装置进入扬水管，于是，管内容重较轻的水气混合液在管外水压力的作用下，沿水管上升到地面排走。为达到一定的扬水高度，就必须将扬水管沉入井中有足够的潜没深度，使扬水管内外有足够的压力差，压气扬水井点降低地下水位最大可以达40 m。

第五章 管道工程施工

第一节 水利工程常用管道

随着经济的快速发展，水利工程建设进入高速发展阶段，许多项目中管道工程占有很大的比例，因此合理的进行管道设计不但能满足工程的实际需要，还可以给工程带来有效的投资控制。目前管材的类型趋于多样化发展，主要有球墨铸铁管、钢管、玻璃钢管、塑料管（PVC-U 管，PE 管）以及钢筋混凝土管等。

一、铸铁管

铸铁管具有较高的机械强度及承压能力，有较强的耐腐蚀性，接口方便，容易于施工。其缺点在于不能承受较大的动荷载及质脆。按制造材料分成普通灰口铸铁管和球墨铸铁管，较为常用的为球墨铸铁管。

球墨铸铁和普通铸铁里均含有石墨单体，即铸铁是铁和石墨的混合体。但普通铸铁中的石墨是片状存在的，石墨的强度很低，所以相当于铸铁中存在许多片状的空隙，因此普通铸铁强度比较低，较脆。球墨铸铁中的石墨是呈球状的，相当于铸铁中存在许多球状的空隙。球状空隙对铸铁强度的影响远比片状空隙小，所以球墨铸铁强度比普通铸铁强度高许多，球墨铸铁的性能接近于中碳钢，但是价格比钢材便宜得多。

球墨铸铁管是在铸造铁水经添加球化剂后，经过离心机高速离心铸造成的低压力管材，一般应用管材直径可达3 000mm。其机械性能得到了较好的改善，具有铁的本质、

钢的性能。防腐性能优异、延展性能好，安装简易，主要用于输水、输气、输油等。

目前我国球墨铸铁管具备一定生产规模的厂家一般都是专业化生产线，产品数量及质量性能稳定，其刚度好，耐腐蚀性好，使用寿命长，承受压力较高。若用T型橡胶接口，其柔性好，对地基适应性强，现场施工方便，施工条件要求不高，其缺点是价格较高。

（一）球墨铸铁管分类

按其制造方法不同可分为：砂型离心承插直管、连续铸铁直管及砂型铁管。

按其所用的材质不同可分为：灰口铁管、球墨铸铁管及高硅铁管。铸铁管多用于给水、排水和煤气等管道工程。

1. 给水铸铁管

（1）砂型离心铸铁直管

砂型离心铸铁直管的材质为灰口铸铁，适用于水及煤气等压力流体的输送。

（2）连续铸铁直管

连续铸铁直管即连续铸造的灰口铸铁管，适用于水以及煤气等压力流体的输送。

2. 排水铸铁管

普通排水铸铁承插管及管件。柔性抗震接口排水铸铁直管，此类铸铁管采用橡胶圈密封、螺栓紧固，在内水压下具有良好的挠曲性、伸缩性。能适应较大的轴向位移和横向曲挠变形，适用于高层建筑室内排水管，对地震区尤为合适。

（二）接口形式

承插式铸铁管刚性接口抗应变性能差，受外力作用时，无塔供水设备接口填料容易碎裂而渗水，尤其在弱地基、沉降不均匀地区和地震区接口的破坏率较高。因此应尽量采取柔性接口。

目前采用的柔性接口形式有滑入式橡胶圈接口、R形橡胶圈接口、柔性机械式接口A型及柔性机械式接口K形。

1. 滑入式橡胶圈接口

橡胶圈与管材由供应厂方配套供应。安装橡胶圈前应将承口内工作面与插口外工作面清扫干净后，将橡胶圈嵌入承口凹梢内，并在橡胶圈外露表面及插口工作面，涂以对橡胶圈质量无影响的滑润剂。待供水设备插口端部倒角与橡胶圈均匀接触后，再用专用工具将插口推入承口内，推入了深度应到预先设定的标志，并复查已经安好的前一节、前二节接口推入深度。

2. T球墨铸铁管滑入式T形接口

我国生产的《水及燃气用球墨铸铁管、管件和附件》（GB 13295-2019）规定了退火离心铸造、输水用球墨铸铁管直管、管件、胶圈的技术性能，其接口形式均采用滑入式T形接口。

3. 机械式（压兰式）球墨铸铁管接口

日本久保田球墨铸铁管机械式接口，近年来已被我国引进采用。球墨铸铁管机械接口形式分为A形和K形。其管材管件由球墨铸铁直管、压兰、螺栓及橡胶圈组成。

机械式接口密封性能良好，试验时内水压力达到2MPa时无渗漏现象，轴向位移及折角等指标均达到很高水平，但成本较高。

二、钢管

钢管是经常采用的管道。其优点是管径可随需要加工，承受压力高、耐振动、薄而轻及管节长而接口少，接口形式灵活，单位管长重量轻，渗漏小节省管件，适合较复杂地形穿越，可现场焊接，运输方便等。钢管通常用于管径要求大、受水压力高管段，及穿越铁路、河谷和地震区等管段。缺点是易锈蚀影响使用寿命、价格较高，故需做严格防腐绝缘处理。

三、玻璃钢管

玻璃钢管也称玻璃纤维缠绕夹砂管（RPM管）。主要以玻璃纤维及其制品为增强材料，以高分子成分的不饱和聚酯树脂、环氧树脂等为基本材料，以石英砂及碳酸钙等无机非金属颗粒材料为填料作为主要原料。管的标准有效长度为6m和12m，其制作方法有定长缠绕工艺、离心浇铸工艺以及连续缠绕工艺三种。目前在水利工程中已被多个领域采用，如长距离输水、城市供水、输送污水等方面。

玻璃钢管是近年来在我国兴起的新型管道材料，优点是管道糙率低，一般按n=0.0084计算时其选用管径较球墨铸铁管或钢管小一级，可降低工程造价，且管道自重轻，运输方便，施工强度低，材质卫生，对水质无污染，耐腐蚀性能好。其缺点是管道本身承受外压能力差，对施工技术要求高，生产中人工因素较多，如管道管件、三通、弯头生产，必须有严格的质量保证措施。

玻璃钢管特点：

（1）耐腐蚀性好，对水质无影响。玻璃钢管道能抵抗酸、碱、盐、海水、未经处理的污水、腐蚀性土壤或地下水及众多化学流体的侵蚀，比传统管材的使用寿命长，其设计使用寿命一般为50年以上。

（2）耐热性、抗冻性好。在-30℃状态下，仍具有良好的韧性和极高的强度，可在-50℃～80℃的范围内长期使用。

（3）自重轻、强度高，运输安装方便。采用了纤维缠绕生产的夹砂玻璃钢管道，其比重在1.65～2.0，环向拉伸强度为180～300MPa，轴向拉伸强度为60～150MPa。

（4）摩擦阻力小，输水水头损失小。内壁光滑，糙率和摩阻力很小，糙率系数可达0.0084，能显著减少沿程的流体压力损失，提高输水能力。

（5）耐磨性好。

四、塑料管

塑料管一般是以塑料树脂为原料，加入稳定剂、润滑剂等经熔融而成的制品。由于它具有质轻、耐腐蚀、外形美观、无不良气味、加工容易、施工方便等特点，在建筑工程中获得了越来越广泛的应用。

（一）塑料管材特性

塑料管的主要优点是具有表面光滑、输送流体阻力小，耐蚀性能好、质量轻、成型方便、加工容易，缺点是强度较低，耐热性较差。

（二）塑料管材分类

塑料管有热塑性塑料管和热固性塑料管两大类。热塑性塑料管采用的主要树脂有聚氯乙烯树脂（PVC）、聚乙烯树脂（PE）、聚丙烯树脂（PP）、聚苯乙烯树脂（PS）、丙烯腈－丁二烯－苯乙烯树脂（ABS）、聚丁烯树脂（PB）等；热固性塑料采用的主要树脂有不饱和聚酯树脂、环氧树脂、呋喃树脂及酚醛树脂等。

（三）常用塑料管性能及优缺点

1. 硬聚氯乙烯（PVC-U）

化学腐蚀性好，不生锈；具有自熄性和阻燃性；耐老化性好，可在 -15℃～ 60℃使用 20 ～ 50 年；密度小，质量轻，易扩口、粘结、弯曲、焊接、安装工作量仅为钢管的 1/2，劳动强度低、工期短；水力性能好，内壁光滑，内壁表面张力，很难形成水垢，流体输送能力比铸铁管高 3.7 倍；阻电性能良好；节约金属能源。

但是韧性低，线膨胀系数大，使用温度范围窄；力学性能差，抗冲击性不佳，刚性差，平直性也差，因而管卡及吊架设置密度高；燃烧时热分解，会释放出有毒的气体和烟雾。

2. 无规共聚聚丙烯管（PP-R）。

PP-R 在原料生产、制品加工、使用及废弃全过程均不会对人体及环境造成不利影响，与交联聚乙烯管材同辈成为绿色建材。除具有一般塑料管材质量轻、强度好、耐腐蚀、使用寿命长等优点外，还有无毒卫生，符合国家卫生标准要求；耐热保温；连接安装简单可靠；弹性好、防冻裂。但线膨胀系数较大，为 0.14 ～ 0.16mm/（m•K）；抗紫外线性能差，在阳光的长期直接照射下容易老化。

材料特性：

（1）可热熔连接，系统密封性好且安装便捷。

（2）在 70℃的工作条件下可连续工作，寿命可达 50 年，短期工作温度可达 95℃。

（3）不结垢，流阻小。

（4）经济性好。

3. PE管

PE材料（聚乙烯）由于其强度高、耐高温、抗腐蚀、无毒等特点，被广泛应用于给水管制造领域。因为它不会生锈，所以是替代部分普通铁给水管的理想管材。

PE管特点：

（1）对水质无污染：PE管加工时不添加重金属盐稳定剂，材质无毒性，无结垢层，不滋生细菌，很好地解决了城市饮用水的二次污染。

（2）耐腐蚀性能较好：除少数强氧化剂外，可耐多种化学介质的侵蚀；无电化学腐蚀。

（3）耐老化，使用寿命长：在额定温度、压力状况之下，PE管道可安全使用50年以上。

（4）内壁水流摩擦系数小：输水时水头阻力损失小。

（5）韧性好：耐冲击强度高，重物直接压过管道，不会导致管道破裂。

（6）连接方便可靠：PE管热熔或电熔接口的强度高于管材本体，接缝不会因为土壤移动或活载荷的作用断开。

（7）施工简单：管道质轻，焊接工艺简单，施工方便，工程综合造价低。

在水利工程中的应用：

（1）城镇、农村自来水管道系统：城市及农村供水主干管和埋地管。

（2）园林绿化供水管网。

（3）污水排放用管材。

（4）农田水利灌溉工程。

（5）工程建设过程中的临时排水、导流工程等。

4. 高密度聚乙烯管（HDPE）

高密度聚乙烯管（HDPE）双壁波纹管是一种用料省、刚性高、弯曲性优良，具有波纹状外壁、光滑内壁的管材。双壁管较同规格同强度的普通管可省料40%，具有高抗冲、高抗压的特性。

基本特性：高密度聚乙烯是一种不透明白色蜡状材料，比重比水轻，比重为0.941～0.960，柔软而且有韧性，但比LDPE略硬，也略能伸长，无毒，无味。易燃，离火后能继续燃烧，火焰上端呈黄色，下端呈蓝色，燃烧时会熔融，有液体滴落，无黑烟冒出，同时发出石蜡燃烧时发出的气味。

主要优点：耐酸碱，耐有机溶剂，电绝缘性优良，低温时，仍能保持一定的韧性。表面硬度，拉伸强度，刚性等机械强度都高于LDPE，接近于PP，比PP韧，但表面光洁度不如PP。

主要缺点：机械性能差，透气差，易变形，易老化，易发脆，脆性低于PP，易应力开裂，表面硬度低，易刮伤。难印刷，印刷时，需进行表面放电处理，不能电镀，表面无光泽。

5. 塑料波纹管

塑料波纹管在结构设计上采用特殊的“环形槽”式异形断面形式，这种管材设计新颖、结构合理，突破了普通管材的“板式”传统结构，使管材具有足够的抗压和抗冲击强度，又具有良好的柔韧性。根据成型方法的不同可以分为单壁波纹管、双壁波纹管。其特点刚柔兼备，既具有足够的力学性能的同时，兼备优异的柔韧性；质量轻、省材料、降能耗、价格便宜；内壁光滑的波纹管能减少液体在管内流动阻力，进一步提高输送能力；耐化学腐蚀性强，可承受土壤中酸碱的影响；波纹形状能加强管道对土壤的负荷抵抗力，又不增加它的曲挠性，以便于连续敷设在凹凸不平的地面上；接口方便且密封性能好，搬运容易，安装方便，减轻劳动强度，缩短工期；使用温度范围宽、阻燃、自熄、使用安全；电气绝缘性能好，是电线套管理想材料。

五、混凝土管

混凝土管分为素混凝土管、普通钢筋混凝土管、自应力钢筋混凝土管和预应力混凝土管四类。按混凝土管内径的不同，可分为小直径管（内径400mm以下）、中直径管（400～1 400mm）和大直径管（1 400mm以上）。按管子承受水压能力的不同，可分为低压管和压力管，压力管的工作压力一般有0.4、0.6、0.8、1.0、1.2MPa等。混凝土管与钢管比较，按管子接头形式的不同，又可以分为平口式管、承插式管和企口式管。其接口形式有水泥砂浆抹带接口、钢丝网水泥砂浆抹带接口、水泥砂浆承插和橡胶圈承插等。

成型方法有离心法、振动法、滚压法、真空作业法以及滚压、离心和振动联合作用的方法。预应力管配有纵向和环向预应力钢筋，因此具有较高的抗裂和抗渗能力。20世纪80年代，中国和其他一些国家发展了自应力钢筋混凝土管，其主要特点是利用自应力水泥在硬化过程中的膨胀作用产生预应力，简化了制造工艺。混凝土管与钢管比较，可以大量节约钢材，延长使用寿命，且建厂投资少，铺设安装方便，已在工厂、矿山、油田、港口、城市建设和农田水利工程中得到广泛的应用。

混凝土管的优点是抗渗性和耐久性能好，不会腐蚀及腐烂，内壁不结垢等；缺点是质地较脆易碰损、铺设时要求沟底平整，且需做管道基础及管座，常用于大型水利工程。

预应力钢筒混凝土管（PCCP）是由带钢筒的高强混凝土管芯缠绕预应力钢丝，再喷以水泥砂浆保护层而构成；用钢制承插口和钢筒焊在一起，由承插口上的凹槽与胶圈形成滑动式柔性接头；是钢板、混凝土、高强钢丝和水泥砂浆几种材料组合而成的复合型管材，主要有内衬式和嵌置式形式，在水利工程中应用广泛，如跨区域输水、农业灌溉、污水排放等。

预应力钢筒混凝土管（PCCP）也是近年在我国开始使用的新型管道材料，具有强度高，抗渗性好，耐久性强，不需防腐等优点，且价格较低。缺点是自重大，运输费用高，管件需要做成钢制，在大批量使用时，可在工程附近建厂加工制作，减少长途运输环节，缩短工期。

PCCP管道的特点：

（1）能够承受较高的内外荷载。

（2）安装方便，适宜于各种地质条件下施工。

（3）使用寿命长。

（4）运行和维护费用低。

PCCP 管道工程设计、制造、运输和安装难点集中在管道连接处。管件连接的部位主要有：顶管两端连接、穿越交叉构筑物及河流等竖向折弯处、管道控制阀、流量计、入流或分流叉管以及排气检修设施两端。

第二节　管道开槽法施工

管道工程多为地下铺设管道，为铺设地下管道进行土方开挖叫挖槽。开挖的槽叫做沟槽或基槽，为建筑物、构筑物开挖的坑叫基坑。管道工程挖槽是主要工序，其特点是：管线长、工作量大、劳动繁重、施工条件复杂。又因为开挖的土成分较为复杂，施工中常受到水文地质、气候、施工地区等因素影响，因而一般较深的沟槽土壁常用木板或板桩支撑，当槽底位于地下水位以下时，需要采取排水和降低地下水位的施工方法。

一、沟槽的形式

沟槽的开挖断面应考虑管道结构的施工方便，确保工程质量和安全，具有一定强度和稳定性，同时也应考虑少挖方、少占地、经济合理的原则。在了解开挖地段的土壤性质及地下水位情况后，可结合管径大小、埋管深度、施工季节、地下构筑物等情况，施工现场及沟槽附近地下构筑物的位置因素来选择开挖方法，并合理地确定沟槽开挖断面。常采用的沟槽断面形式有直槽、梯形槽、混合槽等；当有两条或多条管道共同埋设时，还需采用联合槽。

（一）直槽

即槽帮边坡基本为直坡（边坡小于 0.05 的开挖断面）。直槽一般都用于地质情况好、工期短、深度较浅的小管径工程，如地下水位低于槽底，直槽深度不超过 1.5m 的情况，在地下水位以下采用直槽时则需考虑支撑。

（二）梯形槽（大开槽）

即槽帮具有一定坡度的开挖断面，开挖断面槽帮放坡，不用支撑。槽底如在地下水位以下，目前多采用人工降低水位的施工方法，减少支撑。采用此种大开槽断面，在土质好（如黏土、亚黏土）时，即使槽底在地下水以下，也可以在槽底挖成排水沟，进行表面排水，保证其槽帮土壤的稳定。大开槽断面是应用较多的一种形式，尤其适用于机械开挖的施工方法。

（三）混合槽

即由直槽与大开槽组合而成的多层开挖断面，较深的沟槽宜采用此种混合槽分层开挖断面。混合槽一般多为深槽施工。采取混合槽施工时上部槽尽可采用机械施工开挖，下部槽的开挖常需同时考虑采用排水及支撑的施工措施。

沟槽开挖时，为防止地面水流入坑内冲刷边坡，造成塌方和破坏基土，上部应有排水措施。对于较大的井室基槽的开挖，应先进行测量定位，抄平放线，定出开挖宽度，按放线分层挖土，根据土质和水文情况采取在四侧或两侧直立开挖和放坡，以保证施工操作安全。放坡后基槽上口宽度由基础底面宽度及边坡坡度来决定，坑底宽度应根据管材、管外径和接口方式等确定，以方便施工操作。

二、开挖方法

沟槽开挖有人工开挖和机械开挖两种施工方法。

（一）人工开挖

在小管径、土方量少或施工现场狭窄、地下障碍物多、不易采用机械挖土或深槽作业时，底槽需支撑无法采用机械挖土时，通常采用了人工挖土。

人工挖土使用的主要工具为铁锹、镐，主要施工工序为放线、开挖、修坡、清底等。

沟槽开挖须按开挖断面先求出中心到槽口边线距离，并按此在施工现场施放开挖边线。槽深在 2m 以内的沟槽，人工挖土与沟槽内出土结合在一起进行。较深的沟槽，分层开挖，每层开挖深度一般在 2 ～ 3m 为宜，利用层间留台人工倒土出土。在开挖过程中应控制开挖断面将槽帮边坡挖出，槽帮边坡应不陡于规定坡度，检查时可用坡度尺检验，外观检查不得有亏损、鼓胀现象，表面应平顺。

槽底土壤严禁扰动。挖槽在接近槽底时，要加强测量，注意清底，不要超挖。如果发生超挖，应按规定要求进行回填，槽底应保持平整，槽底高程及槽底中心每侧宽度均应符合设计要求，同时满足土方’槽底高程偏差不大于 ±20mm，石方槽底高程偏差 -20 ～ -200mm 。

沟槽开挖时应注意施工安全，操作人员应有足够的安全施工工作面，防止铁锹、镐碰伤。槽帮上如有石块碎砖应清走。原沟槽每隔 50m 设一座梯子，上下沟槽应走梯子。在槽下作业的工人应戴安全帽。当在深沟内挖土清底时，沟上要有专人监护，注意沟壁的完好，确保作业的安全，防止沟壁塌方伤人，每日上下班前，应检查沟槽有无裂缝、坍塌等现象。

（二）机械开挖

目前使用的挖土机械主要有推土机、单斗挖土机、装载机等。机械挖土的特点是效率高、速度快、占用工期少。为了充分发挥机械施工的特点，提高机械利用率，保证安全生产，施工前的准备工作应做细，并合理选择施工机械。沟槽（基坑）的开挖，多是采用机械开挖、人工清底的施工方法。

机械挖槽时，应保证槽底土壤不被扰动和破坏。一般地，机械不可能准确地将槽底按规定高程整平，设计槽底以上宜留 20 ～ 30cm 不挖，而用人工清挖的施工方法。

采用机械挖槽方法，应向司机详细交底，交底内容一般包括挖槽断面（深度、槽帮坡度、宽度）的尺寸、堆土位置、电线高度、地下电缆、地下构筑物以及施工要求，并根据情况会同机械操作人员制定安全生产措施后，方可进行施工。机械司机进入施工现场，应听从现场指挥人员的指挥，对现场涉及机械、人员安全的情况应及时提出意见，妥善解决，确保安全。

指定专人与司机配合，保质保量，安全生产。其他配合人员应熟悉机械挖土有关安全操作规程，掌握沟槽开挖断面尺寸，算出应挖深度，及时测量槽底高程和宽度，防止超挖和亏挖，经常查看沟槽有无裂缝、坍塌迹象，注意机械工作安全。挖掘前，当机械司机释放喇叭信号后，其他人员应离开工作区，维护施工现场安全。工作结束后指引机械开到安全地带，当指引机械工作和行动时，注意上空线路及行车安全。

配合机械作业的土方辅助人员，如清底、平地、修坡人员应在机械的回转半径以外操作，如必须在其半径以内工作时，如拨动石块的人员，则应在机械运转停止后方允许进入操作区。机上机下人员应彼此密切配合，当机械回转半径内有人时，应该严禁开动机器。

在地下电缆附近工作时，必须查清地下电缆的走向并做好明显的标志。采用挖土机挖土时，应严格保持在 1m 以外距离工作。其他的各类管线也应查清走向，开挖断面应在管线外保持一定距离，一般以 0.5 ～ 1m 为宜。

无论是人工挖土还是机械开挖，管沟应以设计管底标高为依据。要确保施工过程中沟底土壤不被扰动，不被水浸泡，不受冰冻，不遭污染。当无地下水时，挖至规定标高以上 5 ～ 10cm 即可停挖；当有地下水时，则挖至规定标高以上 10 ～ 15cm，待下管前清底。

挖土不容许超过规定高程，若局部超挖应认真进行人工处理，当超挖在 15cm 之内又无地下水时，可用原状土回填夯实，其密实度不应低于 95%；当沟底有地下水或沟底土层含水量较大时，可以用砂夹石回填。

（三）冬雨季施工

1. 雨期施工

雨期施工，尽量缩短开槽长度，速战速决。

雨期挖槽时，应充分考虑由于挖槽和堆土，破坏了原有排水系统后会造成排水不畅，应布置好排除雨水的排水设施和系统，防止雨水浸泡房屋和淹没农田及道路。

雨期挖槽应采取措施，防止雨水倒灌沟槽。一般采取如下措施：在沟槽四周的堆土缺口，如运料口、下管道口、便桥桥头等堆叠挡土，使其闭合，构成一道防线；堆土向槽的一侧应拍实，避免雨水冲塌，并挖排水沟，将汇集的雨水引向槽外。

雨期挖槽时，往往由于特殊需要，或暴雨雨量集中时，还应考虑有计划地将雨水引入槽内，宜每 30m 左右做一泄水口，以免冲刷槽帮，同时还应采取防止塌槽、漂管等措施。

为防止槽底土壤扰动，挖槽见底后应立即进行下一工序，否则槽底以上宜暂留

20cm 不挖，作为保护层。

雨期施工不宜靠近房屋、墙壁堆土。

2. 冬期施工

人工挖冻土法：采用人工使用大锤打铁楔子的方法，打开冻结硬壳将铁楔子打入冻土层中。开挖冻土时应制定必要的安全措施，严禁掏洞挖土。

机械挖冻土方法：当冻结深度在 25cm 以内时，使用一般中型挖掘机开挖；冻结深度在 40cm 以上时，可以在推土机后面装上松土器械将冻土层破开。

三、下管

下管方法有人工下管法和机械下管法。应根据管子的重量和工程量的大小、施工环境、沟槽断面、工期要求及设备供应等情况综合考虑确定。

（一）人工下管法

人工下管应以施工方便、操作安全为原则，可根据工人操作的熟练程度、管子重量、管子长短、施工条件、沟槽深浅等因素综合考虑。其适用范围为：管径小，自重轻；施工现场狭窄，不便于机械操作；工程量较小，且机械供应有困难。

1. 贯绳下管法

适用于管径小于 30cm 以下的混凝土管、缸瓦管。用带铁钩的粗白棕绳，由管内穿出钩住管头，然后一边用人工控制白棕绳，一边滚管，将管子缓慢送入沟槽内。

2. 压绳下管法

压绳下管法是人工下管法中最常用的一种方法。

适用于中、小型管子，方法灵活，可作为分散下管法。具体操作是在沟槽上边打入两根撬棍，分别套住一根下管大绳，绳子一端用脚踩牢，用手拉住绳子另一端，听从一人号令，徐徐放松绳子，直至将管子放至沟槽底部。

当管子自重大，一根撬棍的摩擦力不能克服管子自重之时，两边可各自多打入一根撬棍，以增大绳的摩擦阻力。

3. 集中压绳下管法

此种方法适用较大管径，即从固定位置往沟槽内下管，然后在沟槽内将管子运至稳管位置。在下管处埋入 1/2 立管长度，内填土方，将下管用两根大绳缠绕（一般绕一圈）在立管上，绳子一端固定，另一端由人工操作，利用绳子与立管之间的摩擦力控制下管速度，操作时注意两边放绳要均匀，防止管子倾斜。

4. 搭架法（吊链下管）。

常用有三脚架式四脚架法，在架子上装上吊链起吊管子。

其操作过程如下：先在沟槽上铺上方木，将管子滚至方木上。吊链将管子吊起，撤出原铺方木，操作吊链使管子徐徐下入沟底。下管用的大绳应质地坚固、不断股、不糟朽、无夹心。

（二）机械下管法

机械下管速度快、安全，并且可以减轻工人的劳动强度。条件允许时，应尽可能采用机械下管法。其适用范围为：管径大，自重大；沟槽深，工程量大；施工现场便于机械操作。

机械下管通常沿沟槽移动。因此，沟槽开挖时应一侧堆土，另一侧作为机械工作面，运输道路、管材堆放场地。管子堆放在下管机械的臂长范围之内，以减少管材的二次搬运。

机械下管视管子重量选择起重机械，常用有汽车起重机和履带式起重机。采用机械下管时，应设专人统一指挥。机械下管不应一点起吊，采用两点起吊时吊绳应找好重心，平吊轻放。各点绳索受的重力 g 与管子自重 Q、吊绳的夹角 α 有关。

起重机禁止在斜坡地方吊着管子回转，轮胎式起重机作业前将支腿撑好，轮胎不应承担起吊的重量。支腿距沟边要有 2.0m 以上距离，必要时应垫木板。在起吊作业区内，禁止无关人员停留或通过。在吊钩和被吊起的重物下面，严禁任何人通过或站立。起吊作业不应在带电的架空线路下作业，在架空线路同侧作业时，起重机臂杆距架空线保持一定的安全距离。

四、稳管

稳管是将每节符合质量要求的管子按照设计的平面设置及高程稳在地基或基础上。稳管包括管子对中和对高程两个环节，两者同时进行。

（一）管轴线位置的控制

管轴线位置的控制是指所铺设的管线符合设计规定的坐标位置。其方法是在稳管前由测量人员将管中心钉测设在坡度板上，稳定时由操作人员将坡度板上中心钉挂上小线，即为管子轴线位置。稳、管具体操作方法有中心线法和边线法。

1. 中心线法

即在中心线上挂一垂球，在管内放置一块带有中心刻度的水平尺，当垂球线穿过水平尺的中心刻度时，则表示管子已经对中。倘若垂线往水平尺中心刻度左边偏离，表明管子往右偏离中心线相等一段距离，调整管子位置，使其居中为止。

2. 边线法。

即在管子同一侧，钉一排边桩，其高度接近管中心处。在边桩上钉一小钉，其位置距中心垂线保持同一常数值。稳、管时，将边桩上的小钉挂上边线，即边线是与中心垂线相距同一距离的水平线。在稳管操作时，使管外皮与边线保持同一间距，则表示管道中心处于设计轴线位置，边线法稳管操作简便，应用较为广泛。

（二）管内底高程控制

沟槽开挖接近设计标高，由测量人员埋设坡度板，坡度板上标出桩号、高程和中心钉，坡度板埋设间距，排水管道一般为 10m，给水管道一般为 15 ～ 20m。管道平面及纵向折点和附属构筑物处，根据需要增设坡度板。

相邻两块坡度板的高程钉至管内底的垂直距离保持一常数，则两个高程钉的连线坡度与管内底坡度相平行，该连线称坡度线。坡度线上任何一点到管内底的垂直距离为一常数，称为下反数，稳管时，用一木制丁字形高程尺，上面标出下反数刻度，将高程尺垂直放在管内底中心位置，调整管子高程，使高程尺下反数的刻度和坡度线相重合，则表明管内底高程正确。

稳管工作的对中和对高程两者同时进行，根据管径大小，可由 2 人或 4 人进行，互相配合，稳好后的管子用石块垫牢。

五、沟槽回填

管道主要采用沟槽埋设的方式，由于回填土部分和沟壁原状土不是一个整体结构，整个沟槽的回填土对管顶存在一个作用力，而压力管道埋设于地下，一般不做人工基础，回填土的密实度要求虽严，实际上若达到这一要求并不容房，因此管道在安装及输送介质的初期一直处于沉降的不稳定状态。对土壤而言，这种沉降通常可分为三个阶段，第一阶段是逐步压缩，使受扰动的沟底土壤受压；第二阶段是土壤在它弹性限度内的沉降；第三阶段是土壤受压超过其弹性限度的压实性沉降。

对于管道施工的工序而言，管道沉降分为五个过程：管子放入沟内，由于管材自重使沟底表层的土壤压缩，引起管道第一次沉降，若管子入沟前没挖接头坑，在这一沉降过程中，当沟底土壤较密，承载能力较大、管道口径较小时，管和土的接触主要在承口部位；开挖接头坑，使管身与土壤接触或接触面积的变化，引起第二次沉降；管道灌满水后，因管重变化引起第三次沉降；管沟回填土后，同样引起第四次沉降；实践证明，整个沉降过程不因沟槽内土的回填而终止，它还有一个较长时期的缓慢的沉降过程，这就是第五次沉降。

管道的沉降是管道垂直方向的位移，是由管底土壤受力后变形所致，不一定是管道基础的破坏。沉降的快慢及沉降量的大小，随着土壤的承载力、管道作用于沟底土壤的压力、管道和土壤接触面形状的变化而变化。

如果管底土质发生变化，管接口及管道两侧（胸腔）回填土的密实度是不好，就可能发生管道的不均匀沉降，引起管接口的应力集中，造成接口漏水等事故；而这些漏水的发展又引起管基础的破坏，水土流移，反过来加剧了管道的不均匀沉降，最后导致管道更大程度的损坏。管道沟槽的回填，特别是管道胸腔土的回填极为重要，否则管道会因应力集中而变形破裂。

1. 回填土施工。

回填土施工包括填土、摊平、夯实、检查等四个工序。回填土土质应符合设计要求，保证填方的强度和稳定性。

两侧胸腔应同时分层填土摊平，夯实也应同时以同一速度前进。管子上方土的回填，从纵断面上看，在厚土层与薄土层之间，已夯实土与未夯实土之间，应有较长的过渡地段，以免管子受压不匀发生开裂。相邻两层回填土的分装位置应错开。

胸腔和管顶上 50 cm 范围内夯土时，夯击力过大，将会使管壁或沟壁开裂。因此应根据管沟的强度确定夯实机械。

每层土夯实后，应测定密实度。回填后应使沟槽上土面呈拱形，以免日久因土沉降而造成地面下凹。

2. 冬期和雨期施工

（1）冬期施工

应尽量采取缩短施工段落，分层薄填，迅速夯实，铺土必须当天完成。

管道上方计划修筑路面者不得回填冻土。上方无修筑路面计划者，胸腔及管道顶以上 50 cm 范围内不得回填冻土，其上部回填冻土含量也不能超过填方总体积的 15%，且冻土尺寸不得大于 10cm。

冬期施工应根据回填冻土含量、填土高度及土壤种类来确定预留沉降度，一般中心部分高出地面 10 ～ 20cm 为宜。

（2）雨期施工

还土应边还土边碾压夯实，当日回填当日夯实。

雨后还土应先测土壤含水量，对过湿土应做处理。

槽内有水时，应先排除，方可回填；取土还土时，应该避免造成地面水流向槽内的通道。

第三节　管道不开槽法施工

地下管道在穿越铁路、河流、土坝等重要建筑物和不适宜采用开槽法施工时，可选用不开槽法施工。其施工的特点为：不需要拆除地上的建筑物、不影响地面交通、减少土方开挖量、管道不必设置基础和管座、不受季节影响，有利于文明施工。

管道不开槽法施工种类较多，可归纳为掘进顶管法、不取土顶管法、盾构法和暗挖法等。暗挖法与隧洞施工有相似之处，在此主要介绍顶管法和盾构法。

一、掘进顶管法

掘进顶管法包括人工取土顶管法、机械取土顶管法和水力冲刷顶管法等。

（一）人工取土顶管法

人工取土顶管法是依靠人工在管内端部挖掘土壤，然后在工作坑内借助顶进设备，把敷设的管子按设计中心和高程的要求顶入，并且用小车将土从管中运出。适用于管径大于 800mm 的管道顶进，应用较为广泛。

1. 顶管施工的准备工作。

工作坑是掘进顶管施工的主要工作场所，应有足够的空间和工作面，保证下管、安装顶进设备和操作间距。施工前，要选定工作坑的位置、尺寸及进行顶管后背验算。后背可分为浅覆土后背和深覆土后背，具体计算可按挡土墙计算方法确定。顶管时，后背不应当破坏及产生不允许的压缩变形。工作坑的位置可以根据以下条件确定：

（1）根据管线设计，排水管线可选在检查井处。

（2）单向顶进时，应选在管道下游端，以利排水。

（3）考虑地形和土质情况，选择可利用的原土后背。

（4）工作坑与被穿越的建筑物要有一定安全距离，距水、电源地方较近。

2. 挖土与运土

管前挖土是保证顶进质量及地上构筑物安全的关键，管前挖土的方向和开挖形状直接影响顶进管位的准确性。由于管子在顶进中是循着已挖好的土壁前进的，管前周围超挖应严格控制。

管前挖土深度一般等于千斤顶出镐长度，如土质较好，可超前 0.5m。超挖过大，土壁开挖形状就不易控制，易引起管位偏差和上方土坍塌。在松软土层中顶进时，应采取管顶上部土壤加固或管前安设管檐，操作人员在其内挖土，防止坍塌伤人。

管前挖出土应及时外运。管径较大时，可用双轮手推车推运，管径较小应采用双筒卷扬机牵引四轮小车出土。

3. 顶进

顶进是利用千斤顶出镐在后背不动的情况下将管子推向前进。其操作过程如下：

（1）安装好顶铁挤牢，管前端已挖一定长度后，启动油泵，千斤顶进油，活塞伸出一个工作行程，将管子推向一定距离。

（2）停止油泵，打开控制闸，千斤顶回油，活塞回缠。

（3）添加顶铁，重复上述操作，直至需要安装下一苇管子为止。

（4）卸下顶铁，下管，在混凝土管接口处放一圈麻绳，来保证接口缝隙和受力均匀。

（5）在管内口处安装一个内涨圈，作为临时性加固措施，防止顶进纠偏时错口，涨圈直径小于管内径 5 ～ 8cm，空隙用木楔背紧，涨圈用 7 ～ 8mm 厚钢板焊制，宽 200 ～ 300mm。

（6）重新装好顶铁，重复上述操作。

在顶进过程中，要做好顶管测量及误差校正工作。

（二）机械取土顶管法

机械取土顶管与人工取土顶管除了掘进和管内运土不同外，其余部分大致相同。

机械取土顶管是在被顶进管子前端安装机械钻进的挖土设备，配上皮带运土，可以代替人工挖、运土。

二、盾构法

盾构是用于地下不开槽法施工时进行地层开挖及衬砌拼装时起支护作用的施工设

备，基本构造由开挖系统、推进系统和衬砌拼装系统三部分组成。

（一）施工准备

盾构施工前根据设计提供的图纸和有关资料，对于施工现场应进行详细勘察，对地上、地下障碍物、地形、土质、地下水和现场条件等诸方面进行了解，根据勘察结果，编制盾构施工方案。

盾构施工的准备工作还应包括测量定线、衬块预制、盾构机械组装、降低地下水位、土层加固以及工作坑开挖等。

（二）盾构工作坑及始顶

盾构法施工也应当设置工作坑，作为盾构开始、中间及结束井。

开始工作坑与顶管工作坑相同，其尺寸应满足盾构和顶进设备尺寸的要求。工作坑周壁应做支撑或者采用沉井或连续墙加固，防止坍塌，并在顶进装置背后做好牢固的后背。

盾构在工作坑导轨上至盾构完全进入土中的这一段距离，借助外部千斤顶顶进。与顶管方法相同。

当盾构已进入土中以后，在开始工作坑后背与盾构衬砌环之间各设置一个木环，其大小尺寸与衬砌环相等，在两个木环之间用圆木支撑，作为始顶段的盾构千斤顶的支撑结构。通常情况下，衬砌环长度达 30 ～ 50m 以后，才能起到后背作用，方可拆除工作坑内圆木支撑。

如顶段开始后，即可起用盾构本身千斤顶，将切削环的刃口切入土中，在切削环掩护下进行掘土，一面出土一面将衬砌块运入盾构内，待千斤顶回镐后，其空隙部分进行砌块拼装。再以衬砌环为后背，启动千斤顶，重复上述操作，盾构便不断前进。

（三）衬砌和灌浆

按照设计要求，确定砌块形状和尺寸以及接缝方法，接口有平口、企口和螺栓连接。企口接缝防水性能好，但拼装复杂；螺栓连接整体性好，刚度大。砌块接口涂抹黏结剂，提高防水性能，常用的黏结剂有沥青玛脂、环氧胶泥等。

砌块外壁与土壁间的间隙应用水泥砂浆或豆石混凝土浇筑。通常每隔 3 ～ 5 衬砌环有一灌注孔环，此环上设有 4 ～ 10 个灌注孔。灌注孔直径不小于 36mm。

灌浆作业应及时进行。灌入顺序自下而上，左右对称地进行。灌浆时应防止浆液漏入盾构内，在此之前应做好止水。

砌块衬砌和缝隙注浆合称为一次衬砌。二次衬砌按照动能要求，在一次衬砌合格后，可以进行二次衬砌。二次衬砌可浇筑豆石混凝土、喷射混凝土等。

第四节　管道的制作安装

一、钢管

（一）管材

管节的材料、规格、压力等级等应符合设计要求，管节宜工厂预制，现场加工应该符合下列规定：

（1）管节表面应无斑疤、裂纹、严重锈蚀等缺陷。

（2）焊缝外观质量应符合规定，焊缝无损检验合格。

（3）直焊缝卷管管节几何尺寸允许偏差应符合规定。

（4）同一管节允许有两条纵缝，管径大于或等于600mm时，纵向焊缝的间距应大于300mm；管径小于600mm时，他的间距应大于100mm。

（二）钢管安装

1. 管道安装应符合现行国家标准《工业金属管道工程施工及验收规范》（GB 50235-2010）、《现场设备、工业管道焊接工程施工及验收规范》（GB 50236-2011）等规范的规定，并应符合下列规定：

（1）对首次采用的钢材、焊接材料、焊接方法或焊接工艺，施工单位必须在施焊前按设计要求和有关规定进行焊接试验，并应根据试验结果编制焊接工艺指导书。

（2）焊工必须按规定经相关部门考试合格后持证上岗，并且应根据经过评定的焊接工艺指导书进行施焊。

（3）沟槽内焊接时，应采取有效技术措施保证管道底部的焊缝质量。

2. 管道安装前，管节应逐根测量、编号。宜选用管径相差最小的管节组对对接。

3. 下管前应先检查管节的内外防腐层，合格后方可下管。

4. 管节组成管段下管时，管段的长度、吊距，应该根据管径、壁厚、外防腐层材料的种类及下管方法确定。

5. 弯管起弯点至接口的距离不得小于管径，且不得小于100mm。

6. 管节组对焊接时应先修口、清根，管端端面的坡口角度、钝边、间隙，应符合设计要求；不得在对口间隙夹焊帮条或用加热法缩小间隙施焊。

7. 对口时应使内壁齐平，错口的允许偏差应为壁厚的20%，且不得大于2mm。

8. 对口时纵、环向焊缝的位置应符合下列规定：

（1）纵向焊缝应放在管道中心，垂线上半圆的45°左右处。

（2）纵向焊缝应错开，管径小于600mm时，错开的间距不得小于1 00mm；管径大于或等于600mm时。错开的间距不得小于300mm。

（3）有加固环的钢管，加固环的对焊焊缝应与管节纵向焊缝错开，其间距不应小于100mm；加固环距管节的环向焊缝不应小于50mm。

（4）环向焊缝距支架净距离不应小于100mm。

（5）直管管段两相邻环向焊缝的间距不应小于200mm，并且不应小于管节的外径。

（6）管道任何位置不得有十字形焊缝。

9. 不同壁厚的管节对口时，管壁厚度相差不宜大于3mm。不同管径的管节相连时，两管径相差大于小管管径的15%时，可用渐缩管连接。渐缩管的长度不应小于两管径差值的2倍，且不应小于200mm。

10. 管道上开孔应符合下列规定：

（1）不得在干管的纵向、环向焊缝处开孔。

（2）管道上任何位置不得开方孔。

（3）不得在短节上或管件上开孔。

（4）开孔处的加固补强应符合设计要求。

11. 直线管段不宜采用长度小于800mm的短节拼接。

12. 组合钢管固定口焊接及两管段间的闭合焊接，应该在无阳光直照和气温较低时施焊；采用柔性接口代替闭合焊接时，应与设计协商确定。

13. 在寒冷或恶劣环境下焊接应符合下列规定：

（1）清除管道上的冰、雪、霜等。

（2）工作环境的风力大于5级、雪天或相对湿度大于90%时，应采取保护措施。

（3）焊接时，应使焊缝可自由伸缩，并应使焊口缓慢降温。

（4）冬期焊接时，应根据环境温度进行预热处理。

14. 钢管对口检查合格后，方可进行接口定位焊接。定位焊接采用点焊时，应符合下列规定：

（1）点焊焊条应采用与接口焊接相同的焊条。

（2）点焊时，应对称施焊，其焊缝厚度应与第一层焊接厚度一致。

（3）钢管的纵向焊缝及螺旋焊缝处不得点焊。

（4）点焊长度与间距应符合规定。

15. 焊接方式应符合设计和焊接工艺评定的要求，管径大于800mm时，应该采用双而焊。

16. 管道对接时，环向焊缝的检验应符合下列规定：

（1）检查前应清除焊缝的渣皮、飞溅物。

（2）应在无损检测前进行外观质量检查。

（3）无损探伤检测方法应按设计要求选用。

（4）无损检测取样数量与质量要求应按设计要求执行；设计无要求之时，压力管道的取样数量应不小于焊缝量的10%。

（5）不合格的焊缝应返修，返修次数不得超过3次。

17. 钢管采用螺纹连接时，管节的切口断面应平整，偏差不得超过一扣；丝扣应光洁，不得有毛刺、乱扣、断扣，缺扣总长不得超过丝扣全长的 10%；接口紧固后应该露出 2 ～ 3 扣螺纹。

18. 管道采用法兰连接时，应符合下列规定：

（1）法兰应与管道保持同心，两法兰间应平行。

（2）螺栓应使用相同规格，且安装方向应一致；螺栓应对称紧固，紧固好的螺栓应露出螺母之外。

（3）与法兰接口两侧相邻的第一至第二个刚性接口或焊接接口，待法兰螺栓紧固后方可施工。

（4）法兰接口埋入土中时，应采取防腐措施。

二、球墨铸铁管安装

（1）管节及管件的规格、尺寸公差、性能应符合国家有关标准规定和设计要求，进入施工现场时其外观质量应符合下列规定：

①管节及管件表面不得有裂纹，不要有妨碍使用的凹凸不平的缺陷。

②采用橡胶圈柔性接口的球墨铸铁管，承口的内工作面和插口的外工作面应光滑、轮廓清晰，不得有影响接口密封性的缺陷。

（2）管节及管件下沟槽前，应清除承口内部的油污、飞刺、铸砂及凹凸不平的铸瘤；柔性接口铸铁管及管件承口的内工作面、插口的外工作面应修整光滑，不得有沟槽、凸脊缺陷；有裂纹的管节及管件不得使用。

（3）沿直线安装管道时，宜选用管径公差组合最小的管节组对连接，确保接口的环向间隙应均匀。

（4）采用滑入式或机械式柔性接口时，橡胶圈的质量、性能、细部尺寸，应符合国家有关球墨铸铁管及管件标准的规定。

（5）橡胶圈安装经检验合格后，方可进行管道安装。

（6）安装滑入式橡胶圈接门时，推入深度应达到标记环，并且复查与其相邻已安好的第一至第二个接口推入深度。

（7）安装机械式柔性接口时，应使插口与承口法兰压盖的轴线相重合；螺栓安装方向应一致，用扭矩扳手均匀、对称地紧固。

三、PCCP 管道

（一）PCCP 管道运输、存放及现场检验

1. PCCP 管道装卸

装卸 PCCP 管道的起重机必须具有一定强度，严禁超负荷或在不稳定的工况下进行起吊装卸，管子起吊采用兜身吊带或专用的起吊工具，严禁采用穿心吊，起吊索具用柔性材料包裹，避免碰损管子。装卸过程始终保持轻装轻放的原则，严禁溜放或用

推土机、叉车等直接碰撞和推拉管子，不得抛、摔、滚、拖。管子起吊时，管中不得有人，管下不准有人逗留。

2.PCCP 管道装车运输

管子在装车运输时采取必需的防止振动、碰撞、滑移措施，在车上设置支座或在枕木上固定木楔以稳定管子，并与车厢绑扎牢稳，避免出现超高、超宽、超重等情况。另外在运输管子时，对管子的承插口要进行妥善的包扎保护，管子上面或者里面禁止装运其他物品。

3.PCCP 管现场存放

PCCP 管只能单层存放，不允许堆放。长期（1 个月以上）存放时，必须采取适当的养护措施。存放时保持出厂横立轴的正确摆放位置，不得随意变换位置。

4.PCCP 管现场检验

到达现场的 PCCP 管必须附有出厂证明书，凡标志技术条件不明、技术指标不符合标准规定或设计要求的管子不得使用。证书至少包括下列资料：

（1）交付前钢材及钢丝的实验结果。

（2）用于管道生产的水泥及骨料的实验结果。

（3）每一钢筒试样检测结果。

（4）管芯混凝土及保护层砂浆试验结果。

（5）成品管三边承载试验及静水压力试验报告。

（6）配件的焊接检测结果和砂浆、环氧树脂涂层或防腐涂层的证明材料。

管子在安装前必须逐根进行外观检查：检查 PCCP 管尺寸公差，如椭圆度、断面垂直度、直径公差和保护层公差，符合现行国家质量验收标准规定；检查承插口有无碰损、外保护层有无脱落等，发现裂缝、保护层脱落、空鼓、接口掉角等缺陷在规范允许范围内，使用前必须修补并经鉴定合格后，方可使用。

PCCP 管安装采用的橡胶密封圈形状为“O”形，使用前必须逐个检查，表面不得有气孔、裂缝、重皮、平面扭曲、肉眼可见的杂质及有碍使用和影响密封效果的缺陷。生产 PCCP 管厂家必须提供橡胶圈满足规范要求的质量合格报告以及对应用水无害的证明书。

规范规定公称直径大于 1 400mm PCCP 管允许使用有接头的密封圈，但接头的性能不得低于母材的性能标准，现场抽取 1% 的数量进行接头强度试验。

（二）PCCP 管的吊装就位及安装

1.PCCP 管施工原则

PCCP 管在坡度较大的斜坡区域安装时，按照由下至上的方向施工，先安装坡底管道，顺序向上安装坡顶管道，注意将管道的承口朝上，以便于施工。根据标段内的管道沿线地形的坡度起伏，施工时进行分段分区开设多个工作面，同时进行各段的管道安装。

现场对 PCCP 管逐根进行承插口配管量测，按长短轴对正方式进行安装。严禁将

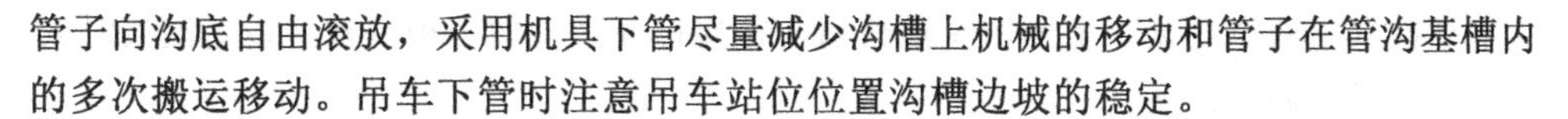

管子向沟底自由滚放，采用机具下管尽量减少沟槽上机械的移动和管子在管沟基槽内的多次搬运移动。吊车下管时注意吊车站位位置沟槽边坡的稳定。

2. PCCP 管吊装就位。

PCCP 管的吊装就位根据管径、周边地形、交通状况及沟槽的深度、工期要求等条件综合考虑，选择施工方法。只要施工现场具备吊车站位的条件，就采用吊车吊装就位，用两组倒链和钢丝绳将管子吊至沟槽内，用手扳葫芦配合吊车，对管子进行上下、左右微动，通过下部垫层、三角枕木及垫板使管子就位。

3. 管道及接头的清理、润滑

安装前先清扫管子内部，清除插口和承口圈上的全部灰尘、泥土及异物。胶圈套入插口凹槽之前先分别在插口圈外表面、承口圈的整个内表面和胶圈上涂抹润滑剂，胶圈滑入插口槽后，在胶圈及插口环之间插入一根光滑的杆（或用螺丝刀），将该杆绕接口圆两周（两个方向各一周），使胶圈紧紧地绕在插口上，形成一个非常好的密封面，然后再在胶圈上薄薄地涂上一层润滑油。所使用的润滑剂必须是植物性的或经厂家同意的替代型润滑剂而不能使用油基润滑剂，因为油基润滑剂会损害橡胶圈，故而不能使用。

4. 管子对口

管道安装时，将刚吊下的管子的插口与已安装好的管子的承口对中，使插口正对承口。采用手扳葫芦外拉法将刚吊下的管子的插口缓慢而平稳地滑入前一根已安装的管子的承口内就位，管口连接时作业人员事先进入管内，往两管之间塞入挡块，控制两管之间的安装间隙在 20 ～ 30mm，同时也避免承插口环发生碰撞。特别注意管子顺直对口时使插口端和承口端保持平行，并使圆周间隙大致相等，以期准确就位。

注意勿让泥土污物落到已涂润滑剂的插口圈上。管子对接后及时检查胶圈位置，检查时，用一自制的柔性弯钩插入插口凸台与承口表面之间，并绕接缝转一圈，以确保在接口整个一圈都能触到胶圈，如果接口完好，就可拿掉挡块，将管子拉拢到位。如果在某一部位触不到胶圈，就要拉开接口，仔细检查胶圈有无切口、凹穴或其他损伤。如有问题，必须重换一只胶圈，并重新连接。每节 PCCP 管安装完成后，细致进行管道位置和高程的校验，确保安装质量。

5. 接口打压

PCCP 管其承插口采用双胶圈密封，管子对口完成之后对每一处接口做水压试验。在插口的两道密封圈中间预留 10mm 螺孔作试验接口，试水时拧下螺栓，将水压试水机与之连接，注水加压，为防止管子在接口水压试验时产生位移，在相邻两管间用拉具拉紧。

6. 接口外部灌浆

为保护外露的钢承插口不受腐蚀，需要在管接口外侧进行灌浆或人工抹浆。具体做法如下：

（1）在接口的外侧裹一层麻布、塑料编织带或油毡纸（15 ～ 20cm 宽）作模，并用细铁丝将两侧扎紧，上面留有灌浆口，在接口间隙内放一根铁丝，以备灌浆时来回牵动，以使砂浆密实。

（2）用1∶1.5～2的水泥砂浆调制成流态状，将砂浆灌满绕接口一圈的灌浆带，来回牵动铁丝使砂浆从另一侧冒出，再用干硬性混合物抹平灌浆带顶部的敞口，保证管底接口密实。第一次仅仅浇灌至灌浆带底部1/3处，就进行回填，以便对整条灌浆带灌满砂浆时起支撑作用。

7. 接口内部填缝

接口内凹槽用1∶1.5～2的水泥砂浆进行勾缝并抹平管接口内表面，使之与管内壁平齐。

8. 过渡件连接

阀门、排气阀或钢管等为法兰接口时，过渡件与其连接端必须采用相应的法兰接口，其法兰螺栓孔位置及直径必须与连接端的法兰一致。其中垫片或垫圈位置必须正确，拧紧时按对称位置相间进行，防止拧紧过程中产生的轴向拉力导致两端管道拉裂或接口拉脱。

连接不同材质的管材采用承插式接口时，过渡件与其连接端必须采用相应的承插式接口，其承口内径或插口外径及密封圈规格等必须要符合连接端承口和插口的要求。

四、玻璃钢管

（一）管材

管节及管件的规格、性能应符合国家有关标准的规定和设计要求，进入施工现场时其外观质量应符合下列规定：

（1）内、外径偏差、承口深度（安装标记环）、有效长度、管壁厚度、管端面垂直度等应符合产品标准规定。

（2）内、外表面应光滑平整，无划痕、分层、针孔、杂质及破碎等现象。

（3）管端面应平齐、无毛刺等缺陷。

（4）橡胶圈应符合相关规定。

（二）接口连接、管道安装应符合下列规定

（1）采用套筒式连接的，应清除套筒内侧和插口外侧的污渍和附着物。

（2）管道安装就位后，套筒式或承插式接口周围不应有明显变形和胀破。

（3）施工过程中应防止管节受损伤，避免内表层和外保护层剥落。

（4）检查井、透气井、阀门井等附属构筑物或水平折角处的管节，应该采取避免不均匀沉降造成接口转角过大的措施。

（5）混凝土或砌筑结构等构筑物墙体内的管节，可采取设置橡胶圈或中介层法等措施，管外壁与构筑物墙体的交界面密实、不渗漏。

（三）管沟垫层与回填

（1）沟槽深度由垫层厚度、管区回填土厚度、非管区回填土厚度组成。管区回填土厚度分为主管区回填土厚度和次管区回填土厚度。管区回填土一般为素土，含水率为17%（土用手攥成团为准）。主管区回填土应在管道安装后尽快回填，次管区回填土是在施工验收时完成，也可一次连续完成。

（2）工程地质条件是施工的需要，也是管道设计时需要的重要数据，必须认真勘察。为了确定开挖的土方量，需要付算回填的材料量，以便于安排运输和备料。

（3）玻璃纤维增强热固性树脂夹砂管道施工较为复杂，为使整个施工过程合理，保证施工质量，必须作好施工组织设计。其中施工排水、土石方平衡、回填料确定、夯实方案等对玻璃纤维增强热固性树脂夹砂管道的施工十分重要。

（4）作用在管道上方的荷载，会引起管道垂直直径减小，小平方向增大，即有椭圆化作用。这种作用引起的变形就是挠曲。现场负责管道安装的人员必须保证管道安装时挠曲值合格，使管道的长期挠曲值低于制造厂的推荐值。

（四）沟槽、沟底与垫层

（1）沟槽宽度主要考虑夯实机具便于操作。地下水位较高时，应该先进行降水，以保证回填后，管基础不会扰动，避免造成管道承插口变形或管体折断。

（2）沟底土质要满足作填料的土质要求，不应含有岩石、卵石、软质膨胀土、不规则碎石和浸泡土。注意沟底应连续平整，用水准仪根据设计标高找平，管底不准有砖块、石头等杂物，不应超挖（除承插接头部位），并清除沟上可能掉落的、碰落的物体，以防砸坏管子。沟底夯实后做10～15cm厚砂垫层，采用中粗砂或碎石屑均可。为安装方便承插口下部要预挖30cm深操作坑。下管应采用尼龙带或麻绳双吊点吊管，将管子轻轻放入管沟，管子承口朝来水方向，管线安装方向用经纬仪控制。

（3）本条是为了方便接头正常安装，同时要避免接头承受管道的重量。施工完成后，经回填和夯实，使管道在整个长度上形成连续支撑。

（五）管道支墩

（1）设置支墩的目的是有效地支撑管内水压力产生的推力。支墩应用混凝土包围管件，但管件两端连接处留在混凝土墩外，便于连接和维护。也可以用混凝土做支墩座，预埋管卡子固定管件，其目的是使管件位移后不脱离密封圈连接，固定支墩一般用于弯管、三通、变径管处。

（2）止推应力墩也称挡墩，同样是承受管内产生的推力。该墩要完全包围住管道。止推应力墩一般使用在偏心三通、侧生Y型管、Y型管、受推应力的特殊备件处。

（3）为防止闸门关闭时产生的推力传递到管道上，在闸门井壁设固定装置或采用其他形式固定闸门，这样可大大减轻对管道的推力。

（4）设支撑座可以避免管道产生不正常变形。分层浇灌可以使每层水泥有足够的时间凝固。

（5）如果管道连接处有不同程度的位移就会造成过度的弯曲应力。对刚性连接应采取以下的措施：第一，将接头浇筑在混凝土墩的出口处，这样可以使外面的第一根管段有足够的活动自由度。第二，用橡胶包裹住管道，以弱化硬性过渡点。

(6)柔性接口的管道，当纵坡大于15° 时，自下而上安装可以防止管道下滑移动。

（六）管道连接

（1）管道的连接质量实际反映了管道系统的质量，关系到管道是否能正常工作。不论采取哪种管道连拉形式，都必须保证有足够的强度和刚度，并具有一定的缓解轴向力的能力，而且要求安装方便。

（2）承插连接具有制作方便、安装速度快等优点。插口端与承口变径处留有一定空隙，是为了防止温度变化产生过大的温度应力。

（3）胶合刚性连接适用于地基比较软和地上活动荷载大的地带。

（4）当连接两个法兰时，只要一个法兰上有2条水线即可。在拧紧螺栓时应交叉循序渐进，避免一次用力过大损坏法兰。

（5）机械连接活接头有被腐蚀的缺点，所以往往做成外层有环氧树脂或塑料作保护层的钢壳、不锈钢壳、热浸镀锌钢壳。本条强调控制螺栓的扭矩，不要扭紧过度而损坏管道。

（6）机械钢接头是一种柔性连接。因为土壤对钢接头腐蚀严重，故本条提出应注意防腐。

（7）多功能连接活接头主要用于连接支管、仪表或者管道中途投药等，比较灵活方便。

（七）沟槽回填与回填材料

（1）管道和沟槽回填材料构成统一的“管道——土壤系统”，沟槽的回填于安装同等重要。管道在埋设安装后，土壤的重力和活荷载在很大程度上取决于管道两侧土壤的支撑力。土壤对管壁水平运动（挠曲）的这种支撑力受土壤类型、密度和湿度影响。为了防止管道挠曲过大，必须采用加大土壤阻力，提高土壤支撑力的办法。管道浮动将破坏管道接头，造成不必要的重新安装。热变形是指由于安装时的温度与长时间裸露暴晒温度的差异而导致的变形，这将造成接头处封闭不严。

（2）回填料可以加大土壤阻力，提高土壤支撑力，所以管区的回填材料、回填埋设和夯实，对控制管道径向挠曲是非常重要的，对管道运行也是关键环节，所以必须要正确进行。

（3）第一次回填由管底回填至0.7DN处，尤其是管底拱腰处一定要捣实；第二次回填到管区回填土厚度即0.3DN+300mm处，最后原土回填。

（4）分层回填夯实是为了有效地达到要求的夯实密度，使管道有足够的支撑作用。砂的夯实有一定难度，所以每层应控制在150mm以内。当砂质回填材料处于接近其最佳湿度时，夯实最易完成。

（八）管道系统验收与冲洗消毒

1. 冲洗消毒

冲洗是以不小于 1.0m/s 的水流速度清洗管道，经有效氯浓度不低于 20mg/L 的清洁水浸泡 24h 后冲洗，达到除掉消除细菌及有机物污染，使管道投入使用后输送水质符合饮用水标准。

2. 玻璃钢管道的试压

管道安装完毕后，应按照设计规定对管道系统进行压力试验。根据试验的目的，可以分为检查管道系统机械性能的强度试验和检查管路连接情况的密封性试验。按试验时使用的介质，可分为水压试验和气压试验。

玻璃钢管道试压的一般规定：

（1）强度试验通常用洁净的水或设计规定用的介质，用空气或惰性气体进行密封性试验。

（2）各种化工工艺管道的试验介质，应按设计规定的具体规定采用。工作压力不低于 0.07MPa 的管路一般采用水压试验，工作压力低于 0.07MPa 的管路通常采用气压试验。

（3）玻璃钢管道密封性试验的试验压力，一般为管道的工作压力。

（4）玻璃钢管道强度试验的试验压力，一般为工作压力的 1.25 倍，但不得大于工作压力的 1.5 倍。

（5）压力试验所用的压力表和温度计必须是符合技术监督部门规定的。工作压力以下的管道进行气压试验时，可采用水银或水的 U 形玻璃压力计，但刻度必须准确。

（6）管道在试压前不得进行油漆和保温，来便对管道进行外观和泄漏检查。

（7）当压力达到试验压力时，停止加压，观察 10min，压力降不大于 0.05MPa，管体和接头处无可见渗漏，然后压力降至工作压力，稳定 120min，并且进行外观检查，不渗漏为合格。

（8）试验过程中，如遇泄漏，不得带压修理。待缺陷消除后，应重新进行试验。

第六章　水利工程施工用电及危险品管理

第一节　水利工程的施工用电

一、施工现场临时用电的原则

（一）采用 TN-S 接零保护系统

TN-S 接零保护系统（简称 TN-S 系统）是指在施工现场临时用电工程中采用具有专用保护零线（PE 线）、电源中性点直接接地的 220/380 V 三相四线制的低压电力系统，或称三相五线系统，该系统的主要技术特点是：

（1）电力变压器低压侧中性点直接接地，接地电阻值不大于 4 Ω。

（2）电力变压器低压侧共引出 5 条线，其中除引出三条分别为黄、绿、红的绝缘相线（火线）L_1、L_2、L_3（A、B、C）外，尚须于变压器二次侧中性点（N）接地处同时引出两条零线，一条叫工作零线（浅蓝色绝缘线）（N 线），另一条叫作保护零线（PE 线）。其中工作零线（N 线）和相线（L1、L2、L3）一起作为三相四线制工作线路使用；保护零线（PE 线）只作电气设备接零保护使用，即只用于连接电气设备正常情况下不带电的金属外壳、基座等。两种零线（N 和 PE）不得混用，为防止无意识混用，保护零线（PE 线）应采用具有绿 / 黄双色绝缘标志的绝缘铜线，以与工作零线与相线区别。同时，为保证接零保护系统可靠，在整个施工现场的 PE 线上还应做不少于 3 处重复接地，并且每处接地电阻值不得大于 10 Q。

（二）采用三级配电系统

所谓三级配电系统是指施工现场从电源进线开始至用电设备中间应经过三级配电装置配送电力，即由总配电箱（配电室内的配电柜）经分配电箱（负荷或若干用电设备相对集中处），到开关箱（用电设备处）分三个层次逐级配送电力。而开关箱作为末级配电装置，与用电设备之间必须实行“一机一闸制”，即每一台用电设备必须有自己专用的控制开关箱，而每一个开关箱只能用于控制一台用电设备。总配电箱、分配电箱内开关电器可设若干分路，且动力和照明宜分路设置。

（三）采用二级漏电保护系统

所谓二级漏电保护是指在整个施工现场临时用电工程中，总配电箱中必须装设漏电保护器，开关箱中也必须装设漏电保护器。这种由总配电箱和所有开关箱中的漏电保护器所构成的漏电保护系统称为二级漏电保护系统。

在施工现场临时用电工程中，除应记住有三项基本原则以外，还要理解有两道防线：一道防线是采用 TN-S 接零保护系统，另一道防线设立了两级漏电保护系统。在施工现场用电工程中采用 TN-S 系统，是在工作零线（N）以外又增加了一条保护零线（PE），是十分必要的。当三相火线用电量不均匀时，工作零线 N 就容易带电，而 PE 线始终不带电，那么随着 PE 线在施工现场的敷设和漏电保护器的使用，就形成一个覆盖整个施工现场防止人身（间接接触）触电的安全保护系统。因此 TN-S 接零保护系统与两级漏电保护系统一起被称作防触电保护系统的两道防线。

二、施工现场临时用电管理

（一）施工现场用电组织设计

施工现场用电设备在 5 台及以上或设备总容量在 50　kW 及以上者，应该编制用电组织设计。

临时用电组织设计及变更时，必须履行“编制、审核、批准”程序，由电气技术人员负责编制，经相关部门审核及具有法人资格企业的技术负责人批准后实施。变更用电组织设计时应补充有关图纸资料。

临时用电工程必须经编制、审核、批准部门和使用单位共同验收，合格后方可投入使用。

编制用电组织设计的目的是用以指导建造适应施工现场特点和用电特性的用电工程，并且指导所建用电工程的正确使用。用电组织设计应由电气工程技术人员组织编写。

施工现场用电组织设计的基本内容：

（1）现场勘测

（2）确定电源进线、变电所或配电室、配电装置、用电设备位置及线路走向

电源进线、变电所或配电室、配电装置、用电设备位置及线路走向的确定要依据现场勘测资料提供的技术条件综合确定。

（3）进行负荷计算

负荷是电力负荷的简称，是指电气设备（例如变压器、发电机、配电装置、配电线路、用电设备等）中的电流和功率。

负荷在配电系统设计中是选择电器、导线、电缆以及供电变压器和发电机的重要依据。

（4）选择变压器

施工现场电力变压器的选择主要是指为施工现场用电提供电力的10/0.4 kV级电力变压器的型式和容量的选择。

（5）设计配电系统

配电系统主要由配电线路、配电装置和接地装置三部分组成。其中配电装置是整个配电系统的枢纽，经过配电线路、接地装置的连接，形成一个分层次的配电网络，这就是配电系统。

（6）设计防雷装置

施工现场的防雷主要是防止雷击，对于施工现场专设的临时变压器还要考虑防感应雷的问题。

施工现场防雷装置设计的主要内容是选择和确定防雷装置设置的位置、防雷装置的型式、防雷接地的方式和防雷接地电阻值，所有防雷冲击接地电阻值均不得大于30 Ω。

（7）确定防护措施

施工现场在电气领域里的防护主要是指施工现场外电线路和电气设备对易燃易爆物、腐蚀介质、机械损伤、电磁感应、静电等危险环境因素的防护。

（8）制订安全用电措施和电气防火措施

安全用电措施和电气防火措施是指为了正确使用现场用电工程，并且保证其安全运行，防止各种触电事故和电气火灾事故而制定的技术性和管理性规定。

对于用电设备在5台以下和设备总容量在50 kW以下的小型施工现场，可以不系统编制用电组织设计，但仍应制定安全用电措施及电气防火措施，并且要履行与用电组织设计相同的“编、审、批”程序。

（二）建筑电工及用电人员

1. 建筑电工

电工属于特种作业人员，必须是经过按国家现行标准考核合格后，持证上岗工作；其他用电人员必须通过相关安全教育培训和技术交底，考核后方可上岗工作。

2. 用电人员

用电人员是指施工现场操作用电设备的人员，诸如各种电动建筑机械和手持式电动工具的操作者和使用者。各类用电人员必须通过安全教育培训和技术交底，掌握安全用电基本知识，熟悉所用设备性能和操作技术，掌握劳动保护方法，并且考核合格。

（三）安全技术档案

施工现场用电安全技术档案应包括以下八个方面的内容，它们是施工现场用电安全管理工作重点的集中体现：

（1）用电组织设计的全部资料。

（2）修改用电组织设计资料。

（3）用电技术交底资料。

（4）用电工程检查验收表。

（5）电气设备试、检验凭单和调试记录。

（6）接地电阻、绝缘电阻、漏电保护器、漏电动作参数测定记录表。

（7）定期检（复）查表。

（8）电工安装、巡检、维修、拆除工作记录。

临时用电工程定期检查应按分部、分项工程进行，对于安全隐患必须及时处理，并应履行复查验收手续。

三、用电设备

用电设备是配电系统的终端设备，是最终将电能转化为机械能、光能等其他形式能量的设备。在施工现场中，用电设备就是直接服务于施工作业的生产设备。

施工现场的用电设备基本上可分四大类，即电动建筑机械、手持式电动工具、照明器和消防水泵等。

通常以触电危险程度来考虑，施工现场的环境条件可以分三大类：

（一）一般场所

相对湿度不大于75%的干燥场所，无导电粉尘场所，气温不高于30℃场所，有不导电地板（干燥木地板、塑料地板、沥青地板等）场所等均属于一般场所。

（二）危险场所

相对湿度长期处于75%以上的潮湿场所，露天并且能遭受雨、雪侵袭的场所，气温高于30℃的炎热场所，有导电粉尘场所，有导电泥、混凝土或金属结构地板场所，施工中常处于水湿润的场所等均属于危险场所。

（三）高度危险场所

相对湿度接近100%场所，蒸汽环境场所，有活性化学媒质放出腐蚀性气体或者液体场所，具有两个及以上危险场所特征（如导电地板和高温，或导电地板和有导电粉尘）场所等均属于高度危险场所。

四、施工现场用电安全管理

（一）接地（接零）与防雷安全技术

1. 接地与接零

（1）保护零线除应在配电室或总配电箱处做重复接地外，还应在配电线路的中间处和末端处重复接地。保护零线每一重复接地装置的接地电阻值应不大于 10 Ω。

（2）每一接地装置的接地线应采用两根以上导体，在不同点和接地装置做电气连接。不应用铝导体做接地体或地下接地线。垂直接地体宜采用角钢、钢管或圆钢，不宜采用螺纹钢材。

（3）电气设备应采用专用芯线做保护接零，此芯线严禁通过工作电流。

（4）手持式用电设备的保护零线，应在绝缘良好的多股铜线橡皮电缆内。其截面不应小于 1.5 mm^2，其芯线颜色为绿 / 黄双色。

（5）Ⅰ类手持式用电设备的插销上应具备专用的保护接零（接地）触头。所用插头应能避免将导电触头误作接地触头使用。

（6）施工现场所有用电设备，除作保护接零外，应该在设备负荷线的首端处设置有可靠的电气连接。

2. 防雷

（1）在土壤电阻率低于 200 Ω·m 区域的电杆可不另设防雷接地装置，但在配电室的架空进线或出线处应将绝缘子铁脚与配电室的接地装置相连接。

（2）施工现场内的起重机、井字架及龙门架等机械设备，若在相邻建筑物、构筑物的防雷装置的保护范围以外，应按规定安装防雷装置。

（3）防雷装置应符合以下要求：

①施工现场内所有防雷装置的冲击接地电阻值不应该大于 30 Ω。

②各机械设备的防雷引下线可利用该设备的金属结构体，但应保证电气连接。

③机械设备上的避雷针（接闪器）长度应为 1 ～ 2 m。塔式起重机可不另设避雷针（接闪器）。

④安装避雷针的机械设备所用动力、控制、照明、信号及通信等线路，应采用钢管敷设，并将钢管与该机械设备的金属结构体做电气连接。

⑤防雷接地机械上的电气设备，所连接的 PE 线必须同时做重复接地，同一台机械电气设备的重复接地和机械的防雷接地可以共用同一接地体，但接地电阻应符合重复接地电阻值的要求。

（二）变压器与配电室安全技术

1. 变压器安装与运行

（1）变压器安装

施工用的 10 kV 及以下变压器装于地面时，应有 0.5 m 的高台，高台的周围应装设栅栏，其高度不应低于 1.7 m，栅栏与变压器外廓的距离不应小于 1 m，杆上变

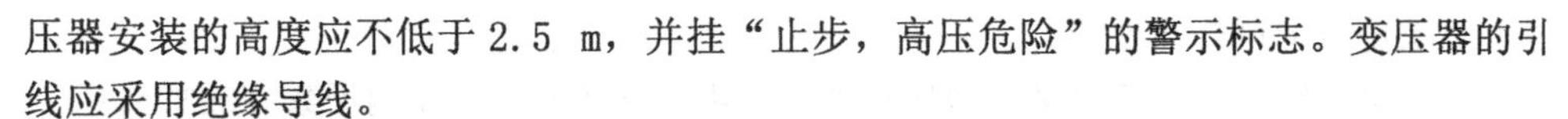

压器安装的高度应不低于2.5 m，并挂“止步，高压危险”的警示标志。变压器的引线应采用绝缘导线。

（2）变压器的运行

变压器运行中应定期进行检查，主要包括以下内容：

①油的颜色变化、油面指示、有无漏油或渗油现象。

②响声是否正常，套管是否清洁，有无裂纹和放电痕迹。

③接头有无腐蚀及过热现象，检查油枕的集污器内有无积水和污物。

④有防爆管的变压器，要检查防爆隔膜是否完整。

⑤变压器外壳的接地线有无中断、断股或锈烂等情况。

2. 配电室设置

（1）一般要求。

①配电室应靠近电源，并应设在无灰尘、无蒸汽、无腐蚀介质及振动的地方。

②成列的配电屏（盘）和控制屏（台）两端应与重复接地线及保护零线做电气连接。

③配电室应能自然通风，并应采取防止雨雪和动物进入措施。

④配电屏（盘）正面的操作通道宽度，单列布置应不小于1.5 m，双列布置应不小于2 m；配电屏（盘）后面的维护通道宽度，单列布置或双列面对面布置不小于0.8 m，双列背对背布置不小于1.5 m，个别地点有建筑物结构凸出的地方，则此点通道宽度可减少0.2 m；侧面的维护通道宽度应不小于1 m；盘后的维护通道应不小于0.8 m。

⑤在配电室内设值班室或检修室时，这个室距电屏（盘）的水平距离应大于1 m，并应采取屏障隔离。

⑥配电室的门应向外开，并配锁。

⑦配电室内的裸母线与地面垂直距离小于2.5 m时，应采用遮挡隔离，遮挡下面通行道的高度应不小于1.9 m。

⑧配电室的围栏上端与垂直上方带电部分的净距，不应小于0.075 m。

⑨配电室的顶棚与地面的距离不低于3 m；配电装置的上端距天棚不应小于0.5 m。

⑩母线均应涂刷有色油漆。

⑪配电室的建筑物和构筑物的耐火等级应不低于3级，室内应配置砂箱和适宜于扑救电气类火灾的灭火器。

（2）配电屏应符合以下要求：

①配电屏（盘）应装设有功、无功电度表，并且应分路装设电流、电压表。电流表与计费电度表不应共用一组电流互感器。

②配电屏（盘）应装设短路、过负荷保护装置及漏电保护器。

③配电屏（盘）上的各配电线路应编号，并应标明用途标记。

④配电屏（盘）或配电线路维修时，应悬挂“电器检修，禁止合闸”等警示标志；停、送电应由专人负责。

（3）电压为400/230 V的自备发电机组，应遵守下列规定：

①发电机组及其控制、配电、修理室等可分开设置；在保证电气安全距离和满足

防火要求情况下可合并设置。

②发电机组的排烟管道必须伸出室外，机组及其控制配电室内严禁存放贮油桶。

③发电机组电源应和外电线路电源连锁，严禁并列运行。

④发电机组应采用三相四线制中性点直接接地系统和独立设置 TN-S 接零保护系统，并须独立设置，其接地阻值不应大于 4 Ω。

⑤发电机供电系统应设置电源隔离开关及短路、过载、漏电保护电器。电源隔离开关分断时应有明显可见分断点。

⑥发电机并列运行时，应在机组同期后再向负荷供电。

⑦发电机控制屏宜装设下列仪表：交流电压表、交流电流表、有功功率表、电度表、功率因数表、频率表、直流电流表。

（三）线路架设安全技术

1. 架空线路架设

（1）架空线必须采用绝缘导线。

（2）架空线应设在专用电杆上，严禁架设在树木、脚手架以及其他设施上。

（3）架空线导线截面的选择应符合下列要求：

①导线中的计算负荷电流不大于其长期连续负荷允许载流量。

②线路末端电压偏移不大于其额定电压的 5%。

③三相四线制线路的 N 线和 PE 线截面不要小于相线截面的 50%，单相线路的零线截面与相线截面相同。

④按机械强度要求，绝缘铜线截面不小于 10 mm^2，绝缘铝线截面不小于 16 mm^2 。

⑤在跨越铁路、公路、河流、电力线路挡距内，绝缘铜线截面不小于 16 mm^2，绝缘铝线截面不小于 25 mm^2。

（4）架空线在一个挡距内，每层导线的接头数不得超过该层导线条数的 50%，且一条导线应只有一个接头。

在跨越铁路、公路、河流、电力线路挡距内，架空线不得有接头。

（5）架车线路相序排列应符合下列规定：

①动力、照明线在同一横担上架设时，导线相序排列是：面向负荷从左侧起依次为 L_1、N、L_2、L_3、PE。

②动力、照明线在二层横担上分别架设时，导线相序排列是：上层横担面向负荷从左侧起依次为 L_1、L_2、L_3；下层横担面向负荷从左侧起依次为 L_1（L_2、L_3）、N、PE。

（6）架空线路的挡距不得大于 35 m。

（7）架空线路的线间距不得小于 0.3 m，靠近电杆的两导线的间距不得小于 0.5 m。

（8）架字线路宜采用钢筋混凝土杆或木杆。钢筋混凝土杆不得有露筋、宽度大于 0.4 mm 的裂纹和扭曲；木杆不得腐朽，其梢径不应该小于 140 mm。

（9）电杆埋设深度宜为杆长的 1/10 加 0.6 m，回填土应分层夯实。在松软土质处宜加大埋入深度或采用卡盘等加固。

（10）直线杆和15°以下的转角杆，可采用单横担单绝缘子，但跨越机动车道时应采用单横担双绝缘子；15°～45°的转角杆应采用双横担双绝缘子；45°以上的转角杆，应该采用十字横担。

（11）架空线路绝缘子应按下列原则选择：

①直线杆采用针式绝缘子。

②耐张杆采用蝶式绝缘子。

（12）电杆的拉线宜采用镀锌铁丝，其截面不应小于3×ф4.0 mm。拉线与电杆的夹角应在30°～45°之间。拉线埋设深度不得小于1 m。电杆拉线如从导线之间穿过，应在高于地面2.5 m处装设拉线绝缘子。

（13）因受地形环境限制不能装设拉线时，可采用撑杆代替拉线，撑杆埋设深度不得小于0.8 m，其底部应垫底盘或石块，撑杆与电杆的夹角宜为30°。

（14）架空线路必须有短路保护。

采用熔断器做短路保护时，其熔体额定电流不要大于明敷绝缘导线长期连续负荷允许载流量的1.5倍。

采用断路器做短路保护时，其瞬动过流脱扣器脱扣电流整定值应小于线路末端单相短路电流。

（15）架空线路必须有过载保护。

采用熔断器或断路器做过载保护时，绝缘导线长期连续负荷允许载流量不应小于熔断器熔体额定电流或断路器长延时过流脱扣器脱扣电流整定值的1.25倍。

2. 配电线路

（1）配电线路采用熔断器做短路保护时，熔体额定电流应不大于电缆或穿管绝缘导线允许载流量的2.5倍，或明敷绝缘导线允许载流量的1.5倍。

（2）配电线路采用自动开关做短路保护时，其过电流脱扣器脱扣电流整定值，应小于线路末端单相短路电流，并应能承受短路时过负荷电流。

（3）经常过负荷的线路、易燃易爆物邻近的线路、照明线路，应有过负荷保护。

（4）装设过负荷保护的配电线路，其绝缘导线的允许载流量，应不小于熔断器熔体额定电流或自动开关延长时过流脱扣器脱扣电流整定值的1.25倍。

3. 电缆线路敷设

电缆线路敷设应遵守下列规定：

（1）电缆干线应采用埋地或架空敷设，严禁沿地面明设，并应避免机械损伤和介质腐蚀。

（2）电缆在室外直接埋地敷设的深度应不小于0.6 m，并且应在电缆上下各均匀铺设不小于50 mm厚的细砂，然后覆盖砖等硬质保护层。

（3）电缆穿越建筑物、构筑物、道路、易受机械损伤的场所及引出地面从2 m高度至地下0.2 m处，应加设防护套管。

（4）埋地敷设电缆的接头应设在地面上的接线盒内，接线盒应能防水、防尘、防机械损伤并应远离易燃、易腐蚀场所。

（5）橡皮电缆架空敷设时，应沿墙壁或电杆设置，并用绝缘子固定，严禁使用金属裸线作绑线。固定点间距应保证橡皮电缆能承受自重所带来的荷重。橡皮电缆的最大弧垂距地不应小于2.5 m。

（6）电缆接头应牢固可靠，并应做绝缘包扎，保持绝缘强度，不应该承受张力。

4. 室内配线

安装在现场办公室、生活用房、加工厂房等暂设建筑内的配电线路，通称为室内配电线路，简称室内配线。室内配线应遵守下列规定：

（1）室内配线必须采用绝缘导线或电缆。

（2）室内配线应根据配线类型采用瓷瓶、瓷（塑料）夹、嵌绝缘槽、穿管或钢索敷设。潮湿场所或埋地非电缆配线必须穿管敷设，管口和管接头应密封；当采用金属管敷设时，金属管必须做等电位连接，且必须与PE线相连接。

（3）室内非埋地明敷主干线距地面高度不得小于2.5 m。

（4）架空进户线的室外端应采用绝缘子固定，过墙处应穿管保护，距地面高度不得小于2.5 m，并应采取防雨措施。

（5）室内配线所用导线或电缆的截面应根据用电设备或线路的计算负荷确定，但铜线截面不应小于1.5 mm，铝线截面不应小于2.5 mm^2。

（6）钢索配线的吊架间距不宜大于12 m。采用瓷夹固定导线时，导线间距不应小于35 mm，瓷夹间距不应大于800 mm；采用瓷瓶固定导线时，导线间距不应小于100 mm，瓷瓶间距不应大于1.5 m；采用护套绝缘导线或电缆时，可直接敷设于钢索上。

（7）室内配线必须有短路保护和过载保护。对于穿管敷设的绝缘导线线路，其短路保护熔断器的熔体额定电流不应大于穿管绝缘导线长期连续负荷允许载流量的2.5倍。

第二节　水利工程危险品管理

一、危险化学品基础知识

危险化学品，是指具有毒害、腐蚀、爆炸、燃烧及助燃等性质，对人体、设施、环境具有危害的剧毒化学品和其他化学品。依据《化学品分类和危险性公示通则》（GB 13690-2009），分为物理危险、健康危险和环境危险3大类。

（一）危险化学品的主要危险特性

（1）燃烧性

爆炸品、压缩气体和液化气体中的可燃性气体、易燃液体、易燃固体、自燃物品、遇湿易燃物品、有机过氧化物等，在条件具备时均可能发生燃烧。

（2）爆炸性

爆炸品、压缩气体和液化气体、易燃液体、易燃固体、自燃物品、遇湿易燃物品、氧化剂和有机过氧化物等危险化学品均可能由于其化学活性或易燃性引发爆炸事故。

（3）毒害性

许多危险化学品可通过一种或多种途径进入人体和动物体内，当其在人体累积到一定量时，便会扰乱或破坏肌体的正常生理功能，引起了暂时性或持久性的病理改变，甚至危及生命。

（4）腐蚀性

强酸、强碱等物质能对人体组织、金属等物品造成损坏，接触到人的皮肤、眼睛或肺部、食道等时，会引起表皮组织坏死而造成灼伤。内部器官被灼伤后可引起炎症，甚至会造成死亡。

（5）放射性

放射性危险化学品通过放出的射线可阻碍和伤害人体细胞活动机能并导致细胞死亡。

（二）危险化学品的事故预防控制措施

1. 危险化学品的中毒、污染事故的预防控制措施

目前，预防危险化学品的中毒、污染事故采取的主要措施是替代、变更工艺、隔离、通风、个体防护及保持卫生。

（1）替代

选用无毒或低毒的化学品代替有毒有害化学品，选用了可燃化学品代替易燃化学品。例如，用甲苯替代喷漆中的苯。

（2）变更工艺

采用新技术、改变原料配方，消除或降低危险化学品的危害。例如，以往用乙炔制乙醛，采用汞做催化剂，现用乙烯为原料，通过氧化或氧氯化制乙醛，不需用汞做催化剂，通过变更工艺，彻底消除了汞害。

（3）隔离

将生产设备封闭起来，或设置屏障，避免作业人员直接暴露于有害环境中。最常用的隔离方法是将生产或使用的设备完全封闭起来，使工人在操作中不接触危险化学品，或者把生产设备和操作室隔离开，也就是把生产设备的管线阀门、电控开关放在与生产地点完全隔离的操作室内。

（4）通风

借助于有效的通风，使作业场所空气中有害气体、蒸气或粉尘的浓度降低，通风分局部排风和全面通风两种。局部排风适用于点式扩散源，将污染源置于通风罩控制范围内；全面通风适用于面式扩散源，通过提供新鲜空气，将污染物分散稀释。

对于点式扩散源，一般采用局部通风；面式扩散源，通常采用全面通风（也称稀释通风）。例如，实验室中的通风橱，采用的通风管和导管为局部通风设备；冶炼厂中熔化的物质从一端流向另一端时散发出有毒的烟和气，两种通风系统都有使用。

（5）个体防护

个体防护只能作为一种辅助性措施，是一道阻止有害物质进入人体的屏障。防护用品主要有呼吸防护器具、头部防护器具、眼防护器具、身体防护器具、手足防护用品等。

防护用品主要有头部防护器具、呼吸防护器具、眼防护器具、躯干防护用品及手足防护用品等。

（6）保持卫生

保持卫生包括保持作业场所清洁和作业人员个人卫生两个方面。经常清洗作业场所，对废物、溢出物及时处置；作业人员养成良好的卫生习惯，防止有害物质附着在皮肤上。

2. 危险化学品火灾、爆炸事故的预防措施

防止火灾、爆炸事故发生的基本原则主要有以下三点：

（1）防止燃烧、爆炸系统的形成

①替代。

②密闭。

③惰性气体保护。

④通风置换。

⑤安全监测及连锁。

（2）消除点火源

能引发事故的点火源有明火、高温表面、冲击、摩擦、自燃、发热、电气火花、静电火花、化学反应热、光线照射等。具体做法有：

①控制明火和高温表面。

②防止摩擦和撞击产生火花。

③火灾爆炸危险场所采用防爆电气设备避免电气火花。

（3）限制火灾、爆炸蔓延扩散的措施

限制火灾、爆炸蔓延扩散的措施包括阻火装置、防爆泄压装置及防火防爆分隔等。

（三）危险化学品的储存和运输安全

1. 危险化学品储存的安全技术和要求

（1）储存危险化学品必须遵照国家法律、法规和其他有关规定。

（2）危险化学品必须储存在经公安部门批准设置的专门的危险化学品仓库内，经销部门自管仓库储存危险化学品及储存数量必须经公安部门批准，没有经批准不得随意设置危险化学品储存仓库。

（3）危险化学品露天堆放，应符合防火、防爆的安全要求；爆炸物品、一级易燃物品、遇湿燃烧物品、剧毒物品不得露天堆放。

（4）储存危险化学品的仓库必须配备有专业知识的技术人员，其库房及场所应设专人管理，管理人员必须配备可靠的个人安全防护用品。

（5）储存的危险化学品应有明显的标志，同一区域储存两种或两种之上不同级

别的危险化学品时，应按最高等级危险化学品的性能标志。

（6）危险化学品储存方式分为三种：隔离储存、隔开储存及分离储存。

（7）根据危险化学品性能分区、分类、分库储存。各类危险化学品不得与禁忌物混合储存。

（8）储存危险化学品的建筑物、区域内严禁吸烟和使用明火。

2. 危险化学品运输的安全技术和要求

化学品在运输中发生事故的情况比较常见，全面了解并掌握有关化学品的安全运输规定，对降低运输事故具有重要意义。

（1）国家对危险化学品的运输实行资质认定制度，未经资质认定，不得运输危险化学品。

（2）托运危险物品必须出示有关证明，在指定的铁路、公路交通、航运等部门办理手续。托运物品必须与托运单上所列的品名相符。

（3）危险物品的装卸人员，应按装运危险物品的性质，佩戴相应的防护用品，装卸时必须轻装轻卸，严禁摔拖、重压和摩擦，不得损毁包装容器，并注意标志，堆放稳妥。

（4）危险物品装卸前，应对车（船）搬运工具进行必要的通风和清扫，不得留有残渣，对装有剧毒物品的车（船），卸车（船）之后必须洗刷干净。

（5）装运爆炸、剧毒、放射性、易燃液体、可燃气体等物品，必须使用符合安全要求的运输工具；禁忌物料不得混运；禁止用电瓶车、翻斗车、铲车、自行车等运输爆炸物品。运输强氧化剂、爆炸品及用铁桶包装的一级易燃液体时，没有采取可靠的安全措施时，不得用铁底板车及汽车挂车；禁止用叉车、铲车、翻斗车搬运易燃、易爆液化气体等危险物品；温度较高地区装运液化气体和易燃液体等危险物品，要有防晒设施；放射性物品应用专用运输搬运车和抬架搬运，装卸机械应按规定负荷降低25%的装卸量；遇水燃烧物品及有毒物品，禁止用小型机帆船、小木船和水泥船承运。

（6）运输爆炸、剧毒和放射性物品，应指派专人押运，押运人员不得少于2人。

（7）运输危险物品的车辆，必须保持安全车速，保持车距，严禁超车、超速和强行会车。运输危险物品的行车路线，必须事先经过当地公安交通部门批准，按指定的路线和时间运输，不可在繁华街道行驶和停留。

（8）运输易燃、易爆物品的机动车，其排气管应装阻火器，并悬挂“危险品”标志。

（9）运输散装固体危险物品，应根据性质，采取了防火、防爆、防水、防粉尘飞扬和遮阳等措施。

（10）禁止利用内河以及其他封闭水域运输剧毒化学品。通过公路运输剧毒化学品的，托运人应当向目的地的县级人民政府公安部门申请办理剧毒化学品公路运输通行证。办理剧毒化学品公路运输通行证时，托运人应当向公安部门提交有关危险化学品的品名、数量、运输始发地和目的地、运输路线、运输单位、驾驶人员、押运人员、经营单位和购买单位资质情况的材料。

（11）运输危险化学品需要添加抑制剂或者稳定剂的，托运人交付托运时应当添加抑制剂或者稳定剂，并告知承运人。

（12）危险化学品运输企业，应当对其驾驶员、船员、装卸管理人员、押运人员进行有关安全知识培训。驾驶员、装卸管理人员、押运人员必须掌握危险化学品运输的安全知识，并经所在地设区的市级人民政府交通部门考核合格；船员经海事管理机构考核合格，取得上岗资格证，才可上岗作业。

（四）危险化学品的储存和运输安全

1. 泄漏处理及火灾控制

（1）泄漏处理

①泄漏源控制。利用截止阀切断泄漏源，在线堵漏减少泄漏量或利用备用泄料装置使其安全释放。

②泄漏物处理。现场泄漏物要及时地进行覆盖、收容、稀释、处理。在处理时，还应按照危险化学品特性，采用合适的方法处理。

（2）灭火一般注意事项

①正确选择灭火剂并充分发挥其效能。通常的灭火剂有水、蒸汽、二氧化碳、干粉和泡沫等。由于灭火剂的种类较多，效能各不相同，所以在扑救火灾时，一定要根据燃烧物料的性质、设备设施的特点、火源点部位（高、低）及其火势等情况，要选择冷却、灭火效能特别高的灭火剂扑救火灾，充分地发挥灭火剂各自的冷却与灭火的最大效能。

②注意保护重点部位。例如，当某个区域内有大量易燃易爆或毒性化学物质时，就应该把这个部位作为重点保护对象，在实施冷却保护的同时，要尽快地组织力量消灭其周围的火源点，以防灾情扩大。

③防止复燃复爆。将火灾消灭以后，要留有必要数量的灭火力量继续冷却燃烧区内的设备、设施、建（构）筑物等，消除着火源，同时将泄漏出的危险化学品及时处理。对可以用水灭火的场所要尽量使用蒸汽或喷雾水流稀释，排除空间内残存的可燃气体或蒸气，以防止复燃复爆。

④防止高温危害。火场上高温的存在不仅造成火势蔓延扩大，也会威胁灭火人员安全。可以使用喷水降温、利用掩体保护、穿隔热服装保护、定时组织换班等方法避免高温危害。

⑤防止毒害危害。发生火灾时，可能出现一氧化碳、二氧化碳、二氧化硫、光气等有毒物质。在扑救时，应当设置警戒区，进入了警戒区的抢险人员应当佩戴个体防护装备，并采取适当的手段消除毒物。

（3）几种特殊化学品火灾扑救注意事项

①扑救气体类火灾时，切忌盲目扑灭火焰，在没有采取堵漏措施的情况下，必须保持稳定燃烧。否则，大量可燃气体泄漏出来与空气混合，遇点火源就会发生爆炸，造成严重后果。

②扑救爆炸物品火灾时，切忌用沙土盖压，以免增强爆炸物品的爆炸威力；另外扑救爆炸物品堆垛火灾时，水流应采用吊射，避免强力水流直接冲击堆垛，以免堆垛

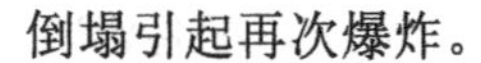

倒塌引起再次爆炸。

③扑救遇湿易燃物品火灾时，绝对禁止用水、泡沫、酸碱等湿性灭火剂扑救。一般可使用干粉、二氧化碳、卤代烷扑救，但钾、钠、铝、镁等物品用二氧化碳、卤代烷无效。固体遇湿易燃物品应使用水泥、干砂、干粉、硅藻土等覆盖。对镁粉、铝粉等粉尘，切忌喷射有压力的灭火剂，以防止将粉尘吹扬起来，引起了粉尘爆炸。

④扑救易燃液体火灾时，比水轻又不溶于水的液体用直流水、雾状水灭火往往无效，可用普通蛋白泡沫或轻泡沫扑救；水溶性液体最好用抗溶性泡沫扑救。

⑤扑救毒害和腐蚀品的火灾时，应尽量使用低压水流或雾状水，避免腐蚀品、毒害品溅出；遇酸类或碱类腐蚀品最好调制相应的中及剂稀释中和。

⑥易燃固体、自燃物品火灾一般可用水和泡沫扑救，只要控制住燃烧范围，逐步扑灭即可。但有少数易燃固体、自燃物品的扑救方法比较特殊。如2，4-二硝基苯甲醚、二硝基萘、萘等是易升华的易燃固体，受热放出易燃蒸气，能与空气形成爆炸性混合物，尤其是在室内，易发生爆炸。在扑救过程中应不时向燃烧区域上空及周围喷射雾状水，并消除周围一切点火源。

2. 废弃物销毁

（1）固体废弃物的处置

①危险废弃物。使危险废弃物无害化采用的方法是使它们变成高度不溶性的物质，也就是固化-稳定化的方法。目前常用的固化-稳定化方法有：水泥固化、石灰固化、塑性材料固化、有机聚合物固化、自凝胶固化、熔融固化和陶瓷固化。

②工业固体废弃物。工业固体废弃物是指在工业、交通等生产过程中产生的固体废弃物。一般工业废弃物可以直接进入填埋场进行填埋。对于粒度很小的固体废弃物，为了防止填埋过程中引起粉尘污染，可以装入编织袋后填埋。

（2）爆炸性物品的销毁

凡确认不能使用的爆炸性物品，必须予以销毁，在销毁以前应报告当地公安部门，选择适当的地点、时间及销毁方法。通常可采用以下4种方法：爆炸法、烧毁法、溶解法、化学分解法。

3. 有机过氧化物废弃物处理

有机过氧化物是一种易燃、易爆品。其废弃物应从作业场所清除并销毁，其方法主要取决于该过氧化物的物化性质，根据其特性选择合适的方法处理，以免发生意外事故。处理方法主要有：分解，烧毁并填埋。

二、水利水电施工企业危险品管理

（一）水利水电施工企业危险化学品管理一般要求

（1）贮存、运输和使用危险化学品的单位，应建立健全危险化学品安全管理制度，建立事故应急救援预案，配备应急救援人员和必要的应急救援器材、设备、物资，并应定期组织演练。

（2）贮存、运输和使用危险化学品的单位，应当根据消防安全要求，配备消防人员，配置消防设施以及通信、报警装置。

（3）仓库应有严格的保卫制度，人员出入应有登记制度。

（4）贮存危险化学品的仓库内严禁吸烟和使用明火，对于进入库区内的机动车辆应采取防火措施。

（5）严格执行有毒有害物品入库验收，出库登记和检查制度。

（6）使用危险化学品的单位，应根据化学危险品的种类、性质，设置相应的通风、防火、防爆、防毒、监测、报警、降温、防潮、避雷、防静电、隔离操作等安全设施。

（7）危险化学品仓库四周，应有良好的排水，设置刺网或围墙，高度不小于2 m，与仓库保持规定距离，库区内严禁有其他可燃物品。

（8）危险化学品应分类分项存放，堆垛之间的主要通道应有安全距离，不应超量储存。

（二）水利水电施工企业易燃物品的安全管理

1. 易燃物品的储存

（1）贮存易燃物品的仓库应执行审批制度的有关规定，并遵守下列规定：

①库房建筑宜采用单层建筑；应采用防火材料建筑；库房应有足够的安全出口，不宜少于两个；所有门窗应向外开。

②库房内不宜安装电器设备，如需安装时，应该根据易燃物品性质，安装防爆或密封式的电器及照明设备，并按规定设防护隔墙。

③仓库位置宜选择在有天然屏障的地区，或设在地下、半地下，宜选在生活区和生产区年主导风向的下风侧。

④不应设在人口集中的地方，与周围建筑物间，应留有足够的防火间距。

⑤应设置消防车通道和与贮存易燃物品性质相适应的消防设施；库房地面应采用不易打出火花的材料。

⑥易燃液体库房，应设置防止液体流散的设施。

⑦易燃液体的地上或半地下贮罐应按有关规定设置防火堤。

（2）应分类存放在专门仓库内。与一般物品以及性质互相抵触和灭火方法不同的易燃、可燃物品，应分库贮存，并标明贮存物品名称、性质与灭火方法。

（3）堆存时，堆垛不应过高、过密，堆垛之间，以及堆垛与堤墙之间，应留有一定间距，通道和通风口，主要通道的宽度不应小于2 m，每个仓库应规定贮存限额。

（4）遇水燃烧，爆炸和怕冻、易燃、可燃的物品，不应存放在潮湿、露天、低温和容易积水的地点。库房应有防潮、保温等措施。

（5）受阳光照射容易燃烧、爆炸的易燃、可燃物品，不应在露天或高温的地方存放。应存放在温度较低、通风良好的场所，并应设专人定时测温，必要时采取降温及隔热措施。

（6）包装容器应当牢固、密封，发现破损、残缺、变形、渗漏及物品变质、分解等情况时，应立即进行安全处理。

(7)在入库前，应有专人负责检查，对可能带有火险隐患的易燃、可燃物品，应另行存放，经检查确无危险后，方可入库。

(8)性质不稳定、容易分解和变质以及混有杂质而容易引起燃烧、爆炸的易燃、可燃物品，应经常进行检查、测温、化验，防止燃烧、爆炸。

(9)贮存易燃、可燃物品的库房，露天堆垛，贮罐规定的安全距离内，严禁进行试验、分装、封焊、维修及动用明火等可能引起火灾的作业和活动。

(10)库房内不应设办公室、休息室，不应住人，不应用可燃材料搭建货架；仓库区应严禁烟火。

(11)库房不宜采暖，如贮存物品需防冻时，可用暖气采暖；散热器与易燃、可燃物品堆垛应保持安全距离。

(12)对散落的易燃、可燃物品应及时清除出库。

(13)易燃、可燃液体贮罐的金属外壳应接地，防止静电效应起火，接地电阻应不大于10 Ω。

2. 易燃物品的使用

(1)使用易燃物品，应有安全防护措施和安全用具，建立和执行安全技术操作规程和各种安全管理制度，严格用火管理制度。

(2)易燃、易爆物品进库、出库、领用，应该有严格的制度。

(3)使用易燃物品应指定专人管理。

(4)使用易燃物品时，应加强对电源、火源的管理，作业场所应备足相应的消防器材，严禁烟火。

(5)遇水燃烧、爆炸的易燃物品，使用时应防潮、防水。

(6)怕晒的易燃物品，使用时应采取防晒、降温、隔热等措施。

(7)怕冻的易燃物品，使用时应保温、防冻。

(8)性质不稳定、容易分解和变质以及性质互相抵触和灭火方法不同易燃物品应经常检查，分类存放，发现可疑情况时，及时进行安全处理。

(9)作业结束后，应及时将散落、渗漏的易燃物品清除干净。

(三)水利水电施工企业有毒有害物品的安全管理

1. 有毒有害物品的储存

(1)有毒有害物品贮存库房应符合下列要求：

①化学毒品应贮存于专设的仓库内，库内严禁存放与其性能有抵触的物品。

②库房墙壁应用防火防腐材料建筑；应有避雷接地设施，应有与毒品性质相适应的消防设施。

③仓库应保持良好的通风，有足够的安全出口。

④仓库内应备有防毒、消毒、人工呼吸设备及备有足够的个人防护用具。

⑤仓库应与车间、办公室、居民住房等保持一定安全防护距离。安全防护距离应同当地公安局、劳动、环保等主管部门根据具体情况决定，但不宜少于100 m。

（2）有毒有害物品应储存在专用仓库、专用储存室（柜）内，并设专人管理，剧毒化学品应实行双人收发、双人保管制度。

（3）化学毒品库，应建立严格的进、出库手续，详细记录入库、出库情况。记录内容应包括：物品名称，入库时间，数量来源和领用单位、时间、用途，领用人，仓库发放人等。

（4）对性质不稳定，容易分解和变质以及混有杂质可以引起燃烧、爆炸的化学毒品，应经常进行检查、测量、化验、防止燃烧爆炸。

2. 有毒有害物品的使用

（1）使用有毒物品作业的单位应当使用符合国家标准的有毒物品，不应在作业场所使用国家明令禁止使用的有毒物品或者使用不符合国家标准的有毒物品。

（2）使用有毒物品作业场所，除应当符合职业病防治法规定的职业卫生要求外，还应符合下列要求：

①作业场所与生活场所分开，作业场所不应住人。

②有害作业场所与无害作业场所分开，高毒作业场所与其他作业场所隔离。

③设置有效的通风装置；可能突然泄漏大量有毒物品或者易造成急性中毒的作业场所，设置自动报警装置和事故通风设施。

④高毒作业场所设置应急撤离通道和必要的泄险区。

⑤在其醒目位置，设置警示标志和中文警示说明；警示说明应该载明产生危害的种类、后果、预防以及应急救治措施等内容。

⑥使用有毒物品作业场所应当设置黄色区域警示线、警示标志；高毒作业场所应当设置红色区域警示线、警示标志。

（3）从事使用高毒物品作业的用人单位，应当配备应急救援人员和必要的应急救援器材、设备、物资，制定事故应急救援预案，并根据实际情况变化对应急救援预案适时进行修订，定期组织演练。

（4）使用单位应当确保职业中毒危害防护设备、应急救援设施、通信报警装置处于正常适用状态，不应擅自拆除或者停止运行。对其进行经常性的维护、检修，定期检测其性能和效果，以确保其处于良好运行状态。

（5）有毒物品的包装应当符合国家标准，并以易于劳动者理解的方式加贴或者拴挂有毒物品安全标签。有毒物品的包装应有醒目的警示标志和中文警示说明。

（6）使用化学危险物品，应当根据化学危险物品的种类、性能，设置相应的通风、防火、防爆、防毒、监测、报警、降温、防潮、避雷、防静电、隔离操作等安全设施。并根据需要，建立消防和急救组织。

（7）盛装有毒有害物品的容器，在使用前后，应进行检查，消除隐患，防止火灾、爆炸、中毒等事故发生。

（8）化学毒品领用，应遵守下列规定：

①化学毒品应经单位主管领导批准，才可领取，如发现丢失或被盗，应立即报告。

②使用保管化学毒品的单位，应指定专人负责，领发人员有权负责监督投入生产情况。一次领用量不应超过当天所用数量。

③化学毒品应放在专用的厨柜内，并加锁。

（9）禁止在使用化学毒品的场所，吸烟、就餐及休息等。

（10）使用化学毒品的工作人员，应穿戴专用工作服、口罩、橡胶手套、围裙、防护眼镜等个人防护用品；工作完毕，应更衣洗手、漱口或洗澡；应定期进行体检。

（11）使用化学毒品场所、车间还应备有防毒用具、急救设备。操作者应熟悉中毒急救常识和有关安全卫生常识；发生事故应采取紧急措施，保护好现场，并及时报告。

（12）使用化学毒品场所或车间，应有良好的通风设备，保证空气清洁，各种工艺设备应尽量密闭，并遵守有关的操作工艺规程；工作场所应有消防设施，并注意防火。

（13）工作完毕，应清洗工作场所和用具；按照规定妥善处理废水、废气、废渣。

（14）销毁、处理有燃烧、爆炸、中毒和其他危险的废弃有毒有害物品，应当采取安全措施，并征得所在地公安和环境保护等部门同意。

（四）水利水电施工企业油库的安全管理

（1）应根据实际情况，建立油库安全管理制度、用火管理制度、外来人员登记制度、岗位责任制和具体实施办法。

（2）油库员工应懂得所接触油品的基本知识，熟悉油库管理制度及油库设备技术操作规程。

（3）在油库与其周围不应使用明火；因特殊情况需要用火作业的，应当按照用火管理制度办理用火证，用火证审批人应亲自到现场检查，防火措施落实后，方可批准。危险区应指定专人防火，防火人有权根据情况变化停止用火。用火人接到用火证后，要逐项检查防火措施，全部落实后方可用火。

（4）罐装油品的贮存保管，应遵守下列规定：

①油罐应逐个建立分户保管账，及时准确记载油品的收、发及存数量，做到账货相符。

②油罐储油不应超过安全容量。

③对不同品种不同规格的油品，应实行专罐储存。

（5）桶装油品的贮存保管，应遵守下列规定：

保管要求：

①应执行夏秋、冬春季定量灌装标准，并做到标记清晰、桶盖拧紧、无渗漏。

②对不同品种、规格、包装的油品，应实行分类堆码，建立货堆卡片，逐月盘点数量，定期检验质量，做到货、卡相符。

③润滑脂类，变压器油、电容器油、汽轮机油、听装油品和工业用汽油等应入库保管，不应露天存放。

库内堆垛要求：

①油桶应立放，宜双行并列，桶身紧靠。

②油品闪点在 28℃以下的，不应超过 2 层；闪点在 28 ～ 45℃的，不应超过 3 层，闪点在 45℃以上的，不应超过 4 层。

③桶装库的主通道宽度不应小于 1.8 m，垛与垛的间距不应小于 1 m，垛与墙的间距不应小于 0.25 ～ 0.5 m。

露天堆垛要求：

①堆放场地应坚实平整，高出周围地面0.2 m，四周有排水设施。

②卧放时应做到：双行并列，底层加垫，桶口朝外，大口向上，垛高不超过3层；放时要做到：下部加垫，桶身与地面成75°角，大口向上。

③堆垛长度不应超过25 m，宽度不应超过15 m，堆垛内排与排的间距，不应小于1 m；垛与垛的间距，不应小于3 m。

④汽、煤油要斜放，不应卧放。润滑油要卧放，立放时应该加以遮盖。

（6）油库消防器材的配置与管理：

灭火器材的配置：

①加油站油罐库罐区，应配置石棉被、推车式泡沫灭火机、干粉灭火器及相关灭火设备。

②各油库、加油站应根据实际情况制订应急救援预案，成立应急组织机构。消防器材摆放的位置、品名、数量应绘成平面图并加强管理，不应随便移动和挪作他用。

消防供水系统的管理和检修：

①消防水池要经常存满水。池内不应有水草杂物。

②地下供水管线要常年充水，主干线阀门要常开。地下管线每隔2～3年，要局部挖开检查，每半年应冲洗一次管线。

③消防水管线（包括消火栓），每年要做一次耐压试验，试验压力应不低于工作压力的1.5倍。

④每天巡回检查消火栓。每月做一次消火栓出水试验。

距消火栓5 m范围内，严禁堆放杂物。

⑤固定水泵要常年充水，每天做一次试运转，消防车要每天发动试车并且按规定进行检查、养护。

⑥消防水带要盘卷整齐，存放在干燥的专用箱里，防止受潮霉烂。每半年对全部水带按额定压力做一次耐压试验，持续5 min，不漏水者合格。使用后的水带要晾干收好。

消防泡沫系统的管理和检修：

①灭火剂的保管：空气泡沫液应储存于温度在5～40 ℃的室内，禁止靠近一切热源，每年检查一次泡沫液沉淀状况。化学泡沫粉应储存在干燥通风的室内，防止潮结。酸碱粉（甲、乙粉）要分别存放，堆高不应超过1.5 m，每半年将储粉容器颠倒放置一次。灭火剂每半年抽验一次质量，发现问题及时处理。

②对化学泡沫发生器的进出口，每年做一次压差测定；空气泡沫混合器，每半年做一次检查校验；化学泡沫室和空气泡沫产生器的空气滤网，应经常刷洗，保持不堵不烂，隔封玻璃要保持完好。

③各种泡沫枪、钩管、升降架等，使用后都应擦净、加油，每季进行一次全面的检查。

④泡沫管线，每半年用清水冲洗一次；每年要进行一次分段试压，试验压力应不小于1.18 MPa，5 min无渗漏。

⑤各种灭火机，应避免曝晒、火烤，冬季应有防冻措施，应定期换药，每隔1～2年进行一次筒体耐压试验，发现问题及时维修。

第七章　水利工程施工项目安全与环境管理

第一节　安全与环境管理体系建立

一、安全管理机构的建立

不论工程大小，必须建立安全管理的组织机构。

（1）成立以项目经理为首的安全生产施工领导小组，具体要负责施工期间的安全工作。

（2）项目经理、技术负责人、各科负责人和生产工段的负责人等作为安全小组成员，共同负责安全工作。

（3）必须设立专门的安全管理机构，并配备安全管理负责人和专职安全管理人员。安全管理人员须经安全培训持证（A、B、C证）上岗，专门负责施工过程中的工作安全。只要施工现场有施工作业人员，安全员就得上岗值班。在每个工序开工前，安全员要检查工程环境和设施情况，认定安全的后方可进行工序施工。

（4）各技术及其他管理科室和施工段要设兼职安全员，负责本部门的安全生产预防和检查工作。各作业班组组长要兼本班组的安全检查员，具体负责本班组的安全检查。

（5）建立安全事故应急处置机构，可以由专职安全管理人员及项目经理等组成，实行施工总承包的，由总承包单位统一组织编制水利工程建设生产安全事故应急救援预案。工程总承包单位和分包单位按照应急救援预案，各自建立应急救援组织或者配备应急救援人员，配备救援器材、设备并定期组织演练。

二、安全生产制度的落实

（一）安全教育培训制度

要树立全员安全意识，安全教育的要求如下：

（1）广泛开展安全生产的宣传教育，使全体员工真正认识到安全生产的重要性和必要性，掌握安全生产的基础知识，牢固树立“安全第一”的思想，自觉遵守安全生产的各项法规和规章制度。

（2）安全教育的主要内容有安全知识、安全技能、设备性能、操作规程、安全法规等。

（3）要建立经常性的安全教育考核制度。考核结果要记入员工人事档案。

（4）特殊工种，如电工、电焊工、架子工、司炉工、爆破工、机操工、起重工、机械司机、机动车辆司机等，除一般安全教育外，还要进行专业技能培训，经考试合格，取得资格后才能上岗工作。

（5）工程施工中采用新技术、新工艺、新设备，或者人员调到新工作岗位时，也要进行安全教育和培训，否则不能上岗。

工程项目部应定期召开安全生产工作会议，总结前期工作，找出问题，布置落实后面工作，利用施工空闲时间进行安全生产工作培训。在培训工作中和其他安全工作会议上，安全小组领导成员要讲解安全工作的重要意义，学习安全知识，增强员工安全警觉意识，把安全工作落实在预防阶段。根据工程的具体特点把不安全的因素和相应措施方案装订成册，供全体员工学习和掌握。

（二）制订安全措施计划

对高空作业、地下暗挖作业等专业性强的作业，电器及起重等特殊工种的作业，应制定专项安全技术规程，并对管理人员和操作人员的安全作业资格和身体状况进行合格检查。

对结构复杂、施工难度大、专业性较强的工程项目，除制订总体安全保证计划外，还须制订单位工程和分部（分项）工程安全技术措施。

施工安全技术措施包括安全防护设施和安全预防措施，主要有防火、防毒、防爆、防洪、防尘、防雷击、防触电、防坍塌、防物体打击、防机械伤害、防起重机械滑落、防高空坠落、防交通事故、防寒、防暑、防疫及防环境污染等方面的措施。

（三）安全技术交底制度

对构件和设备吊装、爆破、高空作业、拆除、上下交叉作业、夜间作业、疲劳作业、带电作业、汛期施工、地下施工、脚手架搭设拆除等重要安全环节，必须在开工前进行技术交底、安全交底、联合检查后，确认安全，方可开工。基本要求如下：

（1）实行逐级安全技术交底制度，从上到下，直到全体作业人员。

(2) 安全技术交底工作必须具体、明确及有针对性。

(3) 交底的内容要针对分部（分项）工程施工中给作业人员带来的潜在危害。

(4) 应优先采用新的安全技术措施。

(5) 应将施工方法、施工程序、安全技术措施等优先向工段长、班级组长进行详细交底。定期向多个工种交叉施工或多个作业队同时施工的作业队进行书面交底，并保持书面安全技术交底的签字记录。

交底的主要内容有工程施工项目作业特点和危险点、针对各危险点的具体措施、应注意的安全事项、对应的安全操作规程和标准，以及发生事故应及时采取的应急措施。

（四）安全警示标志设置

施工单位在施工现场大门口应设置“五牌一图”，即工程概况牌、管理人员名单及监督电话牌、消防保卫牌、安全生产牌、文明施工牌和施工现场平面图。还应设置安全警示标志，在不安全因素的部位设立警示牌，严格检查进场人员佩戴安全帽、高空作业佩戴安全带情况，严格持证上岗工作，风雨天禁止高空作业，遵守施工设备专人使用制度，严禁在场内乱拉用电线路，严禁非电工人员从事电工工作。

安全色是表达安全信息、含义的颜色，分为红、黄、蓝及绿四种颜色，分别表示禁止、警告、指令和指示。

安全标志是表示特定信息的标志。由图形符号、安全色、几何图形（边框）或文字组成。安全标志分禁止标志、警告标志、指令标志和提示标志。

根据工程特点及施工的不同阶段，在危险部位有针对性地设置、悬挂明显的安全警示标志。危险部位主要是指施工现场入口处、施工起重机械、临时用电设施、脚手架、出入通道口、楼梯口、阳台口、电梯井口、桥梁口、隧道口、基坑边沿、爆破物及有害危险气体和液体存放处等。安全警示标志的类型、数量应当根据危险部位的性质不同设置。

安全警示标志设置和现场管理结合起来，同时进行，防止因管理不善产生安全隐患。工地防风、防雨、防火、防盗、防疾病等预防措施要健全，都要有专人负责，以确保各项措施及时落实到位。

（五）施工安全检查制度

施工安全检查的目的是消除安全隐患，违章操作、违反劳动纪律、违章指挥的“三违”制止，防止安全事故发生、改善劳动条件及提高员工的安全生产意识，是施工安全控制工作的一项重要内容。通过安全检查，可以发现工程中的危险因素，以便有计划地采取相应的措施，保证安全生产的顺利进行，项目的施工生产安全检查应由项目经理组织，定期进行。

1. 安全检查的类型

施工安全检查的类型分为日常性检查、专业性检查、季节性检查、节假日前后检查和不定期检查等。

(1) 日常性检查

日常性检查是经常的、普遍的检查，一般每年进行 1 ～ 4 次。项目部、科室每月至少进行 1 次，施工班组每周、每班次都应进行检查，专职安全技术人员的日常性检查应有计划、有部位、有记录、有总结地周期性进行。

（2）专业性检查

专业性检查是指针对特种作业、特种设备、特殊场地进行的检查，例如电焊、气焊、起重设备、运输车辆、锅炉压力容器、易燃易爆场所等，由专业检查人员进行检查。

（3）季节性检查

季节性检查是根据季节性的特点，为保障安全生产的特殊要求所进行的检查，如春季空气干燥、风大，重点检查防火、防爆；夏季多雨、雷电、高温，重点检查防暑、降温、防汛、防雷击、防触电；冬季检查防寒、防冻等。

（4）节假日前后检查

节假日前后检查是针对节假期间容易产生麻痹思想的特点而进行的安全检查，包括假前的综合检查与假后的遵章守纪检查等。

（5）不定期检查

不定期检查是指在工程开工前、停工前、施工中、竣工时、试运转时进行的安全检查。

2. 安全生产检查主要内容

安全生产检查的主要内容是做好以下“五查”。

（1）查思想。主要检查企业干部和员工对安全生产工作的认识。

（2）查管理：主要检查安全管理是否有效，包括安全生产责任制、安全技术措施计划、安全组织机构、安全保证措施、安全技术交底、安全教育、持证上岗、安全设施、安全标志、操作规程、违规行为以及安全记录等。

（3）查隐患。主要检查作业现场是否符合安全生产的要求，是否存在不安全因素。

（4）查事故。查明安全事故的原因、明确责任、对责任人作出处理，明确落实整改措施等要求。另外，检查对伤亡事故是否及时报告、认真调查、严肃处理等。

（5）查整改。主要检查对过去提出的问题的整改情况。

（六）安全生产考核制度

实行安全问题一票否决制、安全生产互相监督制，增强自检和自查意识，开展科室、班组经验交流和安全教育活动。

三、水利工程施工安全生产管理

《水利工程建设安全生产管理规定》按施工单位、施工单位的相关人员以及施工作业人员等三个方面，从保证安全生产应当具有的基本条件出发，对施工单位的资质等级、机构设置、投标报价、安全责任，施工单位有关负责人的安全责任以及施工作业人员的安全责任等做出了具体规定，主要有：

（1）施工单位从事水利工程的新建、扩建、改建、加固和拆除等活动，应当具

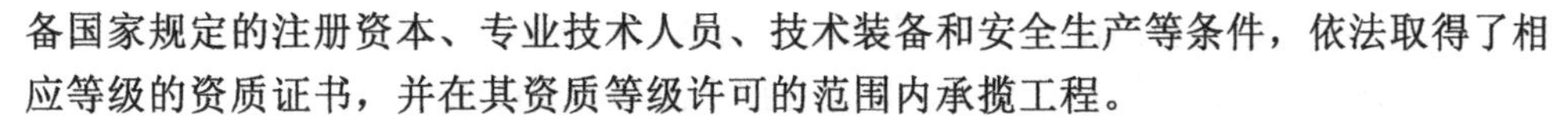

备国家规定的注册资本、专业技术人员、技术装备和安全生产等条件，依法取得了相应等级的资质证书，并在其资质等级许可的范围内承揽工程。

（2）施工单位依法取得安全生产许可证后，方可从事水利工程施工活动。

（3）施工单位主要负责人依法对本单位的安全生产工作全面负责。施工单位应当建立健全安全生产责任制度和安全生产教育培训制度，制定安全生产规章制度和操作规程，做好安全检查记录制度，对所承担的水利工程进行定期和专项安全检查，制定事故报告处理制度，保证本单位建立和完善安全生产条件所需资金的投入。

（4）施工单位的项目负责人应当由取得相应执业资格的人员担任，对水利工程建设项目的安全施工负责，落实安全生产责任制度、安全生产规章制度和操作规程，确保安全生产费用的有效使用，并根据工程的特点组织制定安全施工措施消除安全事故隐患，及时、如实报告生产安全事故。

（5）施工单位在工程报价中应当包含工程施工的安全作业环境及安全施工措施所需费用。对列入建设工程概算的上述费用，应该用于施工安全防护用具及设施的采购和更新、安全施工措施的落实、安全生产条件的改善，不得挪作他用

（6）施工单位应当设立安全生产管理机构，按照国家有关规定配备专职安全生产管理人员。施工现场必须有专职安全生产管理人员。

专职安全生产管理人员负责对安全生产进行现场监督检查发现生产安金事故隐患，应当及时向项目负责人和安全生产管理机构报告；对于违章指挥、违章操作的，应当立即制止。

（7）施工单位在建设有度汛要求的水利工程时，应当根据项目法人编制的工程度汛方案、措施制订相应的度汛方案，报项目法人批准；涉及防汛调度或者影响其他工程、设施度汛安全的，由项目法人报有管辖权的防汛指挥机构批准

（8）垂直运输机械作业人员、安装拆卸工、爆破作业人员、起重信号工、登高架设作业人员等特种作业人员，必须按照国家有关规定经过专门的安全作业培训，并取得特种作业操作资格证书后，方可上岗作业。

（9）施工单位应当在施工组织设计中编制安全技术措施和施工现场临时用电方案，对基坑支护与降水工程，土方和石方开挖工程，模板工程，起重吊装工程，脚手架工程，拆除、爆破工程，围堰工程，达到一定规模的危险性较大的工程应当编制专项施工方案，并附具安全验算结果，经施工单位技术负责人签字以及总监理工程师核签后实施，由专职安全生产管理人员进行现场监督。对所列工程中涉及高边坡、深基坑、地下暗挖工程、高大模板工程的专项施工方案，施工单位还应当组织专家进行论证、审查（其中 1/2 专家应经项目法人认定）。其专项安全事故方案的主要内容为：

①基坑支护与降水工程：编制依据和说明、工程概况、降水与支护施工方案以及总体施工安排、施工部署、主要施工方法和技术措施、质量和安全保证措施、环保文明施工措施、施工应急处置措施、冬季和雨季特殊季节施工措施（如有）、支护结构和降排水计算书、各项资源供应一览表、施工进度和设计图等。

②土方和石方开挖工程：编制依据和说明、工程概况、施工工艺、边坡监测与监

控、安全与环保文明施工措施、施工应急处置措施、冬季和雨季特殊季节施工措施（如有）、土方平衡和边坡稳定计算书，以及开挖平面和断面图纸等。

③模板工程：编制依据和说明、工程概况、施工部署、施工工艺技术、质量和安全保证措施、施工应急处置措施、模板设计计算书及设计详图等。

④起重吊装工程：编制依据和说明、工程概况、施工部署、起重设备安装运输条件、安装顺序和工艺、质量和安全保证措施、施工应急处置措施、计算书和安装平面布置与立面吊装图等。

⑤脚手架工程：编制依据和说明、工程概况、脚手架设计、脚手架质量标准和验收程序方法、脚手架安装和拆除安全措施、施工应急处置措施、脚手架设计计算书和图表等：

⑥拆除、爆破工程：编制依据和说明、工程概况、施工计划、爆破设计与施工工艺、安全和环保施工措施、施工应急预案和监控措施、爆破设计与警戒布置图表等。

⑦围堰工程：编制依据和说明、工程概况、施工部署、施工工艺与监测、拆除工艺、安全与文明施工措施、施工应急处置措施、计算书与平面布置图等。

（10）施工单位在使用施工起重机械和整体提升脚手架、模板等自升式架设设施前，应当组织有关单位进行验收，也可以委托具有相应资质的检验检测机构进行验收；使用承租的机械设备和施工机具及配件的，根据施工总承包单位、分包单位、出租单位和安装单位共同进行验收。验收合格的方可使用。

（11）施工单位的主要负责人、项目负责人、专职安全生产管理人员应当经水行政主管部门安全生产考核合格后方可任职。

施工单位应当对管理人员和作业人员每年至少进行一次安全生产教育培训，其教育培训情况记入个人工作档案。安全生产教育培训考核不合格的人员，不得上岗。

施工单位在采用新技术、新工艺、新设备、新材料时，应当对作业人员进行相应的安全生产教育培训。

第二节　水利工程生产安全事故的应急救援和调查处理

我国《安全生产法》规定：县级以上地方各级人民政府应当组织有关部门制订本行政区域内特大生产安全事故应急救援预案，建立应急救援体系。危险物品的生产、经营、储存单位以及矿山、建筑施工单位应当建立应急救援组织；生产经营的规模较小，可以不建立应急救援组织的，应当指定兼职的应急救援人员。

《建设工程安全生产管理条例》规定：县级以上地方人民政府建设行政主管部门应当根据本级人民政府的要求，制订本行政区域内建设工程特大生产安全事故应急救援预案。施工单位应当制订本单位生产安全事故应急救援预案，建立应急救援组织或

者配备应急救援人员，配备必要的应急救援器材、设备，并定期组织演练。

一、安全生产应急救援的要求

《水利工程建设安全生产管理规定》有关水利工程建设安全生产应该急救援的要求主要有：

（1）各级地方人民政府水行政主管部门应当根据本级人民政府的要求，制订本行政区域内水利工程建设特大生产安全事故应急救援预案，并报上一级人民政府水行政主管部门备案。流域管理机构应当编制所管辖的水利工程建设特大生产安全事故应急救援预案，并报水利部备案。

（2）项目法人应当组织制订本建设项目的生产安全事故应急救援预案，并定期组织演练。应急救援预案应当包括紧急救援的组织机构、人员配备、物资准备、人员财产救援措施、事故分析与报告等方面的方案。

（3）施工单位应当根据水利工程施工的特点和范围，对施工现场易发生重大事故的部位、环节进行监控，制订施工现场生产安全事故应急救援预案，。

二、安全事故的调查处理

（一）国务院规定关于安全事故的划分

《生产安全事故报告和调查处理条例》规定，根据生产安全事故（简称事故）造成的人员伤亡或者直接经济损失，事故一般分为以下等级：

（1）特别重大事故，是指造成30人以上死亡，或100人以上重伤（包括急性工业中毒，下同），或者1亿元以上直接经济损失的事故。

（2）重大事故，是指造成10人以上30人以下死亡，或者50人以上100人以下重伤，或者5 000万元以上1亿元以下直接经济损失的事故。

（3）较大事故，是指造成3人以上10人以下死亡，或者10人以上50人以下重伤，或者1 000万元以上5000万元以下直接经济损失的事故。

（4）一般事故，是指造成3人以下死亡，或10人以下重伤，或者1 000万元以下直接经济损失的事故。

国务院安全生产监督管理部门可以会同国务院有关部门，制定事故的等级划分的补充性规定。

（二）水利部应急预案安全事故分级

分级响应按事故的严重程度和影响范围，将水利工程建设质量与安全事故分为Ⅰ、Ⅱ、Ⅲ、Ⅳ四级次对应相应事故等级，采取Ⅰ级、Ⅱ级、Ⅲ级、Ⅳ级应急响应行动。

（1）Ⅰ级（特别重大质量与安全事故）：已经或者可能导致死亡（含失踪）30人以上（含本数，下同），或重伤（中毒）100人以上，或需要紧急转移安置10万人以上，或直接经济损失1亿元以上的事故。

（2）Ⅱ级（特大质量与安全事故）：已经或者可能导致死亡（含失踪）10人以上、

30人以下（不含本数，下同），或重伤（中毒）50人以上、100人以下，或需要紧急转移安置1万人以上、10万人以下，或直接经济损失5 000万元以上、1亿元之下的事故。

（3）Ⅲ级（重大质量与安全事故）：已经或者可能导致死亡（含失踪）3人以上、10人以下，或重伤（中毒）30人以上、50人以下，或直接经济损失1 000万元以上、5 000万元以下的事故。

（4）Ⅳ级（较大质量与安全事故）：已经或者可能导致死亡（含失踪）3人以下，或重伤（中毒）30人以下，或直接经济损失1 000万元以下的事故

根据国家有关规定和水利工程建设实际情况，事故分级将适时做出调整。

（三）水利工程安全事故报告制度

1. 施工报告的程序

施工单位发生生产安全事故，应当按照国家有关伤亡事故报告和调查处理的规定，及时、如实地向负责安全生产监督管理的部门以及水行政主管部门或者流域管理机构报告；特种设备发生事故的，还应当同时向特种设备安全监督管理部门报告。接到报告的部门应当按照国家有关规定，如实上报实行施工总承包的建设工程，由总承包单位负责上报事故。发生生产安全事故，项目法人以及其他有关单位应当及时、如实地向负责安全生产监督管理的部门以及水行政主管部门或者流域管理机构报告。

发生生产安全事故后，有关单位应当采取措施防止事故扩大，保护事故现场，需要移动现场物品时，应当做出标记和书面记录，妥善保管有关证物。

水利工程建设重大质量与安全事故发生后，事故现场有关人员应当立即报告本单位负责人。项目法人、施工等单位应当立即将事故情况按项目管理权限如实向流域机构或水行政主管部门和事故所在地人民政府报告，最迟不得超过4小时。流域机构或水行政主管部门接到事故报告后，应当立即报告上级水行政主管部门和水利部工程建设事故应急指挥部。水利工程建设过程中发生生产安全事故的，应当同时向事故所在地安全生产监督局报告；特种设备发生事故，应当同时向特种设备安全监督管理部门报告。接到报告的部门应当按照国家有关规定，如实上报。

报告的方式可先采用电话门头报告，随后递交正式书面报告。在法定工作日向水利部工程建设事故应急指挥部办公室报告，夜间及节假日向水利部总值班室报告，总值班室归口负责向国务院报告。

各级水行政主管部门接到水利工程建设重大质量与安全事故报告后，应当遵循“迅速、准确”的原则，立即逐级报告同级人民政府和上级水行政主管部门。

对于水利部直管的水利工程建设项目以及跨省（自治区、直辖市）的水利工程项目，在报告水利部的同时应当报告有关流域机构。

特别紧急的情况下，项目法人和施工单位及各级水行政主管部门可直接向水利部报告。

2. 事故报告内容

事故发生后及时报告以下内容：

（1）发生事故的工程名称、地点、建设规模和工期，事故发生的时间、地点、简要经过、事故类别和等级、人员伤亡及直接经济损失初步估算。

（2）有关项目法人、施工单位、主管部门名称及负责人联系电话，施工等单位的名称和资质等级。

（3）事故报告的单位、报告签发人及报告时间和联系电话等。

根据事故处置情况及时续报以下内容：

（1）有关项目法人、勘察、设计、施工、监理等工程参建单位名称、资质等级情况，单位以及项目负责人的姓名以及相关执业资格。

（2）事故原因分析。

（3）事故发生后采取的应急处置措施及事故控制情况。

（4）抢险交通道路可使用情况。

（5）其他需要报告的有关事项等

各级应急指挥部应当明确专人对组织与协调应急行动的情况进行详细记录。

3. 安全事故处理

安全事故处理坚持以下四原则：

（1）事故原因不清楚不放过。

（2）事故责任者和员工没受教育不放过

（3）事故责任者没受处理不放过’

（4）没有制定防范措施不放过：

水利工程建设生产安全事故的调查、对事故责任单位及责任人的处罚与处理，按照有关法律、法规的规定执行。

三、突发安全事故应急预案

为提高应对水利工程建设重大质量与安全事故能力，做好水利工程建设重大质量与安全事故应急处置工作，有效预防、及时控制和消除水利工程建设重大质量与安全事故的危害，最大限度减少人员伤亡和财产损失，保证工程建设质量与施工安全以及水利工程建设顺利进行，根据我国《安全生产法》《国家突发公共事件总体应急预案》和《水利工程建设安全生产管理规定》等法律、法规和有关规定，结合水利工程建设实际，水利部制定了《水利工程建设重大质量与安全事故应急预案》。

（一）应急预案分类

根据《国家突发公共事件总体应急预案》，按照不同责任主体，国家突发公共事件应急预案体系设计为国家总体应急预案、专项应急预案、部门应急预案、地方应急预案、企事业单位应急预案五个层次。

《水利工程建设重大质量与安全事故应急预案》属于部门预案，是关于事故灾难的应急预案。《水利工程建设重大质量与安全事故应急预案》适用于水利工程建设过程中突然发生且已经造成或者可能造成重大人员伤亡、重大财产损失，有重大社会影响或涉及公共安全的重大质量与安全事故的应急处置工作。按照水利工程建设质量与安全事故发生的过程、性质和机理，水利上程建设重大质量和安全事故主要包括：

（1）施工中土石方塌方和结构坍塌安全事故。

（2）特种设备或施工机械安全事故。

（3）施工围堰坍塌安全事故。

（4）施工爆破安全事故：

（5）施工场地内道路交通安全事故。

（6）施工中发生的各种重大质量事故。

（7）其他原因造成的水利工程建设重大质量与安全事故

水利工程建设中发生的自然灾害（如洪水、地震等）、公共卫生事件、社会安全等事件，依照国家和地方相应应急预案执行：

应急工作应当遵循“以人为本，安全第一；分级管理、分级负责；属地为主，条块结合；集中领导、统一指挥；信息准确、运转高效；预防为主，平战结合”的原则。

（二）应急组织指挥体系

水利工程建设重大质量与安全事故应急组织指挥体系由水利部及流域机构、各级水行政主管部门的水利工程建设重大质量与安全事故应急指挥部、地方各级人民政府、水利工程建设项目法人以及施工等工程参建单位的质量与安全事故应急指挥部组成水利工程建设重大质量与安全事故应急组织指挥体系中：

（1）水利部设立水利工程建设重大质量与安全事故应急指挥部，水利部工程建设事故应急指挥部在水利部安全生产领导小组的领导下开展工作。

（2）水利部工程建设事故应急指挥部下设办公室，作为他日常办事机构。水利部工程建设事故应急指挥部办公室设在水利部建设与管理司。

（3）水利部工程建设事故应急指挥部下设专家技术组、事故调查组等若干个工作组，各工作组在水利部工程建设事故应急指挥部的组织协调下，为了事故应急救援和处置提供专业支援与技术支撑，开展具体的应急处置工作。

（三）安全事故应急处置指挥部与主要职责

1. 应急处置指挥部

在本级水行政主管部门的指导下，水利工程建设项目法人应当组织制订本工程项目建设质量与安全事故应急预案（水利工程项目建设质量与安全事故应急预案应当报工程所在地县级以上水行政主管部门以及项目法人的主管部门备案）。建立工程项目建设质量与安全事故应急处置指挥部，工程项目建设质量与安全事故应急处置指挥部的组成如下：

指挥：项目法人主要，负责人。

副指挥：工程各参建单位主要负责人。

成员：工程各参建单位有关人员。

2. 工程项目建设质量与安全事故应急处置指挥部的主要职责

（1）制订工程项目质量与安全事故应急预案（包括专项应急预案），明确了工程各参建单位的责任，落实应急救援的具体措施。

（2）事故发生后，执行现场应急处置指挥机构的指令，及时报告并组织事故应急救援和处置，防止事故的扩大和后果的蔓延，尽力减少损失。

（3）及时向地方人民政府、地方安全生产监督管理部门和有关水行政主管部门应急指挥机构报告事故情况。

（4）配合工程所在地人民政府有关部门划定并控制事故现场的范围、实施必要的交通管制及其他强制性措施、组织人员和设备撤离危险区等。

（5）按照应急预案，做好与工程项目所在地有关应急救援机构和人员的联系沟通。

（6）配合有关水行政主管部门应急处置指挥机构及其他有关主管部门发布和通报有关信息。

（7）组织事故善后工作，配合事故调查、分析及处理。

（8）落实并定期检查应急救援器材及设备情况。

（9）组织应急预案的宣传、培训和演练。

（10）完成事故救援和处理的其他相关工作。

（四）施工质量与安全事故应急预案制订

承担水利工程施工的施工单位应当制订本单位施工质量与安全事故应急预案，建立应急救援组织或者配备应急救援人员，配备必要的应急救援器材、设备，并定期组织演练。水利工程施工企业应明确专人维护救援器材、设备等。在工程项目开工前，施工单位应当根据所承担的工程项目施工特点和范围，制订施工现场施工质量与安全事故应急预案，建立应急救援组织或配备应急救援人员并明确职责。在承包单位的统一组织下，工程施工分包单位（包括工程分包和劳务作业分包）应当按照施工现场施工质量与安全事故应急预案，建立应急救援组织或配备应急救援人员并明确职责。施工单位的施工质量与安全事故应急预案、应急救援组织或配备的应急救援人员和职责应当与项目法人制订的水利工程项目建设质量与安全事故应急预案协调一样，并将应急预案报项目法人备案。

（五）预警预防行动

施工单位应当根据建设工程的施工特点和范围，加强对施工现场易发生重大事故的部位、环节进行监控，配备救援器材、设备，并定期组织演练。对可能导致重大质量与安全事故后果的险情，项目法人和施工等知情单位应当按项目管理权限立即报告流域机构或水行政主管部门和工程所在地人民政府，必要时可越级上报至水利部工程建设事故应急指挥部办公室；对可能造成重大洪水灾害的险情，项目法人和施工单位等知情单位应当立即报告所在地防汛指挥部，必要时可越级上报至国家防汛抗旱总指挥部办公室。项目法人、各级水行政主管部门接到能导致水利工程建设重大质量与安全事故的信息后，及时确定应对方案，通知有关部门、单位采取相应行动预防事故发生，并按照预案做好应急准备。

（六）事故现场指挥协调和紧急处置

（1）水利工程建设发生质量与安全事故后，在工程所在地人民政府的统一领导下，迅速成立事故现场应急处置指挥机构负责统一领导、统一指挥及统一协调事故应急救援工作。事故现场应急处置指挥机构由到达现场的各级应急指挥部和项目法人、施工等工程参建单位组成。

（2）水利工程建设发生重大质量与安全事故后，项目法人和施工等工程参建单位必须迅速、有效地实施先期处置，防止事故会进一步扩大，并全力协助开展事故应急处置工作。

各级水行政主管部门要按照有关规定，及时组织有关部门和单位进行事故调查，认真吸取教训，总结经验，及时进行整改。重大质量与安全事故调查应当严格按照国家有关规定进行。其中重大质量事故调查应当执行《水利工程质量事故处理暂行规定》的有关规定。

（七）应急保障措施

应急保障措施包括通信与信息保障、应急支援与装备保障、经费与物资保障。

1. 通信与信息保障

（1）各级应急指挥机构部门及人员通信方式应当报上一级应急指挥部备案，其中省级水行政主管部门以及国家重点建设项目的项目法人应急指挥部的通信方式报水利部和流域机构备案。通信方式发生变化的，应当及时通知水利部工程建设事故应急指挥部办公室以便及时更新。

（2）正常情况下，各级应急指挥机构和主要人员应当保持通信设备 24 小时正常畅通。

2. 工程现场抢险及物资装备保障

（1）根据可能突发的重大质量与安全事故性质、特征、后果及其应急预案要求，项目法人应当组织工程有关施工单位配备适量应急机械、设备、器材等物资装备，以保障应急救援调用。

（2）重大质量与安全事故发生时，应当首先充分利用工程现场既有的应急机械、设备、器材。同时，在地方应急指挥部的调度下，动用了工程所在地公安、消防、卫生等专业应急队伍和其他社会资源

3. 应急队伍保障

各级应急指挥部应当组织好三支应急救援基本队伍：

（1）工程设施抢险队伍，由工程施工等参建单位的人员组成，负责事故现场的工程设施抢险和安全保障工作。

（2）专家咨询队伍，由从事科研、勘察、设计、施工、监理、质量监督、安全监督、质量检测等工作的技术人员组成，负责事故现场的工程设施安全性能评价与鉴定，研

究应急方案，提出相应应急对策和意见，并负责从工程技术角度对已发事故还可能引起或产生的危险因素进行及时分析预测。

（3）应急管理队伍，由各级水行政主管部门的有关人员组成，负责接收同级人民政府和上级水行政主管部门的应急指令、组织各有关单位对水利工程建设重大质量与安全事故进行应急处置，并与有关部门进行协调及信息交换。

4. 经费与物资保障

经费与物资保障应当做到地方各级应急指挥部确保应急处置过程中的资金和物资供给。

（八）宣传、培训和演练

公众信息宣传交流应当做到：水利部应急预案及相关信息公布范围至流域机构、省级水行政主管部门。项目法人制订的应急预案应当公布至工程各参建单位及相关责任人，并向工程所在地人民政府及有关部门备案。

培训应当做到：

（1）水利部负责对各级水行政主管部门以及国家重点建设项目的项目法人应急指挥机构有关工作人员进行培训。

（2）项目法人应当组织水利工程建设各参建单位人员进行各类质量与安全事故及应急预案教育，对应急救援人员进行上岗前培训和常规性培训。培训工作应结合实际，采取多种形式，定期与不定期相结合，原则是每年至少组织一次。

（九）监督检查

水利部工程建设事故应急指挥部对流域机构、省级水行政主管部门应急指挥部实施应急预案进行指导和协调。按照水利工程建设管理事权划分，由水行政主管部门应急指挥部对项目法人以及工程项目施工单位应急预案进行监督检查项目法人应急指挥部对工程各参建单位实施应急预案进行了督促检查。

第三节　施工安全技术

一、汛期安全技术

水利水电工程度汛是指从工程开工到竣工期间由围堰及未完成的大坝坝体拦洪或围堰过水及未完成的坝体过水，使永久建筑不受洪水威胁。施工度汛是保护跨年度施工的水利水电工程在施工期间安全度过汛期，而不遭受洪水损害的措施。此项工作由建设单位负责计划、组织、安排和统一领导。

建设单位应组织成立有施工、设计、监理等单位参加的工程防汛机构，负责工程安全度汛工作。应组织制订度汛方案及超标准洪水的度汛预案。建设单位应做好汛期水情预报工作，准确提供水文气象信息，预测洪峰流量及到来时间和过程，及时通告各单位。设计单位应于汛前提出工程度汛标准、工程形象面貌及度汛要求。

施工单位应按设计要求和现场施工情况制定度汛措施，报建设（监理）单位审批后成立防汛抢险队伍，配置足够的防汛抢险物质，随时要做好防汛抢险的准备工作。

二、施工道路及交通

（1）施工生产区内机动车辆临时道路应符合道路纵坡不宜大于8%，进入基坑等特殊部位的个别短距离地段最大纵坡不得超过15%；道路最小转变半径不得小于15 m，路面宽度不得小于施工车辆宽度的1.5倍，且双车道路面宽度不宜窄于7.0 m，单车道不宜窄于4.0 m。单车道应在可视范围内设有会车位置等要求。

（2）施工现场临时性桥梁应根据桥梁的用途、承重载荷和相应技术规范进行设计修建，并符合宽度应不小于施工车辆最大宽度的1.5倍；人行道宽度应不小于1.0 m，并应设置防护栏杆等要求。

（3）施工现场架设临时性跨越沟槽的便桥和边坡栈桥应符合以下要求：

①基础稳固、平坦、畅通。

②人行便桥、栈桥宽度不得小于1.2 m。

③手推车便桥、栈桥宽度不得小于1.5 m。

④机动翻斗车便桥、栈桥，应根据荷载进行设计施工，其最小宽度不得小于2.5 m。

⑤设有防护栏杆。

（4）施工现场工作面、固定生产设备及设施处所等应该设置人行通道，并符合宽度不小于0.6 m等要求。

三、工地消防

（1）根据施工生产防火安全的需要，合理布置消防通道和各种防火标志，消防通道应保持通畅，宽度不得小于3.5m。

（2）闪点在45 ℃以下的桶装、罐装易燃液体不得露天存放，存放处应有防护栅栏，通风良好。

（3）施工生产作业区与建筑物之间的防火安全距离应遵守下列规定：

①用火作业区距所建的建筑物和其他区域不应小于25 m。

②仓库区、易燃可燃材料堆集场距所建的建筑物和其他区域不小于20 m。

③易燃品集中站距所建的建筑物和其他区域不小于30 m。

（4）加油站、油库，应遵守下列规定：

①独立建筑，与其他设施、建筑之间的防火安全距离应不小于50 m。

②周围应设有高度不低于2.0 m的围墙、栅栏。

③库区内道路应为环形车道，路宽应不小于3.5m，并且设有专门消防通道，保持畅通。

④罐体应装有呼吸阀、阻火器等防火安全装置。

⑤应安装覆盖库（站）区的避雷装置，且应定期检测，其接地电阻不大于10Ω。

⑥罐体、管道应设防静电接地装置，接地网、线用 40 mm×4 mm 扁钢或 Φ10 圆钢埋设，且应定期检测，其接地电阻不大于 30 Ω。

⑦主要位置应设置醒目的禁火警示标志及安全防火规定标志。

⑧应配备相应数量的泡沫、干粉灭火器及砂土等灭火器材。

⑨应使用防爆型动力和照明电气设备。

⑩库区内严禁一切火源、吸烟及使用手机。

⑪工作人员应熟练使用灭火器材和消防常识。

⑫运输使用的油罐车应密封，并有防静电设施

（5）木材加工厂（场、车间）应遵守下列规定：

①独立建筑，与周围其他设施、建筑之间的安全防火距离不小于 20 m。

②安全消防通道保持畅通。

③原材料、半成品、成品堆放整齐有序，并留有足够的通道，保持畅通。

④木屑、刨花、边角料等弃物及时清除，严禁置留在场内，保持场内整洁。

⑤设有 10 m^3 以上的消防水池、消火栓及相应数量的灭火器材。

⑥作业场所内禁止使用明火和吸烟。

⑦明显位置设置醒目的禁火警示标志以及安全防火规定标志。

四、季节施工

昼夜平均气温低于 5℃或最低气温低于 -3℃时，应编制冬期施工作业计划，并且应制定防寒、防毒、防滑、防冻、防火、防爆等安全措施。

五、施工排水

（一）基坑排水

土方开挖应注重边坡和坑槽开挖的施工排水’坡面开挖时，应根据土质情况，间隔一定高度设置戗台，台面横向应为反向排水坡，并在坡脚设置护脚和排水沟。

石方开挖工区施工排水应合理布置，选择适当的排水方法，并应符合以下要求：

（1）一般建筑物基坑（槽）的排水，采用明沟或明沟与集水井排水时，应在基坑周围，或在基坑中心位置设排水沟，每隔 30 ～ 40 m 设一个集水井，集水井应低于排水沟至少 1 m 左右，井壁应做临时加固措施。

（2）厂坝基坑（槽）深度较大，地下水位较高时，应在基坑边坡上设置 2 ～ 3 层明沟，进行分层抽排水。

（3）大面积施工场区排水时，应在场区适当位置布置纵向深沟作为干沟，干沟沟底应低于基坑 1 ～ 2 m，使四周边沟、支沟和干沟连通将水排出

（4）岸坡或基坑开挖应设置截水沟，截水沟距离坡顶安全距离不小于 5 m；明

沟距道路边坡距离应不小于 1 m。

（5）工作面积水、渗水的排水，应设置临时集水坑，集水坑面积宜为 2 ～ 3 m^2，深 1 ～ 2 m，并安装移动式水泵排水。

（6）采用深井（管井）排水方法时，应符合以下要求：

①管井水泵的选用应根据降水设计对管井的降深要求和排水量来选择，所选择水泵的出水量与扬程应大于设计值的 20% ～ 30%。

②管井宜沿基坑或沟槽一侧或两侧布置，井位距基坑的边缘的距离应不小于 1.5 m，管埋置的间距应为 15 ～ 20 m。

（7）采用井点排水方法时，应满足以下要求：

①井点布置应选择合适方式及地点。

②井点管距坑壁不得小于 1.0 ～ 1.5 m，间距应为 1.0 ～ 2.5 m。

③滤管应埋在含水层内并较所挖基坑底低 0.9 ～ 1.2 m。

④集水总管标高宜接近地下水位线，并且沿抽水水流方向有 2‰～ 5‰的坡度。

（二）边坡工程排水

边坡工程排水应遵守下列规定：

（1）周边截水沟一般应在开挖前完成，截水沟深度及底宽不宜小于 0.5 m，沟底纵坡不宜小于 0.5%；长度超过 500 m 时，宜设置纵排水沟、跌水或急流槽。

（2）急流槽与跌水，急流槽的纵坡不宜超过 1 ∶ 1.5；急流槽过长时宜分段，每段不宜超过 10 m；土质急流槽纵度较大时，应设多级跌水

（3）边坡排水孔宜在边坡喷护之后施工，坡面上的排水孔宜上倾 10% 左右，孔深 3 ～ 10 m，排水管宜采用塑料花管

（4）挡土墙宜设有排水设施，防止墙后积水形成静水压力，导致墙体坍塌。

（5）采用渗沟排除地下水措施时，渗沟顶部宜设封闭层，寒冷地区沟顶回填土层小于冻层厚度时，宜设保温层；渗沟施工应边开挖、边支撑及边回填，开挖深度超过 6 m 时，应采用框架支撑；渗沟每隔 30 ～ 50 m 或平面转折和坡度由陡变缓处宜设检查井。

（三）料场排水

土质料场的排水宜采取截、排结合，以截为主的排水措施对地表水宜在采料高程以上修截水沟加以拦截，对开采范围的地表水应挖纵横排水沟排出，立采料区可以采用排水洞排水

六、高处作业

（一）高处作业分类

凡在坠落高度基准面 2 m 和 2 m 以上有可能坠落的高处进行作业，均称为高处作业。高处作业的种类分为一般高处作业和特殊高处作业两种。

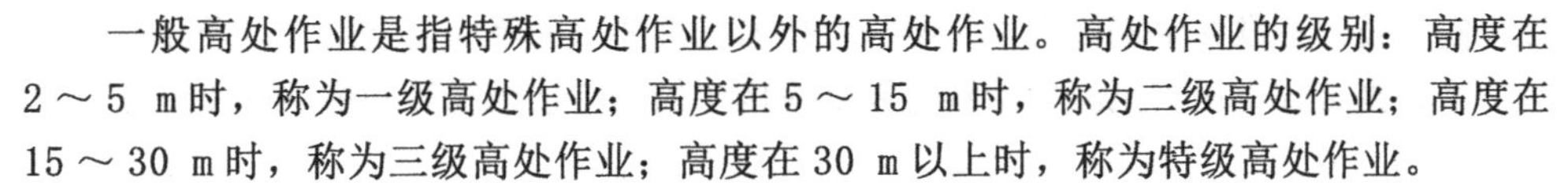

一般高处作业是指特殊高处作业以外的高处作业。高处作业的级别：高度在2～5 m时，称为一级高处作业；高度在5～15 m时，称为二级高处作业；高度在15～30 m时，称为三级高处作业；高度在30 m以上时，称为特级高处作业。

特殊高处作业分为以下几个类别：强风高处作业、异温高处作业、雪天高处作业、雨天高处作业、夜间高处作业、带电高处作业、悬空高处作业及抢救高处作业。

（二）安全防护措施

进行三级、特级、悬空高处作业时，应事先制定专项安全技术措施。施工前，应向所有施工人员进行技术交底。

高处作业下方或附近有煤气、烟尘及其他有害气体，应采取排除或隔离等措施，否则不得施工。在坝顶、陡坡、屋顶、悬崖、杆塔、吊桥、脚手架以及其他危险边沿进行悬空高处作业时，临空面应搭设安全网或防护栏杆。

高处作业前，应检查排架、脚手板、通道、马道、梯子和防护设施，符合安全要求方可作业。高处作业使用的脚手架平台，应铺设固定脚手板，临空边缘应设高度不低于1.2 m的防护栏杆。安全网应随着建筑物的升高而提高，安全网距离工作面的最大高度不超过3m，安全网搭设外侧比内侧高0.5 m，长面拉直拴牢在固定的架子或固定环上。

在2 m以下高度进行工作时，可使用牢固的梯子、高凳或设置临时小平台，禁止站在不牢固的物件（如箱子、铁桶、砖堆等物）上进行工作。

从事高处作业时，作业人员应系安全带。高处作业的下方，应设置警戒线或隔离防护棚等安全措施。特殊高处作业，应有专人监护，并且有与地面联系信号或可靠的通信装置。遇有六级及以上的大风，禁止从事高处作业。

上下脚手架、攀登高层构筑物，应走斜马道或梯子，不得沿绳、立杆或栏杆攀爬。

高处作业时，不得坐在平台、孔洞、井口边缘，不得骑坐在脚手架栏杆、躺在脚手板上或安全网内休息，不得站在栏杆外的探头板上工作和凭借栏杆起吊物件。

在石棉瓦、木板条等轻型或简易结构上施工及进行修补、拆装作业时，应采取可靠的防止滑倒、踩空或因材料折断而坠落的防护措施。

高处作业周围的沟道、孔洞井口等，应用固定盖板盖牢或设围栏。

（三）常用安全工具

安全帽、安全带、安全网等施工生产使用的安全防护用具，应符合国家规定的质量标准，具有厂家安全生产许可证、产品合格证和安全鉴定合格证书，否则不得采购、发放和使用。常用安全防护用具应经常检查和定期试验。

高处临空作业应按规定架设安全网，作业人员使用的安全带，应挂在牢固的物体或可靠的安全绳上，安全带严禁低挂高用。拴安全带用的安全绳不宜超过3 m。

在有毒有害气体可能泄漏的作业场所，应该配置必要的防毒护具，以备急用，并及时检查维修更换，保证其处在良好的待用状态。

电气操作人员应根据工作条件选用适当的安全电工用具和防护用品，电工用具应符合安全技术标准并定期检查，凡不符合技术标准要求的绝缘安全用具、登高作业安全工具、携带式电压和电流指示器，以及检修中的临时接地线等，都不得使用。

七、工程爆破安全技术

（一）爆破器材的运输

禁止用翻斗车、自卸汽车、拖车、机动三轮车、人力三轮车、摩托车和自行车等运输爆破器材。运输炸药雷管时，装车高度要低于车厢 10 cm。车厢、船底应加软垫。雷管箱不许倒放或立放，层间也应垫软垫。气温低于 10℃运输易冻的硝化甘油炸药时，应采取防冻措施；气温低于 -15℃运输难冻硝化甘油炸药时，也应采取防冻措施。汽车运输爆破器材，汽车’的排气管宜设在车前下侧，并应设置防火罩装置。

水路运输爆破器材，停泊地点距岸上建筑物不得小于 250 m。汽车在视线良好的情况下行驶时，时速不得超过 20 km（工区内不得超过 15 km）；在弯多坡陡、路面狭窄的山区行驶，时速应保持在 5 km 以内。行车间距：平坦的道路应大于 50m，上下坡应大于 300 m。

（二）爆破施工安全技术

1. 明挖爆破音响信号

（1）预告信号：间断鸣三次长声，即鸣 30 s、停，鸣 30 s、停，鸣 30 s，此时，现场停止作业，人员迅速撤离。

（2）准备信号：在预告信号 20 min 后发布，间断鸣一长、一短三次，即鸣 20 s、鸣 10 s、停，鸣 20 s、鸣 10s、停，鸣 20s、鸣 10 s。

（3）起爆信号：准备信号 10 min 后发出，连续三短声，即鸣 10 s、停，鸣 10 s、停，鸣 10 s。

（4）解除信号：应根据爆破器材的性质及爆破方式，确定炮响后到检查人员进入现场所需等待的时间。检查人员确认安全后，由爆破作业负责人通知警报方发出解除信号：一次长声，鸣 60 s。

在特殊情况下，如准备工作尚未结束，应由爆破负责人通知警报方拖后发布起爆信号，并用广播器通知现场全体人员。装药和堵塞应使用木、竹制作的炮棍，严禁使用金属棍棒装填。

地下相向开挖的两端在相距 30 m 以内时，装炮前应通知另一端暂停工作，退到安全地点一当相向开挖的两端相距 15 m 时，一端应停止掘进，单头贯通，斜井相向开挖，除遵守上述规定外，并且应对距贯通尚有 5 m 长地段自上端向下打通。

2. 起爆安全技术

（1）火花起爆应遵守的规定

火花起爆应遵守下列规定：

深孔、竖井、倾角大于 30。的斜井、有瓦斯和粉尘爆炸危险等工作面的爆破，

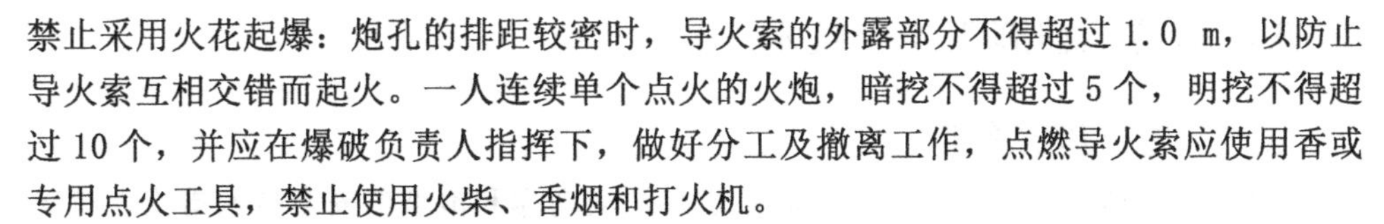

禁止采用火花起爆：炮孔的排距较密时，导火索的外露部分不得超过1.0 m，以防止导火索互相交错而起火。一人连续单个点火的火炮，暗挖不得超过5个，明挖不得超过10个，并应在爆破负责人指挥下，做好分工及撤离工作，点燃导火索应使用香或专用点火工具，禁止使用火柴、香烟和打火机。

（2）电力起爆应遵守的规定

电力起爆应遵守下列规定：

同一爆破网路内的电雷管，电阻值应相同。康铜桥丝雷管的电阻极差不得超过0.25Ω，镍铬桥丝雷管的电阻极差不得超过0.5 Ω。测量电阻只许使用经过检查的专用爆破测试仪表或线路电桥。严禁使用其他电气仪表进行量测。网路中的支线、区域线和母线彼此连接之前，各自的两端应短路、绝缘。装炮之前，工作面一切电源应切除，照明至少设于距工作面30 m以外，只有确认炮区无漏电、感应电后，才可装炮。雷雨天严禁采用电爆网路：网路中全部导线应绝缘。有水时，导线应架空。各接头应用绝缘胶布包好，两条线的搭接口禁止重叠，至少应错开0.1 m。供给每个电雷管的实际电流应大于准爆电流，具体要求是：

（1）直流电源：一般爆破不小于2.5 A；对于洞室爆破或大规模爆破不小于3 A。

（2）交流电源：一般爆破不小于3 A；对于洞室爆破或大规模爆破不小于4 A。

起爆开关箱钥匙应由专人保管，起爆之前不得打开起爆箱。通电后若发生拒爆，应立即切断母线电源，将母线两端拧在一起，锁上电源开关箱进行检查。进行检查的时间：对于即发电雷管，至少在10 min以后；对于延发电雷管，至少在15 min之后。

（3）导爆索起爆应遵守的规定

导爆索起爆应遵守下列规定：

导爆索只准用快刀切割，不得用剪刀剪断导爆索，支线要顺主线传爆方向连接，搭接长度不应少于15 cm，支线与主线传爆方向的夹角应不大于90°。起爆导爆索的雷管，其聚能穴应朝向导爆索的传爆方向。导爆索交叉敷设时，应在两根交叉导爆索之间设置厚度不小于10 cm的木质垫板。导爆索不应出现断裂破皮、打结或打圈现象。

（4）导爆管起爆应遵守的规定

导爆管起爆应遵守下列规定：

用导爆管起爆时，应首先设计起爆网路，并进行传爆试验网路中所使用的连接元件应经检验合格，禁止导爆管打结，禁止在药包上缠绕网路的连接处应牢固，两元件应相距2 m，敷设后，应严加保护，防止冲击或损坏，一个8号雷管起爆导爆管的数量不宜超过40根，层数不宜超过3层。只有确认网路连接正确与爆破无关人员已经撤离，才准许接入引爆装置。

八、堤防工程施工安全技术

（一）堤防基础施工

（1）堤防地基开挖较深时，应制定防止边坡坍塌和滑坡的安全技术措施。对深基坑支护应进行专项设计，作业前应检查安全支撑和挡护设施是否良好，确认符合要求之后，方可施工。

（2）当地下水位较高或在黏性土、湿陷性黄土上进行强夯作业时，应在表面铺设一层厚 50 ～ 200 cm 的砂、砂砾或碎石垫层，以保证强夯作业安全。

（3）强夯夯击时，应做好安全防范措施，现场施工人员应戴好安全防护用品。夯击时，所有人员应退到安全线以外‘应对强夯周围建筑物进行监测，以指导强夯参数的调整。

（4）地基处理采用砂井排水固结法施工时，为加快堤基的排水固结，应在堤基上分级进行加载，加载时应加强现场监测，防止出现滑动破坏等失稳事故。

（5）软弱地基处理采用抛石挤淤法施工时，应该经常对机械作业部位进行检查。

（二）防护工程施工

（1）人工抛石作业时，应按照计划制订的程序进行，严禁随意抛掷，以防意外事故发生。

（2）抛石所使用的设备应安全可靠、性能良好，严禁使用没有安全保险装置的机具进行作业。

（3）抛石护脚时，应注意石块体重心位置，严禁起吊有破裂、脱落、危险的石块体。起重设备回转时，严禁起重设备工作范围和抛石工作范围内进行其他作业和有人员停留。

（4）抛石护脚施工时除操作人员外，严禁有人可停留。

（三）堤防加固施工

（1）砌石护坡加固，应在汛期前完成；当加固规模、范围较大时，可拆一段砌一段，但分段宜大于50 m；垫层的接头处应确保施工质量，新、老砌体应结合牢固，连接平顺。确需汛期施工时，分段长度可根据水情预报情况及施工能力而定，防止意外事故发生。

（2）护坡石沿坡面运输时，使用的绳索、刹车等设施应满足负荷要求，牢固可靠，在吊运时不应超载，发现问题及时检修：垂直运送料具时，应有联系信号，专人指挥。

（3）堤防灌浆机械设备作业前应检查是否良好，安全设施防护用品是否齐全，警示标志设置是否标准，经检查确认符合要求后，才可施工。

（四）防汛抢险施工

堤防防汛抢险施工的抢护原则为前堵后导、强身固脚、减载平压、缓流消浪。施工中应遵守各项安全技术要求，不应违反程序作业。

（1）堤身漏洞险情的抢护应遵守下列规定：

①堤身漏洞险情的抢护以“前截后导，临重于背”为原则。在抢护时，应在临水侧截断漏水来源，在背水侧漏洞出水口处采用反滤围井的方法，防止险情扩大。

②堤身漏洞险情在临水侧抢护以人力施工为主时，应配备足够的安全设施，且由专人指挥和专人监护，确认安全可靠后，方可施工。

③堤身漏洞险情在临水侧抢护以机械设备为主时，机械设备应靠站或行驶在安全或经加固可以确认为较安全的堤身上，防止因漏洞险情导致设备下陷、倾斜或失稳等其他安全事故。

（2）管涌险情的抢护宜在背水面，采取反滤导渗，控制涌水，给渗水以出路。以人力施工为主进行抢护时，应注意检查附近堤段水浸后变形情况，例如有坍塌危险，应及时加固或采取其他安全有效的方法。

（3）当遭遇超标准洪水或有可能超过堤坝顶时，应迅速进行加高抢护，同时做好人员撤离安排，及时将人员、设备转移到安全地带。

（4）为削减波浪的冲击力，应在靠近堤坡的水面设置芦柴、柳枝、湖草和木料等材料的捆扎体，并设法锚定，防止被风浪水流冲走。

（5）当发生崩岸险情时，应抛投物料，如石块、石笼、混凝土多面体、土袋和柳石枕等，以稳定基础，防止崩岸进一步发展；应密切关注险情发展的动向，时刻检查附近堤身的变形情况，及时采取正确的处理措施，并且向附近居民示警。

（6）堤防决口抢险应遵守下列规定：

①当堤防决口时，除有关部门快速通知附近居民安全转移外，抢险施工人员应配备足够的安全救生设备。

②堤防决口施工应在水面以上进行，并逐步创造静水闭气条件，确保人身安全。

③当在决口抢筑裹头时，应在水浅流缓、土质较好的地带采取打桩、抛填大体积物料等安全裹护措施，防止裹头处突然坍塌将人员与设备冲走。

④决口较大采用沉船截流时，应采取有效的安全防护措施，防止了沉船底部不平整发生移动而给作业人员造成安全隐患

九、水闸施工安全技术

（一）土方开挖

（1）建筑物的基坑土方开挖应本着先降水、后开挖的施工原则，并结合基坑的中部开挖明沟加以明排。

（2）降水措施应视地质条件而定，在条件许可时，提前进行降水试验，以验证降水方案的合理性。

（3）降水期间必须对基坑边坡及周围建筑物进行安全监测，发现异常情况及时研究处理措施，保证基坑边坡和周围建筑物的安全，做到信息化施工。

（4）若原有建筑物距基坑较近，视工程的重要性和影响程度，可以拆迁或进行适当的支护处理。基坑边坡视地质条件，可采用适当的防护措施。

（5）在雨季，尤其是汛期必须做好基坑的排水工程，安装足够的排水设备。

（6）基坑土方开挖完成或基础处理完成，应及时组织基础隐蔽工程验收，及时

浇筑垫层混凝土以对基础进行封闭。

（7）基坑降水时应符合下列规定：

①基坑底、排水沟底、集水坑底应保持一定深差。

②集水坑和排水沟应设置在建筑物底部轮廓线以外一定距离。

③基坑开挖深度较大时，应分级设置马道及排水设施。

④流砂、管涌处应采取反滤导渗措施。

（8）基坑开挖时，在负温下，挖除保护层后应采取可靠的防冻措施。

（二）土方填筑

（1）填筑前，必须排除基坑底部的积水、清除杂物等，宜采用降水措施将基底水位降至0.5 m以下。

（2）填筑土料，应符合设计要求。

（3）岸墙、翼墙后的填土应分层回填、均衡上升。靠近岸墙、翼墙、岸坡的回填土宜用人工或小型机具夯压密实，铺土厚度宜适当减薄。

（4）高岸、翼墙后的回填土应按通水前后分期进行回填，以减小通水前墙体后的填土压力。

（5）高岸、翼墙后应布置排水系统，来减小填土中的水压力。

（三）地基处理

（1）原状土地基开挖到基底前预留30～50 cm保护层，在基础施工前，宜采用人工挖出，并将基底平整，对局部超挖或低洼区域宜采用碎石回填，基底开挖之前，宜做好降排水，保证开挖在干燥状态下施工。

（2）对加固地基，基坑降水应降至基底面以下50 cm，保证基底干燥平整，以利于地基处理设备施工安全。施工作业和移机过程中，应将设备支架的倾斜度控制在其规定值之内，严防设备倾覆事故的发生。

（3）对桩基施工设备操作人员，应进行操作培训，取得合格证书后方可上岗。

（4）在正式施工前，应先进行基础加固的工艺试验，工艺及参数批准后开始施工。成桩后，应按照相关规范的规定抽样，进行单桩承载力和复合地基承载力试验，以验证加固地基的可靠性。

（四）预制构件制作与吊装

（1）每天应对锅炉系统进行检查，每批蒸养混凝土构件之前，应对通汽管路、阀门进行检查，一旦损坏及时更换

（2）应定期对蒸养池的顶盖的提升桥机或吊车进行检查和维护。

（3）在蒸养过程中，锅炉或管路发现异常情况，应该及时停止蒸汽的供应。同时，无关人员不应站在蒸养池附近。

（4）浇筑后，构件应停放2～6 h，停放温度一般为10～20℃。

（5）升温速率：当构件表面系数大于等于6时，不宜超过15 ℃/h；表面系数小于6时，不宜超过10 ℃/h。

（6）恒温时的混凝土温度，不宜超过 80 相对湿度应为 90% ～ 100%。

（7）降温速率：表面系数大于等于 6 时，不应超过 10℃ /h；表面系数小于 6 时，不应超过 5 ℃ /h；出池后构件表面与外界温差不应该大于 20℃。

（8）大件起吊运输应有单项技术措施。起吊设备操作人员必须具有特种操作许可。

（9）起吊前，应认真检查所用一切工具设备，均应良好

（10）起吊设备起吊能力应有一定的安全储备。必须对起吊构件的吊点和内力进行详细的内力复核验算，非定型的吊具和索具均应验算，符合有关规定后才能使用。

（11）各种物件正式起吊前，应先试吊，确认可靠后方可正式起吊。

（12）起吊前，应先清理起吊地点及运行通道上的障碍物，通知无关人员避让，并应选择恰半的位置及随物护送的路线。

（13）应指定专人负责指挥操作人员进行协同的吊装作业各种设备的操作信号必须事先统一规定。

（14）在闸室上、下游混凝土防渗铺盖上行驶重型机械或堆放重物时，必须要经过验算。

（五）永久缝施工

（1）一切预埋件应安装牢固，严禁脱落伤人。

（2）采用紫铜止水片时，接缝必须焊接牢固，焊接后应采用柴油渗透法检验是否渗漏，并须遵守焊接的有关安全技术操作规程。采用塑料和橡胶止水片时，应避免油污和长期暴晒，并应有保护措施。

（3）结构缝使用柔性材料嵌缝处理时，应该搭设稳定牢固的安全脚手架，系好安全带，逐层作业。

十、泵站施工安全技术

（一）水泵基础施工

（1）水泵基础施工有度汛要求时，应按设计及施工需要，汛前完成度汛工程。

（2）水泵基础应优先选用天然地基承载力不足时，宜采取工程加固措施进行基础处理

（3）水泵基础允许沉降量和沉降差，应根据工程的具体情况分析确定，满足基础结构安全和不影响机组的正常运行。

（4）水泵基础地基如为膨胀土地基，在满足水泵布置和稳定安全要求的前提下，应减小水泵基础底面积，增大基础埋置深度，也可将膨胀土挖除，换填无膨胀性土料垫层，或采用桩基础。膨胀土地基的处理应遵守下列规定：

①膨胀土地基上泵站基础的施工，应安排在冬旱季节进行，力求避开雨季，否则应采取可靠的防雨水措施。

②基坑开挖前，应布置好施工场地的排水设施，天然地表水不应流入基坑。

③应防止雨水浸入坡面和坡面土中水分蒸发，避免干湿交替，保护边坡稳定可在

坡面喷水泥砂浆保护层或用土工膜覆盖地面。

④基坑开挖至接近基底设计标高时，应留 0.3 m 左右的保护层，待下道工序开始前再挖除保护层。基坑挖至设计标高后，应及时浇筑素混凝土垫层保护地基，待混凝土达到 50% 以上强度后，及时进行基础施工。

⑤泵站四周回填应及时分层进行。填料应选用非膨胀土、弱膨胀土或者掺有石灰的膨胀土；选用弱膨胀土时，其含水量宜为 1.1 ～ 1.2 倍塑限含水量。

（二）固定式泵站施工

（1）泵房水下混凝土宜整体浇筑。对于安装大、中型立式机组或斜轴泵的泵房工程，可按泵房结构并兼顾进、出水流道的整体性设计分层，由下至上分层施工。

（2）泵房浇筑混凝土，在平面上一般不再分块。如泵房底板尺寸较大，可以采用分期分段浇筑。

（三）金属输水管道制作与安装

金属输水管道制作与安装应遵守下列规定：

（1）钢管焊缝应达到标准，且应通过超声波或射线检验，不应有任何渗漏水现象。

（2）钢管各支墩应有足够的稳定性，保证钢管在安装阶段不发生倾斜和沉陷变形。

（3）钢管壁在对接接头的任何位置表面的最大错位：纵缝不应该大于 2 mm，环缝不应大于 3 mm。

（4）直管外表直线平直度可用任意平行轴线的钢管外标一条线与钢管直轴线间的偏差确定：长度为 4 m 的管段，其偏差不应大于 3.5 mm。

（5）钢管的安装偏差值：对于鞍式支座的顶面弧度，间隙不应该大于 2 mm；滚轮式和摇摆式支座垫板高程与纵横向中心的偏差不应超过 ±5 mm。

十一、围堰拆除

围堰拆除应制订应急预案，成立组织机构，并应配备抢险救援器材。

（一）机械拆除

机械拆除应遵守下列规定：

（1）拆除土石围堰时，应从上至下逐层、逐段进行。

（2）施工中应由专人负责监测被拆除围堰的状态，并应做好记录。当发现有不稳定状态的趋势时，应立即停止作业，并采取有效措施，消除隐患。

（3）机械拆除时，严禁超载作业或任意扩大使用范围作业。

（4）拆除混凝土围堰、岩坎围堰、混凝土心墙围堰时，应该先按爆破法破碎混凝土（或岩坎、混凝土心墙），再采用机械拆除的顺序进行施工。

（5）拆除混凝土过水围堰时，宜先按爆破法破碎混凝土护面后，再采用机械进行拆除。

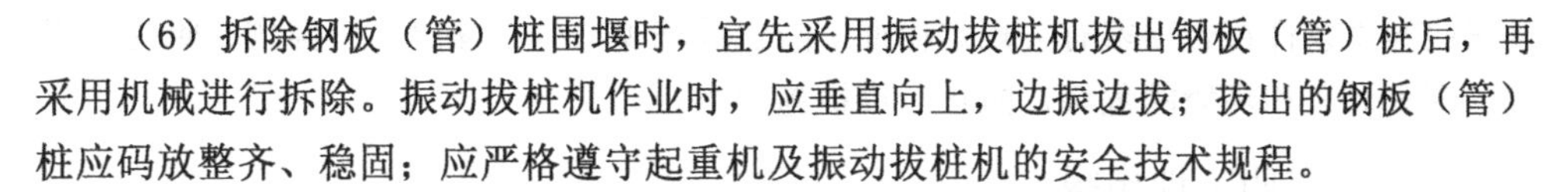

（6）拆除钢板（管）桩围堰时，宜先采用振动拔桩机拔出钢板（管）桩后，再采用机械进行拆除。振动拔桩机作业时，应垂直向上，边振边拔；拔出的钢板（管）桩应码放整齐、稳固；应严格遵守起重机及振动拔桩机的安全技术规程。

（二）爆破法拆除

爆破法拆除应遵守下列规定：

（1）一、二、三级水利水电枢纽工程的围堰、堤坝和挡水岩坎的拆除爆破，设计文件除按正常设计外还应经过以下论证：

①爆破区域与周围建（构）筑物的详细平面图、爆破对周围被保护建（构）筑物和岩基影响的详细论证。

②爆破后需要过流的工程，应有确保过流的技术措施，以及流速与爆渣关系的论证。

（2）一、二、三级水电枢纽工程的围堰、堤坝和挡水岩坎需要爆破拆除时，宜在修建时就提出爆破拆除的方案或设想，收集必要的基础资料和采取必要的措施。

（3）从事围堰爆破拆除工程的施工单位，应持有爆破资质证书。爆破拆除设计人员应具有承担爆破拆除作业范围和相应级别的爆破工程技术人员作业证，从事爆破拆除施工的作业人员应持证上岗。

（4）围堰爆破拆除工程起爆，宜采用导爆管起爆法或者导爆管与导爆索混合起爆法，严禁采用火花起爆法，应采用复式网络起爆。

第四节　文明施工与环境管理

一、文明施工

（一）文明工地建设标准

（1）质量管理：质量保证体系健全，工程质量得到有效控制，工程内外观质量优良，质量事故和缺陷处理及时，质量管理档案规范、真实、归档及时等。

（2）综合管理：文明工地创建计划周密、组织到位、制度完善、措施落实，参建各方信守合同，严格按照基本建设程序，遵纪守法、爱岗敬业，职工文体活动丰富、学习气氛浓厚，信息管理规范，关系融洽，能够正确处理周边群众关系、营造良好的施工环境。

（3）安全管理：安全管理制度和责任制度完善，应急预案有针对性和可操作性，实行定期安全检查制度，无生产安全事故。

（4）施工区环境：现场材料堆放、机械停放有序整齐，施工道路布置合理、畅通，做到完工清场，安全设施和警示标志规范，办公生活区等场所整洁、卫生，生态保护及职业健康条件符合国家有关规定标准，防止或减少粉尘、噪声、废弃物、照明、废气、废水对人和环境的危害，防止污染措施得当。

（二）文明工地申报

（1）有下列情况之一的，不应该申报文明工地：

①干部职工发生刑事和经济案件被处主刑的，违法乱纪受到党纪政纪处分的。

②出现过重大质量事故和一般安全事故、环保事件。

③被水行政主管部门或有关部门通报批评或处罚。

④拖欠工程款、民工工资或与当地群众发生重大冲突等事件，造成严重社会影响。

⑤未严格实行项目法人责任制、招标投标制、建设监理制“三项制度”。

⑥建设单位未按基本建设程序办理有关事宜。

⑦发生重大合同纠纷，造成不良影响。

（2）申报条件：

①已完工程量一般应达全部建安工程量的20%及以上或者主体工程完工一年以内。

②创建文明建设工地半年以上。

③工程进度满足总进度要求。

（三）申报程序

工程在项目法人党组织统一领导下，主要领导为第一责任人，各部门齐抓共管，全员参与的文明工地创建活动，实行届期制，每两年命名一次。上一届命名“文明工地”的，如果符合条件，可继续申报下一届。

（1）自愿申报：以建设管理单位所管辖一个项目，或其中的一个项目、一个标段、几个标段为一个文明工地由项目法人申报。

（2）逐级推荐：县级水行政主管部门负责对申报单位的现场考核，并逐级向省、市水行政文明办会同建管单位考核，优中选优向本单位文明委推荐申报名单。

流域机构所属项目由流域机构文明委会同建设与管理单位考核推荐。中央和水利部项目直接向水利部文明办申报

（3）考核评审：水利部文明办会同建设与管理司组织审核和评定，报水利部文明委。

（4）公示评议：水利部文明委审议通过后，在水利部有关媒体上公示一周。

（5）审定命名：对于符合标准的文明工地项目，由水利部文明办授予“文明工地”称号。

二、施工环境管理

（一）施工现场空气污染的防治

施工大气污染防治主要包括：土石方开挖、爆破、砂石料加工、混凝土拌和、物

料运输和储存及废渣运输、倾倒产生的粉尘、扬尘的防治；燃油、施工机械、车辆及生活燃煤排放废气的防治。

地下厂房、引水隧洞等土石方开挖、爆破施工应采取了喷水、设置通风设施、改善地下洞室空气扩散条件等措施，减少粉尘和废气污染；砂石料加工宜采用湿法破碎的低尘工艺，降低转运落差，密闭尘源。

水泥、石灰、粉煤灰等细颗粒材料运输应采用密封罐车；采用敞篷车运输的，应用篷布遮盖。装卸、堆放中应防止物料流散水泥临时备料场宜建在有排浆引流的混凝土搅拌场或预制场内，就近使用。

施工现场公路应定期养护，配备洒水车或采用人工洒水防尘；施工运输车辆宜选用安装排气净化器的机动车，使用符合标准的油料或清洁能源，减少尾气排放。

（1）施工现场垃圾、渣土要及时清理出现场。

（2）上部结构清理施工垃圾时，要使用封闭式的容器或者采取其他措施处理高空废弃物，严禁临空随意抛撒。

（3）施工现场道路应指定专人定期洒水清扫，形成制度，防止道路扬尘。

（4）对于细颗粒散体材料（如水泥、粉煤灰、白灰等）的运输、储存要注意遮盖、密封，防止和减少飞扬。

（5）车辆开出工地要做到不带泥沙，基本做到不洒土、不扬尘，减少对周围环境的污染。

（6）除设有符合规定的装置外，禁止在施工现场焚烧油毡、橡胶、塑料、皮革、树叶、枯草、各种包装物等废弃物品以及其他会产生有毒、有害烟尘和恶臭气体的物质。

（7）机动车都要安装减少尾气排放的装置，确保符合国家标准。

（8）工地锅炉应尽量采用电热水器。若只能使用烧煤锅炉，应该选用消烟除尘型锅炉，大灶应选用消烟节能回风炉灶，使烟尘降至允许排放范围内。

（9）在离村庄较近的工地应当将搅拌站封闭严密，并且在进料仓上方安装除尘装置，采用可靠措施控制工地粉尘污染。

（10）拆除旧建筑物时，应适当洒水，防止扬尘。

（二）施工现场水污染的防治

水利水电工程施工废污水的处理应包括施工生产废水和施工人员生活污水处理，其中施工生产废水主要包括砂石料加工系统废水、混凝土拌和系统废水等。

砂石料加工系统废水的处理应根据废水量、排放量、排放方式、排放水域功能要求和地形等条件确定。采用自然沉淀法进行处理时，应根据地形条件布置沉淀池，并保证有足够的沉淀时间，沉淀池应及时进行清理；采用絮凝沉淀法处理时，应符合下列技术要求：废水经沉淀，加入絮凝剂，上清液收集回用，泥浆自然干化，滤池应及时清理。

混凝土拌和系统废水处理应结合工程布置，就近设置了冲洗废水沉淀池，上清液可循环使用。废水宜进行中和处理。

生活污水不应随意排放，采用化粪池处理污水时，应及时清运。

在饮用水水源一级保护区和二级保护区内，不应设置施工废水排污口。生活饮用水水源取水点上游 1 000 m 和下游 100 m 以内的水域，不得排入施工废污水。

施工过程水污染的防治措施如下：

（1）施工现场搅拌站废水、现制水磨石的污水、电石（碳化钙）的污水必须要经沉淀池沉淀合格后再排放，最好将沉淀水用于工地洒水降尘或采取措施回收利用。

（2）现场存放油料的，必须对库房地面进行防渗处理，如采取防渗混凝土地面、铺油毡等措施。使用时，要采取防止油料跑、冒、滴、漏的措施，以免污染水体。

（3）施工现场 100 人以上的临时食堂的污水排放可设置简易有效的隔油池，定期清理，防止污染。

（4）工地临时厕所、化粪池应采取防渗漏措施。中心城市施工现场的临时厕所可采用水冲式厕所，并有防蝇、灭蛆措施，防止污染水体和环境

（三）施工现场噪声的控制

施工噪声控制应包括施工机械设备固定噪声、运输车辆流动噪声、爆破瞬时噪声控制。

固定噪声的控制：应选用符合标准的设备和工艺，加强设备的维护和保养，减少运行时的噪声。主要机械设备的布置应远离敏感点，并根据控制目标要求和保护对象，设置减噪、减振设施。

流动噪声的控制：应加强交通道路的维护和管理禁止使用高噪声车辆；在集中居民区、学校、医院等路段设禁止高声鸣笛标志，减缓车速，禁止夜间鸣放高音喇叭。

施工现场噪声的控制措施可以从声源、传播途径、接收者的防护等方面来考虑。

从噪声产生的声源上控制，尽量采用低噪声设备和工艺代替高噪声设备和工艺，如低噪声振捣器、风机、电机空压机、电锯等。在声源处安装消声器消声，即在通风机、压缩机、燃气机、内燃机以及各类排气放空装置等进出风管的适当位置设置消声器

从噪声传播的途径上控制：

（1）吸声。利用吸声材料（大多由多孔材料制成）或由吸声结构形成的共振结构（金属或木质薄板钻制成的空腔体）吸收声能，降低噪声。

（2）隔声。应用隔声结构，阻碍噪声向空间传播，将接收者与噪声声源分隔。隔声结构包括隔声室、隔声罩、隔声屏障、隔声墙等。

（3）消声。利用消声器阻止传播，通过消声器降低噪声，如控制空气压缩机、内燃机产生的噪声等。

（4）减振。对来自振动引起的噪声，可通过降低机械振动减小噪声，如将阻尼材料涂在振动源上，或改变振动源与其他刚性结构的连接方式等。

对接收者的防护可采用让处于噪声环境下的人员使用耳塞、耳罩等防护用品，减少相关人员在噪声环境中的暴露时间，以减轻噪声对人体的危害。

严格控制人为噪声，进入施工现场不得高声呐喊、无故摔打模板及乱吹口哨，限制高音喇叭的使用，最大限度地减少噪声扰民。

凡在居民稠密区进行强噪声作业的，严格控制作业时间，设置高度不低于 1.8 m

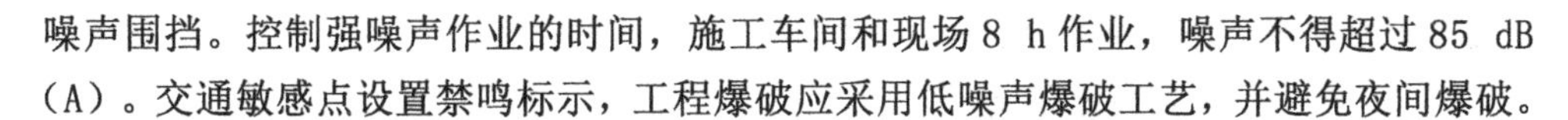

噪声围挡。控制强噪声作业的时间，施工车间和现场 8 h 作业，噪声不得超过 85 dB(A)。交通敏感点设置禁鸣标示，工程爆破应采用低噪声爆破工艺，并避免夜间爆破。

（四）固体废弃物的处理

固体废弃物的处理应包括生活垃圾、建筑垃圾、生产废料的处置。

施工营地应设置垃圾箱或集中垃圾堆放点，将生活垃圾集中收集、专人定期清运；施工营地厕所，应指定专人定期清理或农用井四周消毒灭菌建筑垃圾应进行分类，宜回收利用的回收利用；不能回收利用的，应该集中处置危险固体废弃物必须执行国家有关危险废弃物处理的规定。临时垃圾堆放场地可利用天然洼地、沟壑、废坑等，应避开生活饮用水水源、渔业用水水域，并防止垃圾进入河流、库、塘等天然水域。

固体废弃物的处理和处置措施如下：

（1）回收利用。是对固体废弃物进行资源化、减量化处理的重要手段之一。建筑渣土可视其情况加以利用，废钢可按需要用作金属原材料，废电池等废弃物应分散回收，集中处理。

（2）减量化处理。是对已经产生的固体废弃物进行分选、破碎、压实浓缩、脱水等，减少其最终处置量，从而降低处理成本，减少环境污染，在减量化处理的过程中，也包括和其他处理技术相关的工艺方法，如焚烧、热解、堆肥等。

（3）焚烧。用于不适合再利用且不宜直接予以填埋处理的废弃物，尤其是对于已受到病菌、病毒污染的物品，可以用焚烧的方法进行无害化处理。焚烧处理应使用符合环境要求的处理装置，注意避免对大气的二次污染。

（4）固化。利用水泥、沥青等胶结材料，将松散废弃物包裹起来，减少废弃物的毒性和可迁移性，减小二次污染。

（5）填埋。填埋是固体废弃物处理的最终技术，经过无害化、减量化处理的废弃物残渣集中在填埋场进行处置。填埋场利用天然或人工屏障，尽量使需要处理的废弃物与周围的生态环境隔离，并注意废弃物的稳定性和长期安全性。

（五）生态保护

生态保护应遵循预防为主、防治结合、维持生态功能的原则，其措施包括水土流失防治和动植物保护。

1. 施工区水土流失防治的主要内容

施工场地应合理利用施工区内的土地，宜减少对原地貌的扰动及损毁植被。

料场取料应按水土流失防治要求减少植被破坏，剥离的表层熟土宜临时堆存作回填覆土。取料结束，应根据料场的性状、土壤条件和土地利用方式，及时进行土地平整，因地制宜恢复植被。

弃渣应及时清运至指定渣场，不应该随意倾倒，采用先挡后弃的施工顺序，及时平整渣面、覆土。渣场应根据后期土地利用方式，及时进行植被恢复或做其他用地。

施工道路应及时排水、护坡，永久道路宜及时栽种行道树。

大坝区、引水系统及电站厂区应根据工程进度要求及时绿化，并结合景观美化，合理布置乔、灌、花、草坪等。

2．动植物保护的主要内容

工程施工不得随意损毁施工区外的植被，捕杀野生动物和破坏野生动物生境。

工程施工区的珍稀濒危植物，采取迁地保护措施时，应根据生态适宜性要求，迁至施工区外移栽；采取就地保护措施时，应该挂牌登记，建立保护警示标识。

施工人员不得伤害、捕杀珍稀、濒危陆生动物和其他受保护的野生动物。施工人员在工程区附近发现受威胁或伤害的珍稀、濒危动物等受保护的野生动物时，应及时报告管理部门，采取抢救保护措施。

工程在重要经济鱼类、珍稀濒危水生生物分布水域附近施工时，不得捕杀受保护的水生生物。

工程施工涉及自然保护区，应执行国家和地方关于自然保护区管理的规定。

（六）人群健康保护

施工期人群健康保护的主要内容包括施工人员体检、施工饮用水卫生及施工区环境卫生防疫。

1．施工人员体检

施工人员应定期进行体检，预防异地病原体传入，避免发生相互交叉感染。体检应以常规项目为主，并根据施工人员健康状况和当地疫情，增加有针对性的体检项目。体检工作应委托有资质的医疗卫生机构承担，对体检结果提出处理意见并妥善保存。施工区及附近地区发生疫情时，应对原住人群进行抽样体检。

工程建设各单位应建立职业卫生管理规章制度与施工人员职业健康档案，对从事尘、毒、噪声等职业危害的人员应每年进行一次职业体检，对确认职业病的职工应及时给予治疗，并调离原工作岗位。

2．施工饮用水卫生

生活饮用水水源水质应满足水利工程施工强制性条文引用的《地表水环境质量标准》（GB 3838-2002）中的要求，并且经当地卫生部门检验合格方可使用。生活饮用水水源附近不得有污染源。施工现场应定期对生活饮用水取水区、净水池（塔）、供水管道末端进行水质监测。

3．施工区环境卫生防疫

施工进场前，应对一般疫源地和传染性疫源地进行卫生清理。施工区环境卫生防疫范围应包括生活区、办公区及邻近居民区。施工生活区、办公区环境卫生防疫应包括定期防疫、消毒，建立疫情报告和环境卫生监督制度，防止自然疫源性疾病、介水传染病、虫媒传染病等疾病暴发流行。当发生疫情时，应对邻近居民区进行卫生防疫。

根据《水利血防技术导则（试行）》（SL/Z 318-2005）的规定，水利血防工程施工应根据工程所在区域的钉螺分布状况和血吸虫病流行情况，制定有关规定，采取相应的预防措施，避免参建人员被感染。在疫区施工，要采取措施，改善工作和生活环境，同时设立醒目的血防警示标志。

第八章 水利工程施工项目质量管理

第一节 施工质量保证体系的建立和运行

一、工程项目施工质量保证体系的内容和运行

根据水利部《关于贯彻质量发展纲要、提升水利工程质量实施意见》要求落实从业主体单位的质量责任制、从业单位领导责任制、从业人员责任制、质量终身责任制，要求参建各方质量体系建设的总体要求是：项目法人建立健全质量管理体系，设计、勘察和施工单位建立健全质量保证体系，监理单位建立健全质量检查体系。在工程项目施工中，完善的质量保证体系是满足用户质量要求的保证。施工质量保证体系通过对那些影响施工质量的要素进行连续评价，对建筑、安装等工作进行检查，并提供证据。质量保证体系是企业内部的一种系统的技术和管理手段；在合同环境当中，施工质量保证体系可以向建设单位（项目法人）证明，施工单位具有足够的管理和技术上的能力，保证全部施工是在严格的质量管理中完成的，进而取得建设单位（项目法人）的信任。

质量保证体系是为了保证某项产品或某项服务能满足给定的质量要求的体系，包括质量方针和目标，以及为实现目标所建立的组织结构系统、管理制度办法、实施计划方案和必要的物质条件组成的整体。质量保证体系运行包括该体系全部有目标、有

计划的系统活动。其内容主要包括以下几个方面。

（一）施工项目质量目标

施工项目质量保证体系必须有明确的质量目标，并符合项目质量总目标的要求；要以工程承包合同为基本依据，逐级分解目标以形成在合同环境下的项目施工质量保证体系的各级质量目标。施工项目质量目标的分解主要从两个角度展开，即：从时间角度展开，实施全过程的管理；从空间角度展开，实现全方位和全员的质量目标管理。

（二）施工项目质量计划

施工项目质量保证体系应有可行的质量计划。质量计划应根据企业的质量手册和项目质量目标来编制。施工项目质量计划可以按内容分为施工质量工作计划和施工质量成本计划。施工质量工作计划主要包括：质量目标的具体描述和定量描述，整个项目施工质量形成的各工作环节的责任和权限；采用的特定程序、方法和工作指导书；重要工序（工作）的试验、检验、验证和审核大纲；质量计划修订程序；为达到质量目标所采取的其他措施° 施工质量成本计划是规定最佳质量成本水平的费用计划，是开展质量成本管理的基准。质量成本可分为运行质量成本和外部质量保证成本。运行质量成本是指为运行质量体系达到和保持规定的质量水平所支付的费用，包括预防成本、鉴定成本、内部损失成本和外部损失成本。外部质量保证成本是指依据合同要求向顾客提供所需要的客观证据所支付的费用，包括了特殊的和附加的质量保证措施、程序、数据、证实试验和评定的费用。

（三）思想保证体系

用全面质量管理的思想、观点和方法，使全体人员真正树立起强烈的质量意识。主要通过树立“质量第一”的观点，增强质量意识，贯彻“一切为用户服务”的思想，来达到提高施工质量的目的。

（四）组织保证体系

工程施工质量是各项管理工作成果的综合反映，也是管理水平的具体体现。必须建立健全各级质量管理组织，分工负责，形成一个有明确任务、职责、权限、互相协调和互相促进的有机整体。组织保证体系主要由成立质量管理小组（QC 小组），健全各种规章制度，明确规定各职能部门主管人员和参与施工人员在保证和提高工程质量中所承担的任务、职责和权限，建立质量信息系统等构成内容。

（五）工作保证体系

工作保证体系主要是明确工作任务和建立工作制度，要落实在以下三个阶段：

1. 施工准备阶段的质量管理

施工准备是为整个工程施工创造条件。准备工作的好坏，不仅直接关系到工程建设能否高速、优质地完成，而且也决定了能否对工程质量事故起到一定的预防、预控作用。因此，做好施工准备的质量管理是确保施工质量的首要工作。

2. 施工阶段的质量管理

施工过程是建筑产品形成的过程，这个阶段的质量管理是确保施工质量的关键。必须加强工序管理，建立质量检查制度，严格实行自检、互检和专检，开展群众性的QC活动，强化过程管理，来确保施工阶段的工作质量。

3. 竣工验收阶段的质量管理

工程竣工验收，是指单位工程或单项工程竣工，经检查验收，移交给下一道工序或移交给建设单位。这一阶段主要应做好成品保护，严格按规范标准进行检查验收和必要的处置，不让不合格工程进入下一道工序或进入市场，并做好相关资料的收集整理和移交，建立回访制度等。

二、施工质量保证体系的运行

施工质量保证体系的运行，应以质量计划为主线，以过程管理为重心，按照PDCA循环的原理，通过计划、实施、检查和处理的步骤开展管理。质量保证体系运行状态和结果的信息应及时反馈，以便进行质量保证体系能力评价。

（一）计划

计划是质量管理的首要环节，通过计划，确定质量管理的方针、目标，以及实现方针、目标的措施和行动方案。计划包括质量管理目标的确定和质量保证工作计划。质量管理目标的确定，就是根据项目自身可能存在的质量问题、质量通病以及与国家规范规定的质量标准对比的差距，或者用户提出的更新、更高的质量要求所确定的项目在计划期应达到的质量标准。质量保证工作计划，就是为实现上述质量管理目标所采用的具体措施的计划。质量保证工作计划应做到材料、技术和组织三落实。

（二）实施

实施包含两个环节，即计划行动方案的交底和按计划规定的方法及要求展开的施工作业技术活动。首先，要做好计划的交底和落实。落实包括组织落实、技术和物资材料的落实。有关人员要经过培训、实习并经过考核合格再执行。其次，计划的执行，要依靠质量保证工作体系，也就是要依靠思想工作体系，做好教育工作；依靠组织体系，即完善组织机构、责任制、规章制度等项工作；依靠产品形成过程的质量管理体系，做好质量管理工作，来保证质量计划的执行。

（三）检查

检查就是对照计划，检查执行的情况和效果，及时发现计划执行过程中的偏差和问题。检查一般包括两个方面：一是检查是否严格执行了计划的行动方案，检查实际条件是否发生变化，总结成功执行的经验，查明没按计划执行的原因；二是检查计划执行的结果，即施工质量是否达到标准的要求，并对此进行评价和确认。

（四）处理

处理就是在检查的基础上，把成功的经验加以肯定，形成标准，以利于在今后的

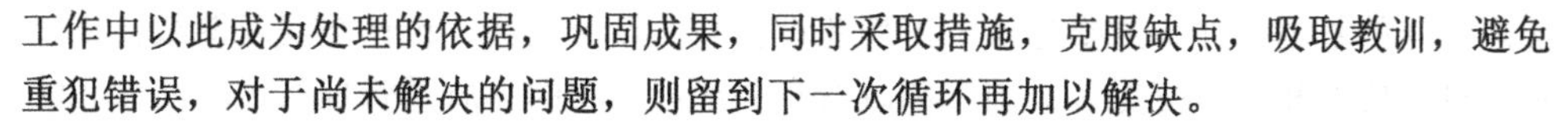

工作中以此成为处理的依据，巩固成果，同时采取措施，克服缺点，吸取教训，避免重犯错误，对于尚未解决的问题，则留到下一次循环再加以解决。

质量管理的全过程是反复按照 PDCA 的循环周而复始地运转，每运转一次，工程质量就提高一步。PDCA 循环具有大环套小环、互相衔接、互相促进及螺旋式上升，形成完整的循环和不断推进等特点。

第二节　施工阶段质量管理

一、施工质量管理的基本内容和方法

（一）施工质量管理的基本环节

施工质量管理应贯彻全面、全过程质量管理的思想，运用动态管理原理，进行质量的事前管理、事中管理和事后管理。

1. 事前质量管理

即在正式施工前进行的事前主动质保管理，通过编制施工项目质量计划，明确质量目标，制订施工方案，设置质量管理点，落实质量责任，分析可能导致质量目标偏离的各种影响因素，针对这些影响因素制定有效的预防措施并防患于未然。

2. 事中质量管理

即在施工质量形成过程中，对影响施工质量的各种因素进行全面的动态管理。事中质量管理首先是对质量活动的行为约束，其次是对质量活动过程和结果的监督管理。事中质量管理的关键是坚持质量标准，管理的重点是工序质量、工作质量和质量管理点的管理。

3. 事后质量管理

事后质量管理也称为事后质量把关，以使不合格的工序或者最终产品（包括单位工程或整个工程项目）不流入下一道工序、不进入市场。事后管理包括对质量活动结果的评价、认定和对质量偏差的纠正。管理的重点是发现施工质量方面的缺陷，并通过分析提出施工质量改进的措施，保持质量处于受控状态。

以上三大环节不是互相孤立和截然分开的，它们共同构成有机的系统过程，实质上也就是质量管理 PDCA 循环的具体化，在每一次滚动循环当中不断提高，达到质量管理的持续改进。

（二）施工质量管理的依据

1. 共同性依据

共同性依据指适用于施工阶段且与质量管理有关的通用的、具有普遍指导意义和必须遵守的基本条件。主要包括：工程建设合同；设计文件、设计交底及图纸会审记录、设计修改和技术变更等；国家和政府有关部门颁布的与质量管理有关的法律和法规性文件，如《建筑法》《招标投标法》和《建筑工程质量管理条例》等。

2. 专门技术法规性依据

专门技术法规性依据指针对不同的行业、不同质量管理对象制定的专门技术法规文件。包括规范、规程、标准、规定等，如：水利水电工程建设项目质量检验评定验收标准；水利工程强制标准；有关建筑材料、半成品和构配件的质量方面的专门技术法规性文件；有关材料验收、包装和标志等方面的技术标准和规定；施工工艺质量等方面的技术法规性文件；有关新工艺、新技术、新材料及新设备的质量规定和鉴定意见等。

（三）施工质量管理的一般方法

1. 质量文件审核

审核有关技术文件、报告或报表，是项目经理对工程质量进行全面管理的重要手段。这些文件包括：

（1）施工单位的技术资质证明文件和质量保证体系文件。

（2）施工组织设计和施工方案及技术措施。

（3）有关材料和半成品及构配件的质量检验报告。

（4）有关应用新技术、新工艺、新材料的现场试验报告及鉴定报告。

（5）反映工序质量动态的统计资料或管理图表。

（6）设计变更和图纸修改文件。

（7）有关工程质量事故的处理方案。

（8）相关方面在现场签署的有关技术签证及文件等

2. 现场质量检查

现场质量检查的内容包括：

（1）开工前的检查。主要检查是否具备开工条件，开工后是否能够保持连续正常施工，能否保证工程质量。

（2）工序交接检查。对于重要的工序或对工程质量有重大影响的工序，应严格执行“三检”制度，即自检、互检、专检：未经监理工程师（或建设单位技术负责人）检查认可，不得进行下一道工序施工。

（3）隐蔽工程的检查，施工中凡是隐蔽工程必须检查认证后方可进行隐蔽掩盖。

（4）停工后复工的检查一因客观因素停工或处理质量事故等停工复工时，经检查认可后方能复工。

（5）分项、分部工程完工后的检查。应经检查认可，并且签署验收记录后，才能进行下一工程项目的施工。

（6）成品保护的检查检查成品有无保护措施以及保护措施是否有效可靠。

现场质量检查的方法主要有目测法、实测法和试验法等：

（1）目测法。即凭借感官进行检查，也称观感质量检验其手段可概括为“看、摸、敲、照”四个字，所谓看，就是根据质量标准要求进行外观检查例如，对混凝土衬砌的表面，检查浆砌石的错缝搭接，粉饰面颜色是否良好、均匀，工人的操作是否正常，混凝土外观是否符合要求等。摸，就是通过触摸手感进行检查、鉴别。例如，油漆的光滑度，掉粉、掉渣情况、粗糙程度等。敲，即运用敲击工具进行音感检查，例如，对地面工程、装饰工程中的饰面等，均应进行敲击检查。照，就是通过人工光源或反射光照射，检查难以看到或光线较暗的部位。例如，管道井、电梯井等内的管线、设备安装质量，装饰吊顶内连接及设备安装质量等。

（2）实测法。就是通过实测数据与施工规范、质量标准的要求及允许偏差值进行对照，以此判断质量是否符合要求。其手段可概括为“量、靠、套、吊”四个字。量，就是指用测量工具和计量仪表等检查断面尺寸、轴线、标高、湿度、温度等的偏差。例如，混凝土拌和料的温度，混凝土坍落度的检测等。靠，就是用直尺、塞尺检查诸如墙面、地面、路面等的平整度。套，就是以方尺套方，辅以塞尺检查。例如，对阴阳角的方正、预制构件的方正、门窗口及构件的对角线检查等。吊，就是利用托线板以及线锤吊线检查垂直度。例如砌体垂直度检查、闸门导轨安装的垂直度检查等。

（3）试验法。是指通过必要的试验手段对质量进行判断的检查方法。主要包括：

①理化试验。工程中常用的理化试验包括力学性能、物理性能方面的检验和化学成分及其含量的测定等两个方面。力学性能的检验如各种力学指标的测定，包括抗拉强度、抗压强度、抗弯强度、抗折强度、冲击韧性、硬度、承载力等。各种物理性能方面的测定，如密度、含水量、凝结时间、安定性及抗渗、耐磨及耐热性能等。化学成分及其含量的测定如钢筋中的磷、硫含量，混凝土中粗骨料中的活性氧化硅成分，以及耐酸、耐碱、抗腐蚀性等。此外，根据规定有时还需进行现场试验，例如，对桩或地基的静载试验、下水管道的通水试验、压力管道的耐压试验、防水层的蓄水或淋水试验等。

②无损检测。利用专门的仪器仪表从表面探测结构物、材料、设备的内部组织结构或损伤情况。常用的无损检测方法有超声波探伤、X 射线探伤及 Y 射线探伤等。

二、施工准备的质量管理

（一）合同项目开工条件的准备

1. 承包人组织机构和人员

在合同项目开工前，承包人应向监理人呈报其实施工程承包合同的现场组织机构表及各主要岗位的人员的主要资历，监理机构在总监理工程师主持下进行认真审查。施工单位按照投标承诺，组织现场机构，配备有类似工程长期经历和丰富经验的项目负责人、技术负责人、质量管理人员等技术与管理人员，并配备有能力对工程进行有效监督的工长和领班，投入顺利履行合同义务所需的技工和普工。

（1）项目经理资格

施工单位项目经理是施工单位驻工地的全权负责人，必须持有相应水利水电建造师执业资格证书和安全考核合格证书，并具有类似工程的长期经历和丰富经验，必须要胜任现场履行合同的职责要求。

（2）技术管理人员和工人资格

必须向工地派遣或雇用技术合格和数量足够的下述人员：

①具有相应岗位资格的水利工程施工技术管理人员，如材料员、质检员、资料员、安全员、施工员等职业资格岗位人员。

②具有相应理论、技术知识和施工经验的各类专业技术人员及有能力进行现场施工管理和指导施工作业的工长。

③具有合格证明的各类专业技工和普工，技术岗位和特殊工种的工人均必须持有通过国家或有关部门统一考试或考核的资格证明，经监理机构审查合格者才准上岗，如爆破工、电工、焊工、登高架子工、起重工等工种均要求持相应职业技能岗位证书上岗。

同时，监理机构对未经批准人员的职务不予确认，对不具备上岗资格的人员完成的技术工作不予承认。监理机构根据施工单位人员在工作中的实际表现，要求施工单位及时撤换不能胜任工作或玩忽职守或监理机构认为由于其他原因不应该留在现场的人员。未经监理机构同意，不应允许这些人员重新从事该工程的工作。

（二）工地试验室和试验计量设备准备

试验检测是对工程项目的材料质量、工艺参数和工程质量进行有效管理的重要途径。施工单位检测试验室必须具备与所承包工程相适应并满足合同文件和技术规范、规程、标准要求的检测手段和资质。工地建立的试验室包括试验设备和用品、试验人员数量和专业水平，核定其试验方法和程序等。在见证取样情况下进行各项材料试验，并为现场监理人进行质量检查和检验提供必要的试验资料与成果。主要建设内容：

（1）检测试验室的资质文件（包括资格证书、承担业务范围及计量认证文件等的复印件）。

（2）检测试验室人员配备情况（姓名、性别、岗位工龄、学历、职务、职称、专业或工种）。

（3）检测试验室仪器设备清单（仪器设备名称、规格型号、数量、完好情况及其主要性能），仪器仪表的率定及检验合格证。

（4）各类检测、试验记录表和报表的式样。

（5）检测试验人员守则及试验室工作规程

（6）其他需要说明的情况或者监理部根据合同文件规定要求报送的有关材料。

（三）施工设备

（1）进场施工设备的数量和规格、性能以及进场时间是否符合施工合同约定要求。

（2）禁止不符合要求的设备投入使用并及时撤换。在施工过程中，对施工设备及时进行补充、维修、维护，满足施工需要。

（3）旧施工设备进入工地前，承包人应向监理提供该设备的使用和检修记录，以及具有设备鉴定资格的机构出具的检修合格证。经监理机构认可，方可进场。

（4）承包人从其他人处租赁设备时，则应在租赁协议书中明确规定。若在协议书有效期内发生承包人违约解除合同时，发包人或者发包人邀请的其他承包人可以相同条件取得其使用权。

（四）对基准点、基准线和水准点的复核和工程放线

根据项目法人提供的测量基准点、基准线和水准点及其平面资料，以及国家测绘标准和本工程精度要求，测设自己的施工管理网，并将资料报送监理人审批。待工程完工后完好地移交给发包人承包人应做好施工过程中的全部施工测量工作，包括地形测量、放样测量、断面测量、支付收方测量和验收测量等，并配置合格的人员、仪器、设备和其他物品。在各项目施工测量前，还应将所采取措施的报告报送监理人审批施工项目机构应负责管理好施工管理网点，若有丢失或损坏，应及时修复工程完工后应完好地移交给发包人。

（五）原材料、构配件及施工辅助设施的准备

进场的原材料、构配件的质量、规格、性能应符合有关技术标准和技术条款的要求，原材料的储存量应满足工程开工及随后施工的需要。

根据工程需要建设砂石料系统、混凝土拌与系统以及场内道路、供水、供电、供风等施工辅助设施。

（六）熟悉施工图纸，进行技术交底

施工承包人在收到监理人发布的施工图后，在用于正式施工之前应注意以下几个问题：

（1）检查该图纸是否已经监理人签字。

（2）熟悉施工图建筑物、设备、管线等工程对象的尺寸、布置、选用材料、构造、相互关系、施工及安装质量要求的详细图纸和说明，图纸有无正式的签署，供图是否及时，是否与招标图纸一致（如不一致是否有设计变更），施工图中的各种技术要求是否切实可行，是否存在不便于施工或不能施工的技术要求，各专业图纸的平面、立面、剖面图之间是否有矛盾，几何尺寸、平面位置、标高等是否一致，标注是否有遗漏，地基处理的方法是否合理。

（3）对施工图做仔细的检查和研究：内容和之前所述检查和研究的结果可能有以下几种情况：

①图纸正确无误，承包人应立即按施工图的要求组织实施，研究详细的施工组织和施工技术保证措施，安排机具、设备、材料、劳动力、技术力量进行施工。

②发现施工图纸中有不清楚的地方或有可疑的线条、结构、尺寸等，或施工图上有互相矛盾的地方，承包人应向监理人提出“澄清要求”，待这些疑点澄清之后再进行施工。

监理人在收到承包人的“澄清要求”后，应及时与设计单位联系，并对“澄清要

求”及时予以答复。

③根据施工现场的特殊条件、承包人的技术力量、施工设备和经验，认为对图纸中的某些方面可以在不改变原来设计图纸和技术文件的原则的前提下，进行一些技术修改，使施工方法更为简便，结构性能更为完善，质量更有保证，且并不影响投资和工期，此时，承包人可提出“技术修改”建议。

这种“技术修改”可直接由监理人处理、并且将处理结果书面通知设计单位驻现场代表。

（4）如果发现施工图与现场的具体条件，如地质、地形条件等有较大差别，难以按原来的施工图纸进行施工，此时，承包人可提出“现场设计变更建议”。

（七）施工组织设计的编制

施工组织设计是水利水电工程设计文件的重要组成部分，是工程建设和施工管理的指导性文件，认真做好施工组织设计，对整体优化设计方案、合理组织工程施工、保证工程质量、缩短建设周期、降低工程造价都有十分重要的作用。

在施工投标阶段，施工单位根据招标文件中规定的施工任务、技术要求、施工工期及施工现场的自然条件，结合本单位的人员、机械设备、技术水平和经验，在投标书中编制了施工组织设计。对拟承包工程作出了总体部署，如工程准备采用的施工方法、施工工序、机械设计和技术力量的配置，内部的质量保证系统和技术保证措施。施工单位中标并签订合同后，这一施工组织设计也就成了施工合同文件的重要组成部分。在施工单位接到开工通知后，按合同规定时间，进一步地提交更为完备、具体的施工组织设计，并征得监理机构的批准。

三、施工过程的质量管理

（一）技术交底

做好技术交底是保证施工质量的重要措施之一。项目开工前应该由项目技术负责人向承担施工的负责人或分包人进行书面技术交底，技术交底资料应办理签字手续并归档保存。每一分部工程开工前均应进行作业技术交底。技术交底书应由施工项目技术人员编制，并经项目技术负责人批准实施。技术交底的内容主要包括：任务范围、施工方法、质量标准和验收标准，施工中应注意的问题，可能出现意外的措施及应急方案，文明施工和安全防护措施以及成品保护要求等。技术交底应围绕施工材料、机具、工艺、工法、施工环境和具体的管理措施等方面进行，应明确具体的步骤、方法、要求和完成的时间等技术交底的形式有书面、口头、会议、挂牌、样板及示范操作等。

（二）工序施工质量管理

施工过程由一系列相互联系与制约的工序构成。工序是人、材料、机械设备、施工方法和环境因素对工程质量综合起作用的过程，所以对施工过程的质量管理，必须以工序质量管理为基础和核心。因此，工序的质量管理是施工阶段质量管理的重点。

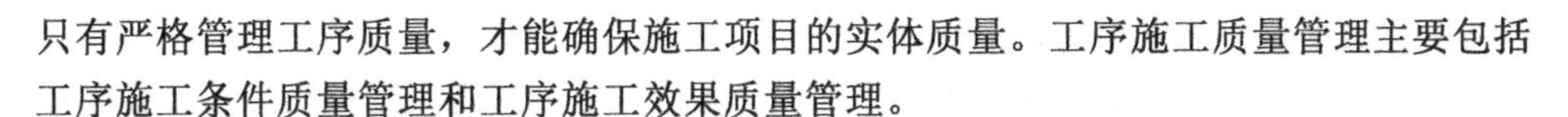

只有严格管理工序质量，才能确保施工项目的实体质量。工序施工质量管理主要包括工序施工条件质量管理和工序施工效果质量管理。

1. 工序施工条件质量管理

工序施工条件是指从事工序活动的各生产要素质量及生产环境条件。工序施工条件质量管理就是管理工序活动的各种投入要素质量和环境条件质量。管理的手段主要有检查、测试、试验、跟踪监督等。管理的依据主要是设计质量标准、材料质量标准、机械设备技术性能标准、施工工艺标准及操作规程等。

2. 工序施工效果质量管理

工序施工效果主要反映工序产品的质量特征和特性指标。对工序施工效果的质量管理就是管理工序产品的质量特征和特性指标能否达到设计质量标准以及施工质量验收标准的要求。工序施工效果质量管理属于事后质量管理，其管理的主要途径是实测获取数据、统计分析所获取的数据、判断认定质量等级和纠正质量偏差。

（三）4M1E 的质量管理

“人、材料、机械、方法、环境”是影响工程质量的五个因素，事前有效管理这些因素的质量是确保工程施工阶段质量的关键，也是监理人进行质量管理过程当中的主要任务之一。

1. 人的质量管理

工程质量取决于工序质量和工作质量，工序质量又取决于工作质量，而工作质量直接取决于参与工程建设各方所有人员的技术水平、文化修养、心理行为、职业道德、质量意识、身体条件等因素。

这里所指的人员包括施工承包人的操作、指挥及组织者。

“人”作为管理的对象。要避免产生失误，要充分调动人的积极性，以发挥“人是第一因素”的主导作用。要本着适才适用、扬长避短的原则来管理人的使用。

2. 原材料与工程设备的质量管理

工程项目是由各种建筑材料、辅助材料、成品、半成品、构配件以及工程设备等构成的实体，这些材料、构配件本身的质量及其质量管理工作，对工程质量具有十分重要的影响。由此可见，材料质量及工程设备是工程质量的基础，材料质量及工程设备不符合要求，工程质量也就不可能符合标准。

承包人还应按合同规定的技术标准进行材料的抽样检验和工程设备的检验测试，并应将检验成果提交给现场监理人，现场监理人应按合同规定参加交货验收，承包人应为其监督检查提供一切方便。

发包人负责采购的工程设备，应由发包人（或发包人委托监理人）和承包人在合同规定的交货地点共同进行交货验收，由发包人正式移交给承包人。在验收时，承包人应按现场监理人的批示进行工程设备的检验测试，并将检验结果提交现场监理人。工程设备安装后，若发现工程设备存在缺陷，应由现场监理人和承包人共同查找原因，如属设备制造不良引起的缺陷，应由发包人负责；如属承包人运输和保管不慎或安装不良引起的损坏，应由承包人负责。

如果承包人使用了不合格的材料、工程设备和工艺，并造成工程损害时，监理人可以随时发出指示，要求承包人立即改正，并采取措施补救，直至彻底清除工程的不合格部位以及不合格的材料和工程设备。若承包人无故拖延或拒绝执行监理人的上述指令，则发包人可按承包人违约处理，发包人有权委托其他承包人，其违约责任应由承包人承担。

《进场材料质量检验报告单》《水利水电工程砂料、粗骨料质量评定表》及《建筑材料质量检验合格证》均按一式 4 份报送 3 监理部完成认证手续后，返回施工单位 2 份，以作为工程施工基础资料和质量检验的依据。分部工程或单位工程验收时，施工单位按竣工资料要求将该资料归档。

材料质量检验方法分为书面检验、外观检验、理化检验和无损检验等四种。

（1）书面检验。指通过对提供的材料质量保证资料、试验报告等进行审核，取得认可方能使用。

（2）外观检验。指对材料从品种、规格、标志、外形尺寸等进行直观检验，看其有无质量问题。

（3）理化检验。指在物理、化学等方法的辅助下的量度。它借助于试验设备和仪器对材料样品的化学成分、机械性能等进行科学的鉴定。

（4）无损检验。指在不破坏材料样品的前提下，利用超声波、X 射线、表面探伤仪等进行检测。如超声波雷达（进行土的压实试验）及探地雷达（钢筋混凝土中对钢筋的探测）。

3. 永久工程设备和施工设备的质量管理

永久工程设备运输是借助于运输手段，进行有目标的空间位置的转移，最终达到施工现场。工程设备运输工作的质量直接影响工程设备使用价值的实现，进而影响工程施工的正常进行和工程质量。

永久工程设备容易因运输不当而降低甚至丧失使用价值，造成部件损坏，影响其功能和精度等。因此，应加强工程设备运输的质量管理，和发包人的采购部门一起，根据具体情况和工程进度计划，编制工程设备的运送时间表，制定出参与设备运输的有关人员的责任，使有关人员明确在运输质量保证中应做的事和应负的责任，这也是保证运输质量的前提。

施工设备选择的质量管理，主要包括设备型式的选择及主要性能参数的选择两个方面。

（1）施工设备的选型。应考虑设备的施工适用性、技术先进、操作方便、使用安全，保证施工质量的可靠性和经济上的合理性。例如，疏浚工程应根据地质条件、疏浚深度、面积及工程量等因素，分别选择抓斗式、链斗式、吸扬式、耙吸式等不同型式的挖泥船；对于混凝土工程，在选择振捣器时，应考虑工程结构的特点、振捣器功能、适用条件和保证质量的可靠性等因素，分别选择大型插入式、小型软轴式、平板式或附着式振捣器。

（2）施工设备主要性能参数的选择。应根据工程特点、施工条件和已确定的机械设备型式，来选定具体的机械例如，堆石坝施工所采用的振动碾，其性能参数主要是压实功能和生产能力，根据现场碾压试验选择振动频率。

加强施工设备操作人员的技术培训和考核，正确掌握和操作机械设备，做到定机定人，实行机械设备使用保养的岗位责任制。建立健全机械设备使用管理的各种规章制度，如人机固定制度、操作证制度、岗位责任制度、交接班制度、技术保养制度、安全使用制度、机械设备检查维修制度以及机械设备使用档案制度等。

对于施工设备的性能及状况，不仅在其进场时应进行考核，在使用过程中也应进行考核。在使用过程中，由于零件的磨损、变形、损坏或松动，会降低效率和性能，从而影响施工质量。对施工设备特别是关键性的施工设备的性能和状况定期进行考核。例如，对吊装机械等必须定期进行无负荷试验、加荷试验及其他测试，以检查其技术性能、工作性能、安全性能和工作效率。发现问题时，应及时分析原因，采取适当措施，以保证设备性能的完好。

4. 施工方法的质量管理

这里所指的施工方法的质量管理，包含工程项目整个建设周期内所采取的技术方案、工艺流程、组织措施、检测手段、施工组织设计等的管理。

施工方案合理与否、施工方法和工艺先进与否，均会对施工质量产生极大的影响，是直接影响工程项目的进度管理、质量管理、投资管理三大目标能否顺利实现的关键。在施工实践中，由于施工方案考虑得不周、施工工艺落后而造成的施工进度迟缓，质量下降，增加投资等情况时有发生。

5. 环境因素的质量管理

影响工程项目质量的施工环境因素较多，主要有技术环境、施工管理环境及自然环境。技术环境因素包括施工所用的规程、规范、设计图纸及质量评定标准。

施工管理环境因素包括质量保证体系、“三检制”、质量管理制度、质量签证制度及质量奖惩制度等。

自然环境因素包括工程地质、水文、气象等。

上述环境因素对施工质量的影响具有复杂而多变的特点，尤其是某些环境因素更是如此，如气象条件就是千变万化，温度、大风、暴雨、酷暑、严寒等均影响到施工质量。要根据工程特点和具体条件，采取了有效的措施，严格管理影响质量的环境因素，确保工程项目质量。

（四）质量管理点的设置

施工承包人在施工前全面、合理地选择质量管理点。必要时，应对质量管理实施过程进行跟踪检查或旁站监督，以确保质量管理点的实施质量。

设置质量管理点的对象，主要有下列几方面：

（1）关键的分项工程，如大体积混凝土工程、土石坝工程的坝体填筑工程、隧洞开挖工程等。

（2）关键的工程部位，如混凝土面板堆石坝面板趾板及周边缝的接缝、土基上水闸的地基基础，预制框架结构的梁板节点、关键设备的设备基础等。

（3）薄弱环节。指经常发生或容易发生质量问题的环节，或施工承包人施工无把握的环节，或采用新工艺（新材料）施工环节等。

（4）关键工序。如钢筋混凝土工程的混凝土振捣，灌注桩的钻孔，隧洞开挖的钻孔布置、方向、深度、用药量及填塞等。

（5）关键工序的关键质量特性。如混凝土的强度、土石坝的干密度等。

（6）关键质量特性的关键因素。如冬季混凝土强度的关键因素是环境（养护温度），支模的稳定性的关键是支撑方法，泵送混凝土输送质量的关键是机械等。

将质量管理点区分为质量检验见证点和质量检验待检点。所谓见证点，是指承包人在施工过程中达到这一类质量检验点时，应事先书面通知监理人到现场见证，观察和检查承包人的实施过程。然而，在监理人接到通知后未能在约定时间到场的情况下，承包人有权继续施工。例如，在建筑材料生产时，承包人应事先书面通知监理人对采石场的采石、筛分进行见证。当生产过程的质量较为稳定时，监理人可以到场见证，也可以不到场见证。承包人在监理人不到场的情况下可继续生产，然而需做好详细的施工记录，供监理人随时检查。在混凝土生产过程中，监理人不一定对每一次拌和都到场检验混凝土的温度、坍落度、配合比等指标，而可以由承包人自行取样，并做好详细的检验记录，供监理人检查。然而，在混凝土强度等级改变或发现质量不稳定时，监理人可以要求承包人事先书面通知监理人到场检查，否则不应该开拌，此时，这种质量检验点就成了待检点。

对于某些更为重要的质量检验点，必须在监理人到场监督、检查的情况下承包人才能进行检验，这种质量检验点称为待检点。例如，在混凝土工程中，由基础面或混凝土施工缝处理，模板、钢筋、止水、伸缩缝和坝体排水管安装及混凝土浇筑等工序构成混凝土单元工程，其中每一道工序都应由监理人进行检查认证，每一道工序检验合格后才能进入下一道工序。根据承包人以往的施工情况，有的可能在模板架立上容易发生漏浆或模板走样事故，有的可能在混凝土浇筑方面经常出现问题。此时，即可以选择模板架立或混凝土浇筑作为待检点，承包人必须事先书面通知监理人，并在监理人到场进行检查监督的情况下，才能进行施工，隐蔽工程覆盖前的验收和混凝土工程开仓前的检验，也可以认为是待检点。

第三节　工程质量统计与分析

利用质量数据和统计分析方法进行项目质量管理是管理工程质量的重要手段。通常通过收集和整理质量数据进行统计分析比较，找出生产过程的质量规律，判断工程产品质量状况，发现存在的质量问题，找出引起质量问题的原因，并及时采取措施，预防和纠正质量事故，使工程质量始终处于受控状态。

一、质量数据的类型及其波动

（一）质量数据的类型

质量数据按其自身特征，可分为计量值数据和计数值数据；按其收集目的又可分为管理性数据和验收性数据。

（1）计量值数据。指可以连续取值的连续型数据。如长度、重量、面积、标高等质量特征，一般都是可以用量测工具或仪器等量测的，通常都带有小数点。

（2）计数值数据。指不连续的离散型数据。如不合格产品数、不合格构件数等，这些反映质量状况的数据是不能用量测器具来度量的，采用计数的办法，只能出现0、1、2等非负数的整数。

（3）管理性数据。一般以工序作为研究对象，是为分析、预测施工过程是否处于稳定状态而定期随机地抽样检验获得的质量数据。

（4）验收性数据。指以工程的最终实体内容为研究对象，以分析、判断其质量是否达到技术标准或用户的要求，而采取随机抽样检验获取的质量数据。

（二）质量数据的波动

在工程施工过程中经常可看到在相同的设备、原材料、工艺及操作人员条件下，生产的同一种产品的质量不同，反映在质量数据上，即具有波动性，其影响因素有偶然性因素和系统性因素两大类。

偶然性因素引起的质量数据波动属于正常波动，偶然性因素是无法或难以管理的因素，所造成的质量数据的波动量不大，没有倾向性，作用都是随机的，工程质量只有偶然性因素影响时，生产才处于稳定状态。

由系统性因素造成的质量数据波动属于异常波动，系统因素是可管理、易消除的因素，这类因素不经常发生，但具有明显的倾向性。质量管理的目的就是要找出出现异常波动的原因，即系统性因素是什么，并且加以排除，使质量只受偶然性因素的影响。

（三）质量数据的收集和样本数据特征

质量数据的收集总的要求应当是随机地抽样，即整批数据中每一个数据都有被抽到的相同机会。常用的方法有随机法、系统抽样法、二次抽样法和分层抽样法。

为了进行统计分析和运用特征数据对质量进行管理，经常要使用许多统计特征数据统计特征数据主要有均值、中位数、极值、极差、标准偏差、变异系数，其中均值、中位数表示数据集中的位置；极差、标准偏差及变异系数表示数据的波动情况，即分散程度。

二、质量管理的统计方法

通过对质量数据的收集、整理和统计分析，找出质量的变化规律和存在的质量问题，提出进一步的改进措施，这种运用数学工具进行质量管理的方法是所有涉及质量管理的人员所必须掌握的，它可以使质量管理工作定量化和规范化D下面介绍在质量管理中常用的几种数学工具及方法。

（一）分层法

由于工程质量形成的影响因素多，因此对工程质量状况的调查和质量问题的分析，必须分门别类地进行，以便准确有效地找出问题及其原因所在，这就是分层法基本思想。

分层法的实际应用关键是调查分析的类别和层次划分根据管理需要和统计目的，通常可按照以下分层方法取得原始数据：

（1）按施工时间分，如月、日、上午、下午、白天、晚间、季节。

（2）按地区部位分，如城市、乡村、上游、下游、左岸、右岸。

（3）按产品材料分，如产地、厂商、规格、品种。

（4）按检测方法分，如方法、仪器、测定人、取样方式。

（5）按作业组织分，如工法、班组、工长、工人、分包商。

（6）按工程类型分，如土石坝、混凝土重力坝、水闸、渠道、隧洞。

（7）按合同结构分，如总承包、专业分包、劳务分包。

经过第一次分层调查和分析，找出主要问题以后，还可以针对这个问题再次分层进行调查分析，一直到分析结果满足管理需要为止。层次类别划分越明确、越细致，就越能够准确有效地找出问题及其原因所在。

（二）因果分析图法

因果分析图法也称为鱼刺图或质量特性要因分析法，其基本原理是对每一个质量特性或问题，采用鱼骨图分析，逐层深入排查可能原因，之后确定其中的最主要原因，进行有的放矢的处置和管理。

（三）排列图法

在质量管理过程中，通过抽样检查或检验试验所得到的质量问题、偏差、缺陷及不合格等统计数据，以及造成质量问题的原因分析统计数据，均可采用排列图法进行状况描述，它具有直观、主次分明的特点。

（四）直方图法

直方图法的主要用途如下：①整理统计数据，了解统计数据的分布特征，即数据分布的集中或离散状况，从中掌握质量能力状态。②观察分析生产过程质量是否处于正常、稳定和受控状态以及质量水平是否保持在公差允许的范围内。

直方图有以下几种类型。

（1）正常型。说明生产过程正常，质量稳定。

（2）锯齿型。原因一般是分组不当或者组距确定不当。

（3）峭壁型。一般是剔除下限以下的数据造成的。

（4）孤岛型。一般是材质发生变化或他人临时替班造成的。

（5）双峰型。把两种不同的设备或工艺的数据混在一起造成的。

（6）缓坡型。生产过程中有缓慢变化的因素起主导作用。

应用直方图法应注意以下事项：

（1）直方图是属于静态的，不能反映质量的动态变化。

（2）画直方图时，数据不能太少，通常应大于 50 个数据，否则画出的直方图难以正确反映总体的分布状态。

（3）直方图出现异常时，应注意将收集的数据分层，然后再画出直方图。

（4）直方图呈正态分布时，可求平均值和标准差。

（五）管理图法

管理图又称为管理图法，它是一种有管理界限的图，用来区分引起质量波动的原因是偶然的还是系统的，可以提供系统原因存在的信息，从而判断生产过程是否处于受控状态。管理图按其用途可分为两类：一类是供分析用的管理图，用管理图分析生产过程中有关质量特性值的变化情况，看工序是否处于稳定受控状态；另一类是供管理用的管理图，主要用于发现施工生产过程是否出现了异常情况，来预防施工产生不合格品。

（六）相关图法

相关图法又称散布图法，是用直角坐标图来表示两个与质量相关的因素之间的相互关系以进行质量管理的方法。产品质量与影响质量的因素之间，或者两种质量特性之间、两种影响因素之间，常有一定的相互关系。将有关的各对数据，用点子填列在直角坐标图上，就能分析判断它们之间有无相关关系以及相关的程度。运用这种关系，就能对产品或工序进行有效的管理，相关图可分正相关、负相关、非线性相关和无相关几种。

第四节　水利工程施工质量事故处理

水利工程质量事故是指在水利工程建设过程中，由于建设管理、监理、勘测、设计、咨询、施工、材料、设备等原因造成工程质量不符合规程规范和合同规定的质量标准，影响工程使用寿命和对工程安全运行造成隐患和危害的事件。需要注意的是，水利工程质量事故可以造成经济损失，也可以同时造成人身伤亡。这里主要是指没有造成人身伤亡的质量事故。

一、质量事故的分类

根据《水利工程质量事故处理暂行规定》，工程质量事故按直接经济损失的大小，检查、处理事故对工期的影响时间长短和对工程正常使用的影响，分为一般质量事故、较大质量事故、重大质量事故、特大质量事故，其中：

（1）一般质量事故指对工程造成一定经济损失，经处理后不影响正常使用且不影响使用寿命的事故。

（2）较大质量事故指对工程造成较大经济损失或延误较短工期，经处理后不影响正常使用但对工程使用寿命有一定影响的事故。

（3）重大质量事故指对工程造成重大经济损失或延误较长工期，经处理后不影响正常使用但如工程使用寿命有较大影响的事故。

（4）特大质量事故指对工程造成特大经济损失或长时间延误工期，经处理仍对正常使用与工程使用寿命有较大影响的事故。

（5）小于通常质量事故的质量问题称为质量缺陷。

二、事故报告内容

事故发生后，事故单位要严格保护现场，采取有效措施抢救人员和财产，防止事故扩大。因抢救人员、疏导交通等原因需移动现场物件时，应做出标志、绘制现场简图并做出书面记录，妥善保管现场重要痕迹、物证，并进行拍照或录像。

发生质量事故后，项目法人必须将事故的简要情况向项目主管部门报告。项目主管部门接到事故报告后，按照管理权限向上级水行政主管部门报告一发生（发现）较大质量事故、重大质量事故、特大质量事故，事故单位要在48 h之内向有关单位提出书面报告。有关事故报告应包括以下主要内容：

（1）工程名称、建设地点、工期、项目法人、主管部门及负责人电话。

（2）事故发生的时间、地点、工程部位以及相应的参建单位名称。

（3）事故发生的简要经过、伤亡人数和直接经济损失的初步估计。

（4）事故发生原因初步分析。

（5）事故发生后采取的措施及事故管理情况。

（6）事故报告单位、负责人以及联络方式。

三、施工质量事故处理

因质量事故造成人员伤亡的，应遵从国家和水利部伤亡事故处理的有关规定。其中，质量事故处理的基本要求如下：发生质量事故，必须坚持“事故原因不查清楚不放过、主要事故责任者和职工未受教育不放过、补救和防范措施不落实不放过”的原则（简称“三不放过原则”），认真调查事故原因，研究处理措施，查明事故的责任，做好事故处理工作。

（一）质量事故处理职责划分

发生质量事故后，必须针对事故原因提出工程处理方案，经有关单位审定后实施。其中：

（1）一般质量事故，由项目法人负责组织有关单位制订处理方案并实施，报上

级主管部门备案。

（2）较大质量事故，由项目法人负责组织有关单位制订处理方案，经上级主管部门审定后实施，报省级水行政主管部门或流域备案。

（3）重大质量事故，由项目法人负责组织有关单位提出处理方案，征得事故调查组意见后，报省级水行政主管部门或流域机构审定后实施。

（4）特大质量事故，由项目法人负责组织有关单位提出处理方案，征得事故调查组意见后，报省级水行政主管部门或流域机构审定后实施，并且报水利部备案。

（二）事故处理中设计变更的管理

事故处理需要进行设计变更的，需原设计单位或有资质的单位提出设计变更方案。需要进行重大设计变更的，必须经原设计审批部门审定后实施。

事故部位处理完毕后，必须按照管理权限经过质量评定与验收后，才可投入使用或进入下一阶段施工。

（三）质量缺陷的处理

所谓质量缺陷，是指小于一般质量事故的质量问题，即因特殊原因，使得工程个别部位或局部达不到规范和设计要求（不影响使用），且未能及时进行处理的工程质量问题（质量评定仍为合格）。根据水利部《关于贯彻落实〈国务院批转国家计委、财政部、水利部、建设部关于加强公益性水利工程建设管理若干意见的通知〉的实施意见》，水利工程实行水利工程施工质量缺陷备案以及检查处理制度。

（1）对因特殊原因，使得工程个别部位或局部达不到规范和设计要求（不影响使用），且未能及时进行处理的工程质量缺陷问题（质量评定仍为合格），必须以工程质量缺陷备案形式进行记录备案。

（2）质量缺陷备案的内容包括质量缺陷产生的部位、原因，对质量缺陷是否处理和如何处理以及对建筑物使用的影响等。内容必须真实、全面、完整，参建单位（人员）必须在质量缺陷备案表上签字，有不同意见应明确记载。

（3）质量缺陷备案资料必须按竣工验收的标准制备，作为工程竣工验收备查资料存档。质量缺陷备案表由监理单位组织填写。

（4）工程项目竣工验收时，项目法人必须要向验收委员会汇报并提交历次质量缺陷的备案资料。

第五节　施工质量评定

为加强水利水电工程建设质量管理，保证工程施工质量，统一施工质量检验与评定方法，使施工质量检验与评定工作标准化、规范化，水利部制定了《水利水电工程施工质量检验与评定规程》（SL 176-2007）本规程适用于大中型水利水电工程及坝高30 m以上的水利枢纽工程、4级以上的堤防工程、总装机10 MW以上的水电站、小(1)型以上的水闸工程等小型水利水电工程施工质量检验与评定。其他小型工程可参照执行。

一、水利水电工程项目划分

水利水电工程质量检验与评定应当进行项目划分。项目按级划分为单位工程、分部工程、单元（工序）工程等三级。

工程中永久房屋（管理设施用房）、专用公路、专用铁路等工程项目，可以按相关行业标准划分和确定项目名称。

（一）项目划分原则

水利水电工程项目划分应结合工程结构特点、施工部署及施工合同要求进行，划分结果应有利于保证施工质量以及施工质量管理。

1. 单位工程项目划分原则

（1）枢纽工程，一般以每座独立的建筑物为一个单位工程。当工程规模大之时，可将一个建筑物中具有独立施工条件的一部分划分为一个单位工程。

（2）堤防工程，按招标标段或工程结构划分单位工程。可将规模较大的交叉联结建筑物及管理设施以每座独立的建筑物划分为一个单位工程。

（3）引水（渠道）工程，按招标标段或工程结构划分单位工程。可以将大中型（渠道）建筑物以每座独立的建筑物划分为一个单位工程。

（4）除险加固工程，按招标标段或加固内容，并结合工程量划分单位工程。

2. 分部工程项目划分原则

（1）枢纽工程，土建部分按设计的主要组成部分划分；金属结构及启闭机安装工程和机电设备安装工程按组合功能划分。

（2）堤防工程，按长度或功能划分。

（3）引水（渠道）工程中的河（渠）道按施工部署或长度划分。大中型建筑物按工程结构主要组成部分划分。

（4）除险加固工程，按加固内容或部位划分。

（5）同一单位工程中，各个分部工程的工程量（或投资）不宜相差太大，每个单位工程中的分部工程数目不宜少于5个。

工程量不宜相差太大是指同种类分部工程（如几个混凝土分部工程）工程量差值不超过50%，投资不宜相差太大是指不同种类分部工程（如混凝土分部工程、砌石分部工程、闸门及启闭机安装分部工程等）的投资差值不应超过1倍。

3. 单元工程项目划分原则

（1）按《水利水电单元工程施工质量验收评定标准》（SL 631～637-2012，以下简称《单元工程评定标准》）规定进行划分。

（2）河（渠）道开挖、填筑及衬砌单元工程划分界限宜设在变形缝或结构缝处，长度一般不大于100 m。同一分部工程中各单元工程的工程量（或投资）不宜相差太大。

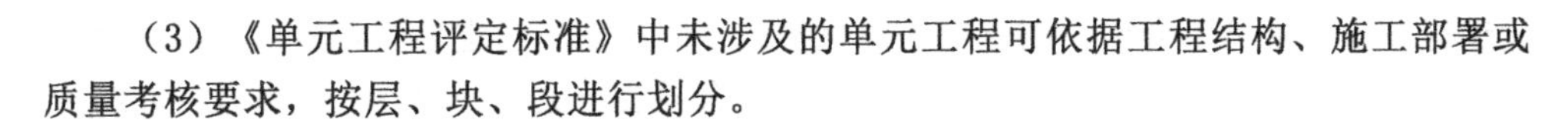

（3）《单元工程评定标准》中未涉及的单元工程可依据工程结构、施工部署或质量考核要求，按层、块、段进行划分。

（二）项目划分组织

由项目法人组织监理、设计及施工等单位进行工程项目划分，并确定主要单位工程、主要分部工程、重要隐蔽单元工程和关键部位单元工程。项目法人在主体工程开工前将项目划分表及说明书面报相应工程质量监督机构来确认。

工程质量监督机构收到项目划分书面报告后，应当在 14 个工作日内对项目划分进行确认并将确认结果书面通知项目法人。

工程实施过程中，需对单位工程、主要分部工程、重要隐蔽单元工程和关键部位单元工程的项目划分进行调整时，项目法人应重新报送工程质量监督机构确认。

二、水利水电工程施工质量检验的要求

（一）施工质量检验的基本要求

（1）承担工程检测业务的检测机构应具有水行政主管部门颁发的资质证书。

（2）工程施工质量检验中使用的计量器具、试验仪器仪表及设备应定期进行检定，并具备有效的检定证书。国家规定需强制检定的计量器具应经县级以上计量行政部门认定的计量检定机构或其授权设置的计量检定机构进行检定。

（3）检测人员应熟悉检测业务，了解被检测对象性质和所用仪器设备性能，经考核合格后，持证上岗。参与中间产品及混凝土（砂浆）试件质量资料复核的人员应具有工程师以上工程系列技术职称，并且从事过相关试验工作。

（4）工程质量检验项目和数量应符合《单元工程评定标准》规定。工程质量检验方法应符合《单元工程评定标准》和国家及行业现行技术标准的有关规定。

（5）工程项目中如遇《单元工程评定标准》中尚未涉及的项目质量评定标准，其质量标准及评定表格由项目法人组织监理、设计及施工单位按水利部有关规定进行编制和报批。

（6）工程中永久性房屋、专用公路、专用铁路等项目的施工质量检验与评定可以按相应行业标准执行。

（7）项目法人、监理、设计、施工和工程质量监督等单位根据工程建设需要，可委托具有相应资质等级的水利工程质量检测机构进行工程质量检测。施工单位自检性质的委托检测项目及数量，按《单元工程评定标准》及施工合同约定执行。对已建工程质量有重大分歧时，由项目法人委托第三方具有相应资质等级的质量检测机构进行检测，检测数量视需要确定，检测费用要由责任方承担。

（8）对涉及工程结构安全的试块、试件及有关材料，应实行见证取样。见证取样资料由施工单位制备，记录应真实齐全，参与见证取样人员应在相关文件上签字。

（9）工程中出现检验不合格的项目时，按以下规定进行处理：

①原材料、中间产品一次抽样检验不合格时，应及时对同一取样批次另取两倍数

量进行检验。如仍不合格，则该批次原材料或中间产品应当定为不合格，不得使用。

②单元（工序）工程质量不合格时，应按合同要求进行处理或返工重做，并经重新检验且合格后方可进行后续工程施工。

③混凝土（砂浆）试件抽样检验不合格时，应委托具有相应资质等级的质量检测机构对相应工程部位进行检验，如仍不合格，由项目法人组织有关单位进行研究，并提出处理意见。

④工程完工后的质量抽检不合格，或者其他检验不合格的工程，应按有关规定进行处理，合格后才能进行验收或后续工程施工。

（二）施工过程中参建单位的质量检验职责的主要规定

（1）施工单位应当依据工程设计要求、施工技术标准和合同约定，结合《单元工程评定标准》的规定确定检验项目及数量并进行自检，自检过程应当有书面记录，同时结合自检情况如实填写《水利水电工程施工质量评定表》。

（2）监理单位应根据《单元工程评定标准》和抽样检测结果复核工程质量。其平行检测和跟踪检测的数量按监理规范或合同约定执行。

（3）项目法人应对施工单位自检和监理单位抽检过程进行督促检查，对工程质量监督机构核备、核定的工程质量等级进行认定。

（4）工程质量监督机构应对项目法人、监理、勘测、设计、施工单位及工程其他参建单位的质量行为和工程实物质量进行监督检查。检查结果应当按有关规定及时公布，并书面通知有关单位。

（5）临时工程质量检验及评定标准，由项目法人组织监理、设计及施工等单位根据工程特点，参照《单元工程评定标准》和其他相关标准确定，并且报相应的工程质量监督机构核备。

（三）施工过程中质量检验内容的主要要求

（1）质量检验包括施工准备检查，原材料与中间产品质量检验，水工金属结构、启闭机及机电产品质量检查，单元（工序）工程质量检验，质量事故检查和质量缺陷备案，工程外观质量检验等。

（2）主体工程开工前，施工单位应组织人员对施工准备进行检查，并经项目法人或监理单位确认合格且履行相关手续后，才能进行主体工程施工。

（3）施工单位应按《单元工程评定标准》及有关技术标准对水泥、钢材等原材料与中间产品质量进行检验，并报监理单位复核。不合格产品不得使用。

（4）水工金属结构、启闭机及机电产品进场后，有关单位应按有关合同进行交货检查和验收。安装前，施工单位应检查产品是否有出厂合格证、设备安装说明书及有关技术文件，对在运输和存放过程中发生的变形、受潮及损坏等问题应做好记录，并进行妥善处理。无出厂合格证或不符合质量标准的产品不得用于工程中。

（5）施工单位应按《单元工程评定标准》检验工序及单元工程质量，做好书面记录，在自检合格后，填写《水利水电工程施工质量评定表》报监理单位复核监理单位根据抽检资料核定单元（工序）工程质量等级发现不合格单元（工序）工程，应要求施工单位及时进行处理，合格后才能进行后续单元工程施工对施工中的质量缺陷应书面记录备案，进行必要的统计分析，并在相应单元（工序）工程质量评定表“评定意见”栏内注明。

（6）施工单位应及时将原材料、中间产品及单元（工序）工程质量检验结果报监理单位复核，并且应按月将施工质量情况报送监理单位，由监理单位汇总分析后报项目法人和工程质量监督机构。

三、水利水电工程施工质量评定标准

水利水电工程施工质量等级分为“合格”“优良”两级。合格标准是工程验收标准，是对施工管理质量的最基本要求，优良等级是为工程项目质量创优而设置的。为了鼓励包括施工单位在内的项目参建单位创造更好的施工质量和工程质量，全国和地方（部门）的建设主管部门或行业协会设立了各种优质工程奖，例如中国水利工程优质（大禹）奖（简称大禹工程奖）是水利工程行业优质工程的最高奖项，评选标准是以工程质量为主，兼顾工程建设管理、工程效益及社会影响等因素，由中国水利工程协会（简称中水协）组织评选。

（一）水利水电工程施工质量等级评定的主要依据

（1）国家及相关行业技术标准。

（2）《单元工程评定标准》。

（3）经批准的设计文件、施工图纸、金属结构设计图样与技术条件、设计修改通知书、厂家提供的设备安装说明书及有关技术文件。

（4）工程承发包合同中约定的技术标准。

（5）工程施工期及试运行期的试验和观测的分析成果。

（二）单元（工序）工程质量等级评定标准

《水利水电基本建设工程单元工程质量等级评定标准》是单元工程质量等级标准。

（1）《水利水电工程单元工程施工质量验收评定标准——土石方工程》（SL 631-2012。

（2）《水利水电工程单元工程施工质量验收评定标准——混凝土工程》（SL 632-2012）。

（3）《水利水电工程单元工程施工质量验收评定标准——地基处理与基础工程》（SL 633-2012）。

（4）《水利水电工程单元工程施工质量验收评定标准——堤防工程》（SL 634-2012）。

（5）《水利水电工程单元工程施工质量验收评定标准——水工金属结构安装工程》（SL 635-2012）。

（6）《水利水电工程单元工程施工质量验收评定标准 —— 水轮发电机组安装工程》（SL 636-2012）。

（7）《水利水电工程单元工程施工质量验收评定标准 —— 水力机械辅助设备系统安装工程》（SL 637-2012）。

该标准将质量检验项目统一为主控项目、一般项目（主控项目，对单元工程功能起决定作用或对安全、卫生、环境保护有重大影响的检验项目；通常项目，除主控项目外的检验项目）。

单元工程是日常工程质量考核的基本单位，它是以有关设计、施工规范为依据的，其质量评定一般不超出这些规范的范围。

（三）单元（工序）质量评定的主要要求

（1）单元工程按工序划分情况，分为划分工序单元工程和不划分工序单元工程。

划分工序单元工程应先进行工序施工质量验收评定。在工序验收评定合格和施工项目实体质量检验合格的基础上，进行单元工程施工质量验收评定。

不划分工序单元工程的施工质量验收评定，在单元工程中所包含的检验项目检验合格和施工项目实体质量检验合格的基础上进行。

（2）工序和单元工程施工质量等各类项目的检验，应该采用随机布点和监理工程师现场指定区位相结合的方式进行。检验方法及数量应符合相关标准的规定。

（3）工序和单元工程施工质量验收评定表及其备查资料的制备由工程施工单位负责，其规格宜采用国际标准 A4 纸（210 mm×297 mm），验收评定表一式 4 份，备查资料一式 2 份，其中验收评定表及其备查资料 1 份应该由监理单位保存，其余应由施工单位保存。

（四）工序施工质量验收评定的主要要求

1. 单元工程中的工序分类

单元工程中的工序分为主要工序和通常工序。

2. 工序施工质量验收评定的条件

工序施工质量验收评定应具备以下条件：

（1）工序中所有施工项目（或施工内容）已完成，现场具备验收条件。

（2）工序中所包含的施工质量检验项目经施工单位自检全部合格。

3. 工序施工质量验收评定的程序

工序施工质量验收评定应按以下程序进行：

（1）施工单位应首先对已经完成的工序施工质量按标准进行自检，并做好检验记录。

（2）施工单位自检合格后，应填写工序施工质量验收评定表，质量责任人履行相应签认手续后，向监理单位申请复核。

（3）监理单位收到申请后，应在 4 h 内进行复核。复核内容包括：

①核查施工单位报验资料是否真实、齐全。

②结合平行检测和跟踪检测结果等，复核工序施工质量检验项目是否符合标准的要求。

③在施工单位提交的工序施工质量验收评定表中填写复核记录，并签署工序施工质量评定意见，核定工序施工质量等级，相关的责任人履行相应签认手续。

4. 工序施工质量验收评定的资料

工序施工质量验收评定应包括下列资料：

（1）施工单位报验时，应提交下列资料：

①各班、组的初检记录、施工队复检记录、施工单位专职质检员终检记录。

②工序中各施工质量检验项目的检验资料。

③施工单位自检完成后，填写的工序施工质量验收评定表。

（2）监理单位应提交下列资料：

①监理单位对工序中施工质量检验项目的平行检测资料（包括跟踪检测）。

②监理工程师签署质量复核意见的工序施工质量验收评定表。

5. 评定标准

工序施工质量验收评定分为合格和优良两个等级，其标准如下列：

（1）合格等级标准：

①主控项目，检验结果应全部符合标准的要求。

②一般项目，逐项应有 70% 及以上的检验点合格，并且不合格点不应集中。

③各项报验资料应符合标准要求。

（2）优良等级标准：

①主控项目，检验结果应全部符合标准的要求。

②一般项目，逐项应有 90% 及以上的检验点合格，且不合格点不应集中。

③各项报验资料应符合标准要求。

（五）单元工程施工质量验收评定主要要求

1. 单元工程施工质量验收评定的条件

单元工程施工质量验收评定应具备以下条件：

（1）单元工程所含工序（或所有施工项目）已完成，施工现场具备验收的条件。

（2）已完工序施工质量经验收评定全部合格，有关质量缺陷已处理完毕或有监理单位批准的处理意见。

2. 单元工程施工质量验收评定的程序

单元工程施工质量验收评定应按以下程序进行：

（1）施工单位应首先对已经完成的单元工程施工质量进行自检，并填写检验记录。

（2）施工单位自检合格后，应该填写单元工程施工质量验收评定表，向监理单位申请复核。

（3）监理单位收到申请后，应在 8 h 内进行复核。复核内容包括：

①核查施工单位报验资料是否真实、齐全。

②对照施工图纸及施工技术要求，结合平行检测和跟踪检测结果等，复核单元工程质量是否达到标准要求。

③检查已完单元工程遗留问题的处理情况，在施工单位提交的单元工程施工质量验收评定表中填写复核记录，并签署单元工程施工质量评定意见，评定单元工程施工质量等级，相关责任人履行相应地签认手续。

④对验收中发现的问题提出处理意见。

3. 单元工程施工质量验收评定的资料

单元工程施工质量验收评定应包括下列资料：

（1）施工单位申请验收评定时，应提交下列资料：

①单元工程中所含工序（或检验项目）验收评定的检验资料。

②各项实体检验项目的检验记录资料。

③施工单位自检完成后，填写的单元工程施工质量验收评定表。

（2）监理单位应提交下列资料：

①监理单位对单元工程施工质量的平行检测资料。

②监理工程师签署质量复核意见的单元工程施工质量验收评定表。

4. 划分工序单元工程施工质量评定标准

划分工序单元工程施工质量评定分为合格与优良两个等级，其标准如下：

（1）合格等级标准：

①各工序施工质量验收评定应全部合格。

②各项报验资料应符合标准要求。

（2）优良等级标准：

①各工序施工质量验收评定应全部合格，其中优良工序应达到50%及以上，并且主要工序应达到优良等级。

②各项报验资料应符合标准要求。

5. 不划分工序单元工程施工质量评定标准

不划分工序单元工程施工质量评定分为合格和优良两个等级，其标准如下：

（1）合格等级标准：

①主控项目，检验结果应全部符合标准的要求。

②一般项目，逐项应有70%及以上的检验点合格，且不合格点不应该集中。

③各项报验资料应符合标准要求。

（2）优良等级标准：

①主控项目，检验结果应全部符合标准的要求。

②一般项目，逐项应有90%及以上的检验点合格，且不合格点不应集中。

③各项报验资料应符合标准要求：

6. 单元（工序）工程施工质量合格标准

（1）单元（工序）工程施工质量评定标准按照《单元工程评定标准》或合同约

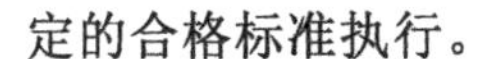

定的合格标准执行。

（2）单元（工序）工程质量达不到合格标准时，要及时处理，处理后的质量等级按下列规定重新确定：

①全部返工重做的，可重新评定质量等级经检验达到优良标准时，可评为优良等级。

②经加固补强并经设计和监理单位鉴定能达到设计要求时，其质量评为合格。

③处理后的工程部分质量指标仍达不到设计要求时，经设计复核，项目法人及监理单位确认能满足安全和使用功能要求的，可不再进行处理；或经加固补强后，改变了外形尺寸或造成工程永久性缺陷的，经项目法人、监理及设计单位确认能基本满足设计要求的，其质量可定为合格，但应按规定进行质量缺陷备案。

7. 单元（工序）工程质量评定组织

（1）单元（工序）工程质量在施工单位自评合格后，报监理单位复核，由监理工程师核定质量等级并签证认可。

（2）重要隐蔽单元工程及关键部位单元工程质量经施工单位自评合格、监理单位抽检后，由项目法人（或委托监理）、监理、设计、施工、工程运行管理（施工阶段已经有时）等单位组成联合小组，共同检查核定其质量等级并且填写签证表，报工程质量监督机构核备。

四、分部工程、单位工程、工程项目评定标准

（一）分部工程施工质量标准

1. 分部工程施工质量合格标准

（1）所含单元工程的质量全部合格。质量事故和质量缺陷已按要求处理，并经检验合格。

（2）原材料、中间产品及混凝土（砂浆）试件质量全部合格，金属结构及启闭机制造质量合格，机电产品质量合格。

2. 分部工程施工质量优良标准

（1）所含单元工程质量全部合格，其中 70% 以上达到优良等级，主要单元工程以及重要隐蔽单元工程（关键部位单元工程）质量优良率达 90% 以上，且未发生过质量事故。

（2）中间产品质量全部合格，混凝土（砂浆）试件质量达到优良等级（当试件组数小于 30 时，试件质量合格）。原材料质量、金属结构以及启闭机制造质量合格，机电产品质量合格。

（二）单位工程施工质量标准

1. 单位工程施工质量合格标准

（1）所含分部工程质量全部合格。

（2）质量事故已按要求进行处理。

（3）工程外观质量得分率达到 70% 以上。

（4）单位工程施工质量检验与评定资料基本齐全。

（5）工程施工期及试运行期，单位工程观测资料分析结果符合国家和行业技术标准及合同约定的标准要求。

2. 单位工程施工质量优良标准

（1）所含分部工程质量全部合格，其中 70% 以上达到优良等级，主要分部工程质量全部优良，且施工中未发生过较大质量事故。

（2）质量事故已按要求进行处理。

（3）外观质量得分率达到 85% 以上。

（4）单位工程施工质量检验与评定资料齐全。

（5）工程施工期及试运行期，单位工程观测资料分析结果符合国家与行业技术标准以及合同约定的标准要求。

（三）工程项目施工质量标准

1. 工程项目施工质量合格标准

（1）单位工程质量全部合格。

（2）工程施工期及试运行期，各个单位工程观测资料分析结果均符合国家和行业技术标准以及合同约定的标准要求。

2. 工程项目施工质量优良标准

（1）单位工程质量全部合格，其中 70% 之上单位工程质量达到优良等级，且主要单位工程质量全部优良。

（2）工程施工期及试运行期，各单位工程观测资料分析结果均符合国家和行业技术标准以及合同约定的标准要求。

第九章　水利工程施工进度、成本及验收

第一节　水利工程施工进度控制

一、施工进度计划的作用和类型

（一）施工进度计划的作用

施工进度计划具有以下作用：

（1）控制工程的施工进度，使之按期或提前竣工，并且交付使用或投入运转。

（2）通过施工进度计划的安排，加强工程施工的计划性，使施工能均衡、连续、有节奏地进行。

（3）从施工顺序和施工进度等组织措施上保证工程质量和施工安全。

（4）合理使用建设资金、劳动力、材料和机械设备，达到多、快、好及省地进行工程建设的目的。

（5）确定各施工时段所需的各类资源的数量，为施工准备提供依据。

（6）施工进度计划是编制更细一层进度计划（如月和旬作业计划）的基础。

（二）施工进度计划的类型

施工进度计划按编制对象的大小和范围不同可分成施工总进度计划、单项工程施

工进度计划、单位工程施工进度计划、分部工程施工进度计划和施工作业计划。下列只对常见的几种进度计划作一概述。

1. 施工总进度计划

施工总进度计划是以整个水利水电枢纽工程为编制对象，拟定出其中各个单项工程和单位工程的施工顺序及建设进度，以及整个工程施工前的准备工作和完工后的结尾工作的项目与施工期限。因此，施工总进度计划属于轮廓性（或控制性）的进度计划，在施工过程中主要控制和协调各单项工程或单位工程的施工进度。

施工总进度计划的任务是：分析工程所在地区的自然条件、社会经济资源、影响施工质量与进度的关键因素，确定关键性工程的施工分期和施工程序，并协调安排其他工程的施工进度，使整个工程施工前后兼顾、互相衔接、均衡生产，从而最大限度地合理使用资金、劳动力、设备、材料，在保证工程质量和施工安全的前提之下，按时或提前建成投产。

2. 单项工程施工进度计划

单项工程进度计划是以枢纽工程中的主要工程项目（如大坝、水电站等单项工程）为编制对象，并将单项工程划分成单位工程或分部、分项工程，拟定出其中各项目的施工顺序和建设进度以及相应的施工准备工作内容与施工期限。它以施工总进度计划为基础，要求进一步从施工程序、施工方法和技术供应等条件上，论证施工进度的合理性和可靠性，尽可能组织流水作业，并研究加快施工进度和降低工程成本的具体措施。反过来，又可根据单项工程进度计划对施工总进度计划进行局部微调或修正，并且编制劳动力和各种物资的技术供应计划。

3. 单位工程施工进度计划

单位工程进度计划是以单位工程（如土坝的基础工程、防渗体工程、坝体填筑工程等）为编制对象，拟定出其中各分部、分项工程的施工顺序、建设进度以及相应的施工准备工作内容和施工期限，它以单项工程进度计划为基础进行编制，属于实施性进度计划。

4. 施工作业计划

施工作业计划是以某一施工作业过程（即分项工程）为编制对象，制定出该作业过程的施工起止日期以及相应的施工准备工作内容和施工期限。它是最具体的实施性进度计划。在施工过程中，为了加强计划管理工作，各施工作业班组都应在单位（单项）工程施工进度计划的要求下，编制出年度、季度或逐月（旬）的作业计划。

二、施工总进度计划的编制

施工总进度计划是项目工期控制的指挥棒，是项目实施的依据和向导。编制施工总进度计划必须遵循相关的原则，并准备翔实可靠的原始资料，按照一定的方法去编制。

1. 施工总进度计划的编制原则

编制施工总进度计划应遵循以下原则：

认真贯彻执行党的方针政策、国家法令法规、上级主管部门对本工程建设的指示和要求。

加强与施工组织设计及其他各专业的密切联系，统筹考虑，以关键性工程的施工分期和施工程序为主导，协调安排其他各单项工程的施工进度。同时进行必要的多方案比较，从中选择最优方案。

在充分掌握及认真分析基本资料的基础上，尽可能采用先进的施工技术和设备，最大限度地组织均衡施工，力争全年施工，加快施工进度。同时，应做到实事求是，并留有余地，保证工程质量和施工安全。当施工情况发生变化时，要及时调整和落实施工总进度。

充分重视和合理安排准备工程的施工进度。在主体工程开工前，相应各项准备工作应基本完成，为主体工程开工和顺利进行创造条件。

对高坝、大库容的工程，应研究分期建设或者分期蓄水的可能性，尽可能地减少第一批机组投产前的工程投资。

（二）施工总进度计划的编制方法

1. 基本资料的收集和分析

在编制施工总进度计划之前和编制过程中，要收集和不断完善编制施工总进度所需的基本资料。这些基本资料主要有：

（1）上级主管部门对工程建设的指示和要求，有关工程的合同协议。如设计任务书，工程开工、竣工、投产的顺序和日期，对施工承建方式和施工单位的意见，工程施工机械化程度、技术供应等方面的指示，国民经济各部门对施工期间防洪、灌溉、航运、供水、过木等要求。

（2）设计文件和有关的法规、技术规范、标准。

（3）工程勘测和技术经济调查资料。如地形、水文、气象资料，工程地质与水文地质资料，当地建筑材料资料，工程所在地区和库区的工矿企业、矿产资源、水库淹没和移民安置等资料。

（4）工程规划设计和概预算方面的资料。例如工程规划设计的文件和图纸、主管部门的投资分配和定额资料等。

（5）施工组织设计其他部分对施工进度的限制和要求。如施工场地情况、交通运输能力、资金到位情况、原材料及工程设备供应情况、劳动力供应情况、技术供应条件、施工导流与分期、施工方法与施工强度限制以及供水、供电、供风和通信情况等。

（6）施工单位施工技术与管理方面的资料、已建类似工程的经验及施工组织设计资料等。

（7）征地及移民搬迁安置情况。

（8）其他有关资料。如环境保护、文物保护和野生动物保护等。

收集了以上资料后，应着手对各部分资料进行分析和比较，找出控制进度的关键因素。尤其是施工导流与分期的划分，截流时段的确定，围堰挡水标准的拟定，大坝的施工程序及施工强度、加快施工进度的可能性，坝基开挖顺序及施工方法、基础处理方法和处理时间，各主要工程所采用的施工技术与施工方法、技术供应情况及各部分施工的衔接，现场布置与劳动力、设备、材料的供应与使用等。只有把这些基本情况搞清楚，并理顺它们之间的关系，才可能作出既符合客观实际又要满足主管部门要求的施工总进度安排。

2. 施工总进度计划的编制步骤

（1）划分并列出工程项目

总进度计划的项目划分不宜过细。列项时，应根据施工部署中分期、分批开工的顺序和相互关联的密切程度依次进行，防止漏项，突出每一个系统的主要工程项目，分别列入工程名称栏内。对于一些次要的零星项目，则可合并到其他项目中去。例如河床中的水利水电工程，若按扩大单项工程列项，可以有准备工作、导流工程、拦河坝工程、溢洪道工程、引水工程、电站厂房、升压变电站、水库清理工程及结束工作等。

（2）计算工程量

工程量的计算一般应根据设计图纸、工程量计算规则及有关定额手册或资料进行。其数值的准确性直接关系到项目持续时间的误差，进而影响进度计划的准确性。当然，设计深度不同，工程量的计算（估算）精度也不一样。在有设计图的情况下，还要考虑工程性质、工程分期、施工顺序等因素，分别按土方、石方、混凝土、水上、水下、开挖、回填等不同情况，分别计算工程量。有时，为分期、分层或分段组织施工的需要，应分别计算不同高程（如对大坝）、不同桩号（如对渠道）的工程量，作出累计曲线，以便分期、分段组织施工。计算工程量常采用列表的方式进行。工程量的计量单位要与使用的定额单位相吻合。

（3）计算各项目的施工持续时间

确定进度计划中各项工作的作业时间是计算项目计划工期的基础。在工作项目的实物工程量一定的情况下，工作持续时间与安排在工程上的设备水平、人员技术水平、人员与设备数量、效率等有关。在现阶段，工作项目持续的时间的确定方法主要有下述几种。

①按实物工程量和定额标准计算

根据计算出的实物工程量，应用相应的标准定额资料，就可以计算或估算各项目的施工持续时间 t：

$$t=\frac{Q}{mnN}$$

式中 Q —— 项目的实物工程量。

m —— 日工作班制，m=1、2、3。

n —— 每班工作的人数或机械设备台数。

N —— 人工或机械台班产量定额（用概算定额或扩大指标）。

②套用工期定额法

对于总进度计划中大“工序”的持续时间，通常采用国家制定的各类工程工期定额，并根据具体情况进行适当调整或修改。

③三时估计法

有些工作任务没有确定的实物工程量，或不能用实物工程量来计算工时，也没有颁布的工期定额可套用，例如试验性工作或采用新工艺、新技术、新结构、新材料的工程。此时，可采用“三时估计法”计算该项目的施工持续的时间 t：

$$t=\frac{t_a+4t_m+t_b}{6}$$

式中 t_a —— 最乐观的估计时间，即最紧凑的估计时间。

t_b—— 最悲观的估计时间，即最松动的估计时间。

t_m —— 最可能的估计时间。

（4）分析确定项目之间的逻辑关系

项目之间的逻辑关系取决于工程项目的性质和轻重缓急、施工组织、施工技术等许多因素，概括说来分为两大类。

工艺关系，即由施工工艺决定的施工顺序关系。在作业内容、施工技术方案确定的情况下，这种工作逻辑关系是确定的，不得随意更改。例如一般土建工程项目，应按照先地下后地上、先基础后结构、先土建后安装再调试、先主体后围护（或装饰）的原则安排施工顺序。现浇柱子的工艺顺序为：扎柱筋→支柱模→浇筑混凝土→养护和拆模。土坝坝面作业的工艺顺序为：铺土→平土→晾晒或洒水→压实→刨毛。它们在施工工艺上，都有必须遵循的逻辑顺序，违反这种顺序将付出额外的代价甚至造成巨大损失。

组织关系，即由施工组织安排决定的施工顺序关系。如工艺上没有明确规定先后顺序关系的工作，由于考虑到其他因素（如工期、质量、安全、资源限制、场地限制等）的影响而人为安排的施工顺序关系，均属此类。例如由导流方案所形成的导流程序，决定了各控制环节所控制的工程项目，从而也就决定了这些项目的衔接顺序。再如，采用全段围堰隧洞导流的导流方案时，通常要求在截流以前完成隧洞施工、围堰进占、库区清理、截流备料等工作，由此形成了相应的衔接关系。又如，由于劳动力的调配、施工机械的转移、建筑材料的供应和分配、机电设备进场等原因，安排一些项目在先，另一些项目滞后，均属组织关系所决定的顺序关系。由组织关系所决定的衔接顺序，一般是可以改变的。只要改变相应的组织安排，有关的项目衔接顺序就会发生相应的变化。

项目之间的逻辑关系，是科学地安排施工进度的基础，应逐项研究，仔细确定。

（5）初拟施工总进度计划

通过对项目之间进行逻辑关系分析，掌握工程进度的特点，理清工程进度的脉络之后，就可以初步拟订出一个施工进度方案。在初拟进度时，一定要抓住关键，分清主次，理清关系，互相配合，合理安排。要特别注意把与洪水有关、受季节性限制较严、施工技术比较复杂的控制性工程的施工进度安排好。

对于堤坝式水利水电枢纽工程，其关键项目一般位于河床，故施工总进度的安排应以导流程序为主要线索。先将施工导流、围堰截流、基坑排水、坝基开挖、基础处理、施工度汛、坝体拦洪、下闸蓄水、机组安装和引水发电等关键性控制进度安排好，其中应包括相应的准备、结束工作和配套辅助工程的进度。这样，构成的总的轮廓进度即进度计划的骨架。然后，再配合安排不受水文条件控制的其他工程项目，形成了整个枢纽工程的施工总进度计划草案。

需要注意的是，在初拟控制性进度计划时，对于围堰截流、拦洪度汛、蓄水发电等这样一些关键项目，一定要进行充分论证，并落实相关措施。否则，如果延误了截流时机，影响了发电计划，对工期的影响和造成国民经济的损失往往是非常巨大的。

对于引水式水利水电工程，有时引水建筑物的施工期限成为控制总进度的关键，此时总进度计划应以引水建筑物为主来进行安排，其他项目的施工进度要和之相适应。

（6）调整和优化

初拟进度计划形成以后，要配合施工组织设计其他部分的分析，对一些控制环节、关键项目的施工强度、资源需用量、投资过程等重大问题进行分析计算。若发现主要工程的施工强度过大或施工强度很不均衡（此时也必然引起资源使用的不均衡）时，就应进行调整和优化，使新的计划更加完善，更加切实可行。

必须强调的是，施工进度的调整及优化往往要反复进行，工作量大而枯燥。现阶段已普遍采用优化程序进行电算。

（7）编制正式施工总进度计划

经过调整优化后的施工进度计划，可以作为设计成果整理以后提交审核。施工进度计划的成果可以用横道进度表（又称横道图或甘特图）的形式表示，也可以用网络图（包括时标网络图）的形式表示。此外还应提交有关主要工种工程施工强度、主要资源需用强度和投资费用动态过程等方面的成果。

第二节　水利工程施工成本管理

一、施工成本管理的任务与措施

（一）施工成本管理的任务

施工成本是指在建设工程项目的施工过程中所发生的全部生产费用的总和，包括消耗的原材料、辅助材料、构配件等费用，周转材料的摊销费或租赁费，施工机械的使用费或租赁费，支付给生产工人的工资、资金、工资性质的津贴等，以及进行施工组织与管理所发生的全部费用支出。建设工程项目施工成本由直接成本和间接成本组成。

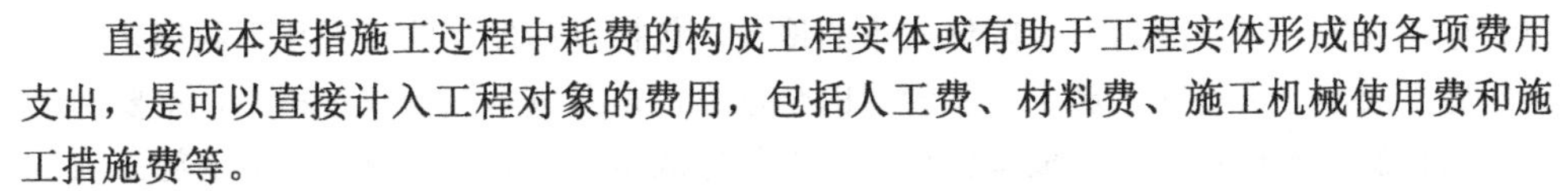

直接成本是指施工过程中耗费的构成工程实体或有助于工程实体形成的各项费用支出，是可以直接计入工程对象的费用，包括人工费、材料费、施工机械使用费和施工措施费等。

间接成本是指为施工准备、组织和管理施工生产的全部费用的支出，是非直接用于也无法直接计入工程对象，但是为进行工程施工所必须发生的费用，包括管理人员工资、办公费、差旅交通费等。

施工成本管理就是要在保证工期和质量满足要求的情况下，采取相应管理措施（包括组织措施、经济措施、技术措施、合同措施），把成本控制在计划范围内，并进一步寻求最大程度的成本节约。

1. 施工成本预测

施工成本预测是根据成本信息和施工项目的具体情况，运用一定的专门方法，对未来的成本水平及其可能发展趋势作出科学的估计，其是在工程施工以前对成本进行的估算。通过成本预测，满足业主和本企业要求的前提下，选择成本低、效益好的最佳方案，加强成本控制，克服盲目性，提高了预见性。

2. 施工成本计划

施工成本计划是以货币形式编制施工项目的计划期内的生产费用、成本水平、成本降低率，以及为降低成本所采取的主要措施和规划的书面方案，它是建立施工项目成本管理责任制，开展成本控制和核算的基础，它是该项目降低成本的指导性文件，是设立目标成本的依据。可以说，施工成本计划是目标成本一种形式。

3. 施工成本控制

施工成本控制是指在施工过程中，对影响施工成本的各种因素加强管理，并采取各种有效措施，将施工中实际发生的各种消耗和支出严格控制在成本计划范围内，随时揭示并及时反馈，严格审查各项费用是否符合标准，计算实际成本和计划成本之间的差异并进行分析，进而采取多种措施，消除施工中的损失浪费现象。

建设工程项目施工成本控制应贯穿于项目从投标阶段开始直至竣工验收的全过程，它是企业全面成本管理的重要环节。施工成本控制可分为事先控制、事中控制（过程控制）和事后控制。在项目的施工过程中，需按动态控制原理对实际施工成本的发生过程进行有效控制。

4. 施工成本核算

施工成本核算包括两个基本环节：一是按照规定的成本开支范围对施工费用进行归集和分配，计算出施工费用的实际发生额；二是根据成本核算对象，采用适当的方法，计算出该施工项目的总成本和单位成本。施工成本管理需要正确及时地核算施工过程中发生的各项费用，计算施工项目的实际成本。施工项目成本核算所提供的各种成本信息，是成本预测、成本计划、成本控制、成本分析及成本考核等各个环节的依据。

5. 施工成本分析

施工成本分析是在施工成本核算的基础上，对成本的形成过程和影响成本升降的因素进行分析，以寻求进一步降低成本的途径，包括有利偏差的挖掘和不利偏差的纠正。施工成本分析贯穿于施工成本管理的全过程，是在成本的形成过程中，主要利用施工项目的成本核算资料（成本信息），与目标成本、预算成本以及类似的施工项目的实际成本等进行比较，了解成本的变动情况，同时也要分析主要技术经济指标对成本影响，系统地研究成本变动的因素，检查成本计划的合理性，并通过成本分析，深入揭示成本变动规律，寻找降低施工项目成本的途径，以便有效地进行成本控制。成本偏差的控制，分析是关键，纠偏是核心，要针对分析得出的偏差发生原因，采取切实措施，加以纠正。

成本偏差分为局部成本偏差和累计成本偏差。局部成本偏差包括项目的月度（或周、天等）核算成本偏差、专业核算成本偏差以及分部分项作业成本偏差等；累计成本偏差是指已完工程在某一时间点上实际总成本与相应的计划总成本的差异。分析成本偏差的原因，应采取定性与定量相结合的方法。

6. 施工成本考核

施工成本考核是指在施工项目完成后，对施工项目成本形成中的各责任者，按施工项目成本目标责任制的有关规定，将成本的实际指标与计划、定额、预算进行对比和考核，评定施工项目成本计划的完成情况和各责任者的业绩，并以此给予相应的奖励和处罚。通过成本考核，做到有奖有惩，赏罚分明，才能有效地调动每一位员工在各自的施工岗位上努力完成目标成本的积极性，为降低施工项目成本和增加企业的积累，做出自己的贡献。

施工成本管理的每一个环节都是相互联系和相互作用的。成本预测是成本决策的前提，成本计划是成本决策所确定目标的具体化。成本计划控制则是对成本计划的实施进行控制和监督，保证决策的成本目标的实现，而成本核算又是对成本计划是否实现的最后检验，它所提供的成本信息又对于下一个施工项目成本预测和决策提供基础资料。成本考核是实现成本目标责任制的保证和实现决策目标的重要手段。

（二）施工成本管理的措施

为了取得施工成本管理的理想成效，应当从多方面采取措施实施管理，通常可以将这些措施归纳为组织措施、技术措施、经济措施、合同措施。

（1）组织措施是从施工成本管理的组织方面采取的措施。施工成本控制是全员的活动，如实行项目经理责任制，落实施工成本管理的组织机构和人员，明确各级施工成本管理人员的任务和职能分工、权利和责任，施工成本管理不仅是专业成本管理人员的工作，各级项目管理人员都负有成本控制责任。

组织措施的另一方面是编制施工成本控制工作计划、确定合理详细的工作流程。要做好施工采购规划，通过生产要素的优化配置、合理使用、动态管理、有效控制实际成本；加强施工定额管理和任务单管理，控制活劳动和物化劳动的消耗；加强施工调度，避免因施工计划不周和盲目调度造成窝工损失、机械利用率降低、物料积压等而使施工成本增加；成本控制工作只有建立在科学管理的基础之上，具备合理的管理体制，完善的规章制度，稳定的作业秩序，完整准确的信息传递，才能取得成效。组

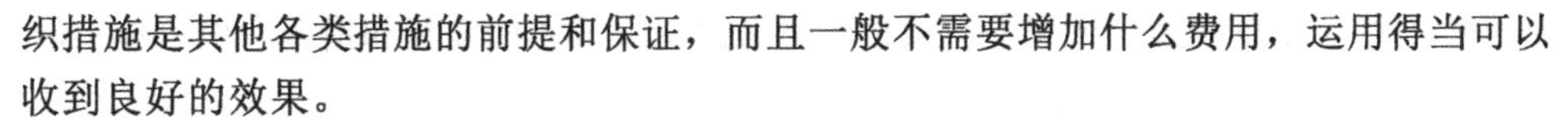

织措施是其他各类措施的前提和保证，而且一般不需要增加什么费用，运用得当可以收到良好的效果。

（2）技术措施不仅对解决施工成本管理过程中的技术问题是不可缺少的，而且对纠正施工成本管理目标偏差也有相当重要的作用。运用技术纠偏措施的关键，一是要能提出多个不同的技术方案，二是要对不同的技术方案进行技术经济分析。

施工过程中降低成本的技术措施，包括进行技术经济分析，确定最佳的施工方案。结合施工方法，进行材料使用的比选，在满足功能要求的前提之下，通过迭代、改变配合比、使用添加剂等方法降低材料消耗的费用。确定最合适的施工机械、设备的使用方案。结合项目的施工组织设计及自然地理条件，降低材料的库存成本和运输成本。先进的施工技术的应用，新材料的运用，新开发机械设备的使用等。在实践中，也要避免仅从技术角度选定方案而忽略对其经济效果的分析论证。

（3）经济措施是最易为人们所接受和采取的措施。管理人员应编制资金使用计划，确定、分解施工成本管理目标。对施工成本管理目标进行风险分析，并制定防范性对策。对各项支出，应认真做好资金的使用计划，并在施工中严格控制各项开支。及时准确地记录、收集、整理、核算实际发生的成本。对各种变更，及时做好增减账，及时落实业主签证，及时结算工资款。通过偏差分析和未完工工程预测，可发现一些潜在问题将引起未完工程施工成本的增加，对这些问题应以主动控制为出发点，及时地采取预防措施。由此可见，经济措施的运用决不仅仅是财务人员的事情。

（4）采取合同措施控制施工成本，应该贯穿整个合同周期，包括从合同谈判开始到合同终止的全过程。首先是选用合适的合同结构，对各种合同结果模式进行分析、比较，在合同谈判时，要争取选用适合于工程规模、性质和特点的合同结构模式。其次，在合同条款中应仔细考虑一切影响成本和效益的因素，特别是潜在的风险因素。通过对引起成本变动的风险因素的识别和分析，采取必要的风险对策，如通过合理的方式，增加承担风险的个体数量，降低损失发生的比例，并最终使这些策略反映在合同的具体条款中。在合同执行期间，合同管理的措施既要密切关注对方合同执行情况，与寻求合同索赔的机会、同时也要密切关注自己合同履行的情况，来避免被对方索赔。

二、施工成本计划

（一）施工成本计划的类型

对于一个施工项目而言，其成本计划的编制是一个不断深化的过程。在这一过程的不同阶段形成深度和作用不同的成本计划，按其作用可分为三类。

1. 竞争性成本计划

竞争性成本计划即工程项目投标及签订合同阶段的估算成本计划。这类成本计划是以招标文件中的合同条件、投标者须知、技术规程、设计图纸或工程量清单等为依据，以有关价格条件说明为基础，结合调研和现场考察获得的情况，根据本企业的工料消耗标准、水平、价格资料和费用指标，对本企业完成招标工程所需要支出的全部费用的估算。在投标报价过程中，虽也着力考虑降低成本的途径和措施，但总体上较为粗略。

2. 指导性成本计划

指导性成本计划即选派项目经理阶段的预算成本计划，是项目经理的责任成本目标。它是以合同标书为依据，按照企业的预算定额标准制订的设计预算成本计划，且通常情况下只是确定责任总成本指标。

3. 实施性计划成本

实施性计划成本即项目施工准备阶段的施工预算成本计划，它以项目实施方案为依据，落实项目经理责任目标为出发点，采用企业的施工定额通过施工预算的编制而形成的实施性施工成本计划。

施工预算和施工图预算虽仅一字之差，但是区别较大。

（1）编制的依据不同

施工预算的编制以施工定额为主要依据，施工图预算的编制以预算定额为主要依据，而施工定额比预算定额划分得更详细、更具体，并对其中所包括的内容，如质量要求、施工方法以及所需劳动工日、材料品种、规格型号等均有较详细的规定或要求。

（2）适用的范围不同

施工预算是施工企业内部管理用的一种文件，与建设单位无直接关系；而施工图预算既适用于建设单位，又适用于施工单位。

（3）发挥的作用不同

施工预算是施工企业组织生产、编制施工计划、准备现场材料、签发任务书、考核功效、进行经济核算的依据，它也是施工企业改善经营管理、降低生产成本和推行内部经营承包责任制的重要手段；但施工图预算则是投标报价的主要依据。

（二）施工成本计划的编制依据

施工成本计划是施工项目成本控制的一个重要环节，是实现降低施工成本任务的指导性文件。如果针对施工项目所编制的成本计划达不到目标成本要求，就必须组织施工项目管理班子的有关人员重新研究寻找降低成本的途径，重新进行编制。同时，编制成本计划的过程也是动员全体施工项目管理人员的过程，是挖掘降低成本潜力的过程，是检验施工技术质量管理、工期管理、物资消耗及劳动力消耗管理等是否落实的过程。

编制施工成本计划，需要广泛收集相关资料并进行整理，以作为施工成本计划编制的依据。在此基础上，根据有关设计文件、工程承包合同、施工组织设计、施工成本预测资料等，按照施工项目应投入的生产要素，结合各种因素的变化和拟采取的各种措施，估算施工项目生产费用支出的总水平，进而提出施工项目的成本计划控制指标，确定目标总成本。目标成本确定后，应将总目标分解落实到各个机构、班组、便于进行控制的子项目或工序。最后，通过综合平衡，编制完成施工成本计划。

施工成本计划的编制依据包括：

（1）投标报价文件。

（2）企业定额、施工预算。

（3）施工组织设计或施工方案。

（4）人工、材料、机械台班的市场价。

（5）企业颁布的材料指导价、企业内部机械台班价格、劳动力内部挂牌的价格。

（6）周转设备内部租赁价格、摊销损耗标准。

（7）已签订的工程合同、分包合同（或估价书）。

（8）结构件外加工计划和合同。

（9）有关财务成本核算制度和财务历史资料。

（10）施工成本预测资料。

（11）拟采取的降低施工成本的措施。

（12）其他相关资料。

（三）施工成本计划的编制方法

施工成本计划的编制方法有以下三种。

1. 按施工成本组成编制

建筑安装工程费用项目由分部分项工程费、措施项目费、其他项目费、规费及税金组成。

施工成本可以按成本构成分解为人工费、材料费、施工机械使用费、措施项目费及企业管理费等。

2. 按施工项目组成编制

大中型工程项目通常是由若干单项工程构成的，每个单项工程又包含若干单位工程，每个单位工程下面又包含了若干分部分项工程。因此，首先把项目总施工成本分解到单项工程和单位工程中，再进一步分解到分部工程和分项工程中。接下来就要具体地分配成本，编制分项工程的成本支出计划，从而得到详细的成本计划表。

在编制成本支出计划时，要在项目总的方面考虑总的预备费，也要在主要的分项工程中安排适当的不可预见费，避免在具体编制成本计划时，由于某项内容工程量计算有较大出入，使原来的成本预算失实。

3. 按施工进度编制

编制按工程进度的施工成本计划，通常可利用控制项目进度的网络图进一步扩充而得。即在建立网络图时，一方面确定完成各项工作所需花费的时间，另一方面确定完成这一工作的合适的施工成本支出计划。在实践中，将工程项目分解为既能方便地表示时间，又能方便地表示施工成本支出计划的工作是不容易的，通常如果项目分解程度对时间控制合适的话，则对施工成本支出计划可能分解过细，以至于不可能对每项工作确定其施工成本支出计划，反之亦然。因此，在编制网络计划时，应充分考虑进度控制对项目划分要求的。同时，还要考虑确定施工成本支出计划对项目划分的要求，做到二者兼顾。通过对施工成本目标按时间进行分解，在网络计划基础上，可获得项目进度计划的横道图，并在此基础上编制成本计划。其表示方式有两种：一种是在时标网络图上按月编制的成本计划，另一种是利用时间一成本累积曲线（S形曲线）表示。

以上三种编制施工成本计划的方式并不是相互独立的。在实践中，往往是将这几种方式结合起来使用，从而可以取得扬长避短的效果。例如将按项目分解总施工成本与按施工成本构成分解总施工成本两种方式相结合，横向按施工成本构成分解，纵向按项目分解，或相反。这种分解方式有助于检查各分部分项工程施工成本构成是否完整，有无重复计算或漏算；同时还有助于检查各项具体的施工成本支出的对象是否明确或落实，并且可以从数字上校核分解的结果有无错误。或者还可将按子项目分解总施工成本计划与按时间分解总施工成本计划结合起来，通常纵向按项目分解，横向按时间分解。

三、施工成本控制

（一）施工成本控制的依据

施工成本控制的依据包括以下内容。

1. 工程承包合同

施工成本控制要以工程承包合同为依据，围绕降低工程成本这个目标，从预算收入和实际成本两方面，努力挖掘增收节支潜力，来求获得最大的经济效益。

2. 施工成本计划

施工成本计划是根据施工项目的具体情况制订的施工成本控制方案，既包括预定的具体成本控制目标，又包括实现控制目标的措施和规划，是施工成本控制的指导性文件。

3. 进度报告

进度报告提供了每一时刻工程实际完成量、工程施工成本实际支付情况等重要信息。施工成本控制工作正是通过实际情况与施工成本计划相比较，找出二者之间的差别，分析偏差产生的原因，从而采取措施改进以后的工作。此外，进度报告还有助于管理者及时发现工程实施中存在的隐患，并且在事态还未造成重大损失之前采取有效措施，尽量避免损失。

4. 工程变更

在项目的实施过程中，由于各方面的原因，工程变更是很难避免的。工程变更一般包括设计变更、进度计划变更、施工条件变更、技术规范与标准变更、施工次序变更、工程数量变更等。一旦出现变更，工程量、工期、成本都必将发生变化，从而使得施工成本控制工作变得更加复杂和困难。因此，施工成本管理人员就应当通过对变更要求当中各类数据的计算、分析，随时掌握变更情况，包括已发生工程量、将要发生工程量、工期是否拖延、支付情况等重要信息，判断变更以及变更可能带来的索赔额度等。

除上述几种施工成本控制工作的主要依据外，有关施工组织设计、分包合同等也都是施工成本控制的依据。

（二）施工成本控制的步骤

在确定了施工成本计划之后，必须定期进行施工成本计划值与实际值的比较，当实际值偏离计划值时，分析产生偏差的原因，采取了适当的纠偏措施，以确保施工成本控制目标的实现。其步骤如下。

1. 比较

按照某种确定的方式将施工成本的计划值和实际值逐项进行比较，以发现施工成本是否超支。

2. 分析

在比较的基础上，对比较的结果进行分析，来确定偏差的严重性及偏差产生的原因。这一步是施工成本控制工作的核心，其主要目的在于找出产生偏差的原因，从而采取有针对性的措施，避免或减少相同原因的再次发生或减少由此造成的损失。

3. 预测

根据项目实施情况估算整个项目完成时的施工成本，预测的目的在于为决策提供支持。

4. 纠偏

当工程项目的实际施工成本出现了偏差，应当根据工程的具体情况、偏差分析和预测的结果，采用适当的措施，以期达到使施工成本偏差尽可能小的目的。纠偏是施工成本控制中最具实质性的一步。只有通过纠偏，才能最终达到有效控制施工成本的目的。

5. 检查

它是指对工程的进展进行跟踪和检查，及时了解工程进展状况以及纠偏措施的执行情况和效果，为今后的工作积累经验。

（三）施工成本控制的方法

施工阶段是控制建设工程项目成本发生的主要阶段，它通过确定成本目标并按计划成本进行施工、资源配置，对施工现场发生的各种成本费用进行有效控制，其具体的控制方法如下：

1. 人工费的控制

人工费的控制实行“量价分离”的方法，将作业用工及零星用工按定额工日的一定比例综合确定用工数量与单价，通过劳务合同进行控制。

2. 材料费的控制

材料费控制同样按照“量价分离”原则，控制材料用量和材料价格。

（1）材料用量的控制

在保证符合设计要求和质量标准的前提下，合理使用材料，通过定额管理、计量管理等手段有效控制材料物资的消耗，具体的方法如下：

①定额控制。对于有消耗定额的材料，以消耗定额为依据，实行限额发料制度。在规定限额内分期分批领用，超过限额领用的材料，必须先查明原因，经过一定审批手续方可领料。

②指标控制。对于没有消耗定额的材料，则实行计划管理和按指标控制的办法。根据以往项目的实际耗用情况，结合具体施工项目的内容和要求，制定领用材料指标，据以控制发料。超过指标的材料，必须经过一定的审批手续方可领用。

③计量控制。准确做好材料物资的收发计量检查和投料计量检查。

④包干控制。在材料使用过程中，对部分小型及零星材料（如钢钉、钢丝等）根据工程量计算出所需材料量，将其折算成费用，由作业者包干控制。

（2）材料价格的控制

材料价格主要由材料采购部门控制。由于材料价格由买价、运杂费、运输中的合理损耗等所组成，因此控制材料价格，主要是通过掌握市场的信息，应用招标和询价等方式控制材料、设备的采购价格。

施工项目的材料物资，包括构成工程实体的主要材料和结构件，以及有助于工程实体形成的周转使用材料和低值易耗品。从价值角度看，材料物资的价值，约占建筑安装工程造价的60%至70%以上，其重要程度自然是不言而喻的。由于材料物资的供应渠道和管理方式各不相同，所以控制的内容和所采取的控制方法也将有所不同。

3. 施工机械使用费的控制

合理选择施工机械设备，合理使用施工机械设备对成本控制具有十分重要的意义，尤其是高层建筑施工。据某些工程实例统计，高层建筑地面以上部分的总费用中，垂直运输机械费用占6%～10%。由于不同的起重机械各有不同的用途和特点，因此在选择起重运输机械时，首先应根据工程特点和施工条件确定要采取何种不同起重运输机械的组合方式。在确定采用何种组合方式时，首先应满足施工需要，同时要考虑到费用的高低和综合经济效益。

施工机械使用费主要由台班数量和台班单价两方面决定，为有效控制施工机械使用费支出，主要从以下几个方面进行控制：

（1）合理安排施工生产，加强设备租赁计划管理，减少了因安排不当引起的设备闲置。

（2）加强机械设备的调度工作，尽量避免窝工，提高现场设备利用率。

（3）加强现场设备的维修保养，避免因不正确使用造成机械设备的停置。

（4）做好机上人员与辅助生产人员的协调与配合，提高施工机械台班产量。

4. 施工分包费用的控制

分包工程价格的高低，必然对项目经理部的施工项目成本产生一定的影响。因此，施工项目成本控制的重要工作之一是对分包价格的控制。项目经理部应在确定施工方

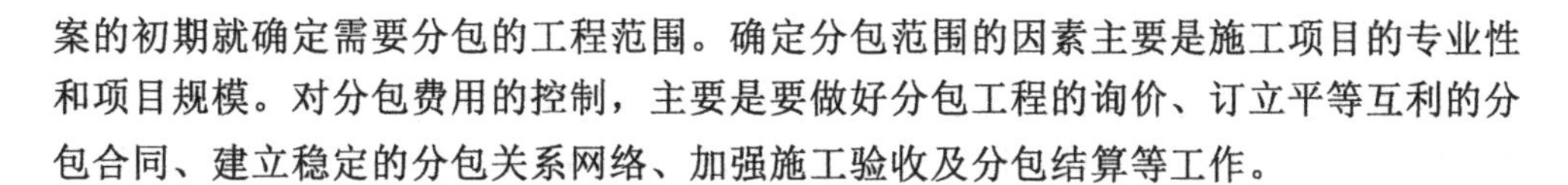

案的初期就确定需要分包的工程范围。确定分包范围的因素主要是施工项目的专业性和项目规模。对分包费用的控制，主要是要做好分包工程的询价、订立平等互利的分包合同、建立稳定的分包关系网络、加强施工验收及分包结算等工作。

四、施工成本控制的特点、重要性及措施

（一）水利工程成本控制的特点

我国的水利工程建设管理体制自实行改革以来，在建立以项目法人制、招标投标制和建设监理制为中心的建设管理体制上，成本控制是水利工程项目管理的核心。水利工程施工承包合同中的成本可分为两部分：施工成本（具体包括直接费、其他直接费和现场经费）和经营管理费用（具体包括企业管理费、财务费和其他费用），其中施工成本一般占合同总价的 70% 以上。但是水利工程大多施工周期长，投资规模大，技术条件复杂，产品单件性鲜明，不可能建立和其他制造业一样的标准成本控制系统，而且水利工程项目管理机构是临时组成的，施工人员中民工较多，施工区域地理和气候条件一般又不利，这使有效地对施工成本控制变得更加的困难。

（二）加强水利工程成本控制的重要性

企业为了实现利润的最大化，必须使产品成本合理化、最小化、最佳化，因此加强成本管理和成本控制是企业提高盈利水平的重要途径，也指企业管理的关键工作之一。加强水利工程施工管理也必须在成本管理、资金管理、质量管理等薄弱环节上狠下功夫，加大整改力度，加快改革的步伐，促进改革成功，从而提高企业的管理水平和经济效益。水利工程施工项目成本控制作为水利工程施工企业管理的基点、效益的主体、信誉的窗口，只有对其强化管理，加强企业管理的各项基础工作，才能加快水利工程施工企业由生产经营型管理向技术密集型管理、国际化管理转变的进程。而强化项目管理，形成以成本管理为中心的运营机制，提高企业的经济效益和社会效益，加强成本管理是关键。

（三）加强水利工程成本控制的措施

1. 增强市场竞争意识

水利工程项目具有投资大、工期长、施工环境复杂、质量要求高等特点，工程在施工中同时受地质、地形、施工环境、施工方法、施工组织管理、材料与设备、人员与素质等不确定因素的影响。在我国正式实行企业改革后，主客观条件都会要求水利工程施工企业推广应用实物量分析法编制投标文件。

实物量分析法有别于定额法：定额法根据施工工艺套用定额，体现的是以行业水平为代表的社会平均水平；而实物量分析法则从项目整体角度全面反映工程的规模、进度、资源配置对成本的影响，比较接近于实际成本，这里的“成本”是指个别企业成本，即在特定时期、特定企业为完成特定工程所消耗的物化劳动和活化劳动价值的货币反映。

2. 严格过程控制

承建一个水利工程项目，就必须从人、财、物的有效组合和使用全过程上狠下功夫。例如，对施工组织机构的设立和人员、机械设备的配备，在满足施工需要的前提下，机构要精简直接，人员要精干高效，设备要充分有效利用。同时对材料消耗、配件更换及施工工序控制都要按规范化、制度化及科学化的方法进行，这样既可以避免或减少不可预见因素对施工的干扰，也可以降低自身生产经营状况对工程成本影响的比例，从而有效控制成本，提高效益。过程控制要全员参与、全过程控制。

3. 建立明确的责权利相结合的机制

责权利相结合的成本管理机制，应遵循民主集中制的原则和标准化、规范化的原则加以建立。施工项目经理部包括了项目经理、项目部全体管理人员及施工作业人员，应在这些人员之间建立一个以项目经理为中心的管理体制，使每个人的职责分工明确，赋予相应的权利，并在此基础上建立健全一套物质奖励、精神奖励和经济惩罚相结合的激励与约束机制，使项目部每个人、每个岗位都人尽其才并爱岗敬业。

4. 控制质量成本

质量成本是反映项目组织为保证和提高产品质量而支出的一切费用，以及因未达到质量标准而产生的一切损失费用之和。在质量成本控制方面，要求项目内的施工、质量人员把好质量关，做到“少返工、不重做”。比如在混凝土的浇捣过程中经常会发生跑模、漏浆，以及由于振捣不到位而产生的蜂窝、麻面等现象，而一旦出现这种现象，就不得不在日后的施工过程中进行修补，不但浪费材料，而且浪费人力，更重要的是影响外观，对企业产生不良的社会影响。但是要注意产品质量并非越高越好，超过合理水平时则属于质量过盛。

5. 控制技术成本

首先是要制订技术先进、经济合理的施工方案，以达到缩短工期、提高质量、保证安全、降低成本的目的。施工方案的主要内容是施工方法的确定、施工机具的选择、施工顺序的安排和流水施工作业的组织。科学合理的施工方案是项目成功的根本保证，更是降低成本的关键所在。其次是在施工组织中努力寻求各种降低消耗、提高工效的新工艺、新技术、新设备和新材料，并在工程项目的施工过程中实施应用，也可以由技术人员与操作员工一起对一些传统的工艺流程和施工方法进行改革和创新，这将对降耗增效起到十分有效的积极作用。

6. 注重开源增收

上述所讲的是控制成本的常见措施，其实为了增收、降低成本，一个很重要的措施就是开源增收措施。水利工程开源增收的一个方面就是要合理利用承包合同中的有利条款。承包合同是项目实施的最重要依据，是规范业主和施工企业行为的准则，但在通常情况下更多体现了业主的利益。合同的基本原则是平等和公正，汉语语义有多重性和复杂性的特点，也造成了部分合同条款可多重理解或者表述不严密，个别条款甚至有利于施工企业，这就为成本控制人员有效利用合同条款创造了条件。在合同条款基础上进行的变更索赔，依据充分，索赔成功的可能性也比较大。建筑招标投标制度的实行，使施工企业中标项目的利润已经很小，个别情况下甚至没有利润，因而项目实施过程中能否依据合同条款进行有效的变更和索赔，也就成为了项目能否赢利的关键。

加强成本管理将是水利施工企业进入成本竞争时代的竞争武器，也是成本发展战略的基础。同时，施工项目成本控制是一个系统工程，它不仅需要突出重点，对工程项目的人工费、材料费、施工设备、周转材料租赁费等实行重点控制，而且需要对项目的质量、工期和安全等在施工全过程中进行全面控制，只有这样才可以取得良好的经济效果。

第三节　水利工程验收

一、总则

（一）验收分类

水利建设工程验收按验收主持单位分为法人验收及政府验收。

1. 法人验收

法人验收是指在项目建设过程中由项目法人组织进行的验收。法人验收是政府验收的基础。包括分部工程验收、单位工程验收、水电站（泵站）中间机组启动验收、合同工程完工验收等。

2. 政府验收

政府验收是指由有关人民政府、水行政主管部门或者其他有关部门组织进行的验收。包括阶段验收、专项验收、竣工验收等。

（1）阶段验收

阶段验收是指工程建设进入枢纽工程导（截）流、水库下闸蓄水、引（调）排水工程通水、首（末）台机组启动等关键阶段进行的验收。

（2）专项验收

专项验收是指枢纽工程导（截）流、水库下闸蓄水等阶段验收前，涉及移民安置的，所进行的移民安置验收和工程竣工验收前进行的环境保护、水土保持、移民安置及工程档案等验收。

（3）竣工验收

竣工验收是指在工程建设项目全部完成并满足一定运行条件后1年内进行的验收。

（二）验收依据

（1）国家现行有关法律、法规、规章和技术标准。

（2）有关主管部门的规定。

（3）经批准的工程立项文件、初步设计文件和调整概算文件。

（4）经批准的设计文件及相应的工程变更文件。

（5）施工图纸及主要设备技术说明书等。

（6）法人验收还应以施工合同为依据。

（三）验收内容

（1）检查工程是否按照批准的设计进行建设。

（2）检查已完工程在设计、施工、设备制造安装等方面的质量及相关资料的收集、整理和归档情况。

（3）检查工程是否具备运行或进行下一阶段建设的条件。

（4）检查工程投资控制和资金使用情况。

（5）对验收遗留问题提出处理意见。

（6）对工程建设作出评价和结论。

（四）验收组织

政府验收应由验收主持单位组织成立的验收委员会负责，法人验收应由项目法人组织成立的验收工作组负责，验收委员会（工作组）由有关单位代表与有关专家组成。

（五）验收结论与成果

（1）工程验收结论应经2/3以上验收委员会（工作组）成员同意。验收过程中发现的问题，其处理原则应由验收委员会（工作组）协商确定。主任委员（组长）对争议问题有裁决权。若1/2以上的委员（组员）不同意裁决意见，法人验收应报请验收监督管理机关决定；政府验收应报请竣工验收主持单位决定。

（2）验收的成果性文件是验收鉴定书，验收委员会（工作组）成员应在验收鉴定书上签字。对验收结论持有异议的，应该将保留意见在验收鉴定书上明确记载并签字。

（六）验收的条件和作用

（1）工程验收应在施工质量检验与评定的基础上进行，工程质量应有明務的结论意见。

（2）当工程具备验收条件时，应及时组织验收。未经验收或验收不合格的工程不应交付使用或进行后续工程施工。

（七）验收资料

1. 验收资料的组织

验收资料的制备由项目法人统一组织，有关单位应按要求及时完成提交。项目法

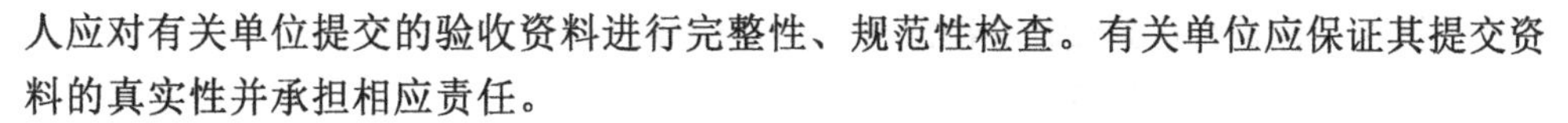

人应对有关单位提交的验收资料进行完整性、规范性检查。有关单位应保证其提交资料的真实性并承担相应责任。

2. 验收资料分类

验收资料分为应提供的资料和需备查的资料。

（1）应提供的资料包括建设管理工作报告、建设监理工作报告、设计工作报告、施工管理工作报告、工程质量与安全监督工作报告以及拟验工程清单、未完工程清单、未完工程的建设安排及完成时间和验收鉴定书（初稿）、运行管理工作报告等。

（2）需备查的资料包括前期工作及批复文件、主管部门批文、招标投标文件、合同文件、项目划分资料和质量评定资料、质量管理资料和各种图纸、档案资料等。

3. 验收资料的制备要求

文件正本应加盖单位印章且不应采用复印件。

（八）验收费用

工程验收所需费用应进入工程造价，由项目法人列支或者按合同约定列支。

（九）其他

（1）工程项目中需要移交非水利行业管理的工程，验收工作宜同时参照相关行业主管部门的有关规定。

（2）水利水电建设工程的验收除应遵守《水利水电建设工程验收规程》（SL 223-2008）外，还应符合国家现行有关标准的规定。

二、分部工程验收

（1）分部工程验收应由项目法人（或委托监理单位）主持。验收工作组应由项目法人、勘测、设计、监理、施工、主要设备制造（供应）商等单位的代表组成，运行管理单位可根据具体情况决定是否参加。

质量监督机构宜派代表列席大型枢纽工程主要建筑物的分部工程验收会议。

（2）大型工程分部工程验收工作组成员应具有中级及其以上技术职称或相应执业资格，其他工程的验收工作组成员应具有相应的专业知识或执业资格。参加分部工程验收的每个单位代表人数不宜超过 2 名。

（3）分部工程具备验收条件时，施工单位应向项目法人提交验收申请报告。项目法人应在收到验收申请报告之日起 10 个工作日内决定是否同意进行验收。

（4）分部工程验收应具备以下条件：

①所有单元工程已完成。

②已完单元工程施工质量经评定全部合格，有关质量缺陷已经处理完毕或有监理机构批准的处理意见。

③合同约定的其他条件。

（5）分部工程验收应包括以下主要内容：

①检查工程是否达到设计标准或合同约定标准的要求。

②评定工程施工质量等级。

③对验收中发现的问题提出处理意见。

（6）分部工程验收应按以下程序进行：

①听取施工单位工程建设和单元工程质量评定情况的汇报。

②现场检查工程完成情况和工程质量。

③检查单元工程质量评定及相关档案资料。

④讨论并通过分部工程验收鉴定书。

（7）项目法人应在分部工程验收通过之日后10个工作日内，将验收质量结论和相关资料报质量监督机构核备，大型枢纽工程主要建筑物分部工程的验收质量结论应报质量监督机构核定。

（8）质量监督机构应在收到验收质量结论之日后20个工作日内，将核备（定）意见书面反馈项目法人。

（9）当质量监督机构对验收质量结论有异议时，项目法人应组织参加验收单位进一步研究，并将研究意见报质量监督机构。当双方对质量结论仍然有分歧意见时，应报上一级质量监督机构协调解决。

（10）分部工程验收遗留问题处理情况应有书面记录并有相关责任单位代表签字，书面记录应随分部工程验收鉴定书一并归档。

（11）分部工程验收鉴定书。正本数量可按参加验收单位、质量和安全监督机构各一份以及归档所需要的份数确定。自验收鉴定书通过之日起30个工作日内，由项目法人发送有关单位，并且报送法人验收监督管理机关备案。

三、单位工程验收

（1）单位工程验收应由项目法人主持。验收工作组应由项目法人、勘测、设计、监理、施工、主要设备制造（供应）商、运行管理等单位的代表组成。必要时，可邀请上述单位以外的专家参加。

（2）单位工程验收工作组成员应具有中级及其以上技术职称或相应执业资格，每个单位代表人数不宜超过3名。

（3）单位工程完工并具备验收条件时，施工单位应向项目法人提出验收申请报告。项目法人应在收到验收申请报告之日起10个工作日内决定是否同意进行验收。

（4）项目法人组织单位工程验收时，应提前通知质量和安全监督机构。主要建筑物单位工程验收应通知法人验收监督管理机关。法人验收监督管理机关可以视情况决定是否列席验收会议，质量及安全监督机构应派员列席验收会议。

（5）单位工程验收应具备以下条件：

①所有分部工程已完建并验收合格。

②分部工程验收遗留问题已处理完毕并通过验收，未处理的遗留问题不影响单位工程质量评定并有处理意见。

③合同约定的其他条件。

（6）单位工程验收应包括以下主要内容：

①检查工程是否按批准的设计内容完成。

②评定工程施工质量等级。

③检查分部工程验收遗留问题处理情况及相关记录。

④对验收中发现的问题提出处理意见。

（7）单位工程验收应按以下程序进行：

①听取工程参建单位工程建设有关情况的汇报。

②现场检查工程完成情况和工程质量。

③检查分部工程验收有关文件及相关档案资料。

④讨论并通过单位工程验收鉴定书。

（8）需要提前投入使用的单位工程应进行单位工程使用投入验收。单位工程投入使用验收由项目法人主持，根据工程具体情况，经竣工验收主持单位同意，单位工程投入使用验收也可由竣工验收主持单位或其委托的单位主持。

（9）单位工程投入使用验收除应满足（5）的条件外，还应满足以下条件：

①工程投入使用后，不影响其他工程正常施工，且其他工程施工不影响该单位工程安全运行。

②已经初步具备运行管理条件，需移交运行管理单位的，项目法人与运行管理单位已签订提前使用协议。

（10）单位工程投入使用验收除完成（6）的工作内容外，还应该对工程是否具备安全运行条件进行检查。

（11）项目法人应在单位工程验收通过之日起 10 个工作日内，将验收质量结论和相关资料报质量监督机构核定。

（12）质量监督机构应在收到验收质量结论之日起 20 个工作日内，将核定的意见反馈项目法人。

（13）当质量监督机构对验收质量结论有异议时，项目法人应组织参加验收单位进一步研究，并将研究意见报质量监督机构。当双方对质量结论仍然有分歧意见时，应报上一级质量监督机构协调解决。

（14）单位工程验收鉴定书。正本数量可按参加验收单位、质量和安全监督机构、法人验收监督管理机关各一份以及归档所需要的份数确定。自验收鉴定书通过之日起 30 个工作日内，由项目法人发送有关单位并且报法人验收监督管理机关备案。

四、合同工程完工验收

（1）施工合同约定的建设内容完成后，应进行合同工程完工验收。当合同工程仅包含一个单位工程（分部工程）时，宜将单位工程（分部工程）验收与合同工程完工验收一并进行，但应同时满足相应的验收条件。

（2）合同工程完工验收应由项目法人主持。验收工作组应由项目法人以及与合同工程有关的勘测、设计、监理、施工、主要设备制造（供应）商等单位的代表组成。

（3）合同工程具备验收条件时，施工单位应向项目法人提出验收申请报告。项目法人应在收到验收申请报告之日起20个工作日内决定是否同意进行验收。

（4）合同工程完工验收应具备以下条件：

①合同范围内的工程项目和工作已按合同约定完成。

②工程已按规定进行了有关验收。

③观测仪器和设备已测得初始值及施工期各项观测值。

④工程质量缺陷已按要求进行处理。

⑤工程完工结算已经完成。

⑥施工现场已整进行清理。

⑦需移交项目法人的档案资料已按要求整理完毕。

⑧合同约定的其他条件。

（5）合同工程完工验收应包括以下主要内容：

①检查合同范围内工程项目及工作完成情况。

②检查施工现场清理情况。

③检查已投入使用工程运行情况。

④检查验收资料整理情况。

⑤鉴定工程施工质量。

⑥检查工程完工结算情况。

⑦检查历次验收遗留问题的处理情况。

⑧对验收中发现的问题提出处理意见。

⑨确定合同工程完工日期。

⑩讨论并通过合同工程完工验收鉴定书。

（6）合同工程完工验收鉴定书。正本数量可按以参加验收单位、质量和安全监督机构以及归档所需要的份数确定。自验收鉴定书通过之日起30个工作日内，应由项目法人发送有关单位，并报送法人验收监督管理机关备案。

五、竣工验收

（一）一般规定

（1）竣工验收应在工程建设项目全部完成并满足一定运行条件后1年内进行。不能按期进行竣工验收的，经竣工验收主持单位同意，可以适当延长期限，但最长不应超过6个月。一定运行条件是指：

①泵站工程经过一个排水期或抽水期。

②河道疏浚工程完成后。

③其他工程经过6个月（经过一个汛期）至12个月。

（2）工程具备验收条件时，项目法人应提出竣工验收申请报告。竣工验收申请报告应由法人验收监督管理机关审查后转报竣工验收主持单位。

（3）工程未能按期进行竣工验收的，项目法人应向竣工验收主持单位提出延期竣工验收专题申请报告。申请报告应包括延期竣工验收的主要原因及计划延长的时间等内容。

（4）项目法人编制完成竣工财务决算后，应报送竣工验收主持单位财务部门进行审查和审计部门进行竣工审计。审计部门应出具竣工审计意见，项目法人应对审计意见中提出的问题进行整改并提交整改报告。

（5）竣工验收分为竣工技术预验收和竣工验收两个阶段。

（6）大型水利工程在竣工技术预验收前，应按照有关规定进行竣工验收技术鉴定。中型水利工程，竣工验收主持单位可根据需要决定是否进行竣工验收技术鉴定。

（7）竣工验收应具备以下条件：

①工程已按批准设计全部完成。

②工程重大设计变更已经有审批权的单位批准。

③各单位工程能正常运行。

④历次验收所发现的问题已基本处理完毕。

⑤各专项验收已通过。

⑥工程投资已全部到位。

⑦竣工财务决算已通过竣工审计，审计意见中提出的问题已整改并提交了整改报告。

⑧运行管理单位已明确，管理养护经费已基本落实。

⑨质量和安全监督工作报告已提交，工程质量达到了合格标准。

⑩竣工验收资料已准备就绪。

（8）工程有少量建设内容未完成，但不影响工程正常运行，且能符合财务有关规定，项目法人已对尾工做出安排的，经竣工验收主持单位同意，可以进行竣工验收。

（9）竣工验收应按以下程序进行：

①项目法人组织进行竣工验收自查。

②项目法人提交竣工验收申请报告。

③竣工验收主持单位批复竣工验收申请报告。

④进行竣工技术预验收。

⑤召开竣工验收会议。

⑥印发竣工验收鉴定书。

（二）竣工验收自查

（1）申请竣工验收前，项目法人应组织竣工验收自查。自查工作应由项目法人主持，勘测、设计、监理、施工、主要设备制造（供应）商及运行管理等单位的代表参加。

（2）竣工验收自查应包括以下主要内容：

①检查有关单位的工作报告。

②检查工程建设情况，评定工程项目施工质量等级。

③检查历次验收、专项验收的遗留问题和工程初期运行所发现问题的处理情况。

④确定工程尾工内容及其完成期限和责任单位。

⑤对竣工验收前应完成的工作做出安排。

⑥讨论并通过竣工验收自查工作报告。

（3）项目法人组织工程竣工验收自查前，应提前10个工作日通知质量和安全监督机构，同时向法人验收监督管理机关报告。质量及安全监督机构应派员列席自查工作会议。

（4）项目法人应在完成竣工验收自查工作之日起10个工作日内，将自查的工程项目质量结论和相关资料报质量监督机构。

（5）竣工验收自查工作报告。参加竣工验收自查的人员应在自查工作报告上签字。项目法人应自竣工验收自查工作报告通过之日起30个工作日内，将自查报告报法人验收监督管理机关。

（三）工程质量抽样检测

（1）根据竣工验收的需要，竣工验收主持单位可以委托具有相应资质的工程质量检测单位对工程质量进行抽样检测。项目法人应与工程质量检测单位签订工程质量检测合同。检测所需费用由项目法人列支，质量不合格工程所发生的检测费用由责任单位承担。

（2）工程质量检测单位不应与参与工程建设的项目法人、设计、监理、施工及设备制造（供应）商等单位隶属同一经营实体。

（3）根据竣工验收主持单位的要求和项目的具体情况，项目法人应负责提出工程质量抽样检测的项目、内容和数量，经质量监督机构审核后报竣工验收主持单位核定。

（4）工程质量检测单位应按照有关技术标准对工程进行质量检测，按合同要求及时提出质量检测报告并对检测结论负责，项目法人应自收到检测报告10个工作日内将检测报告报竣工验收主持单位。

（5）可抽样检测中发现的质量问题，项目法人应及时组织有关单位研究处理。在影响工程安全运行以及使用功能的质量问题未处理完毕前，不应进行竣工验收。

（四）竣工技术预验收

（1）竣工技术预验收应由竣工验收主持单位组织的专家组负责。技术预验收专家组成员应具有高级技术职称或相应执业资格，2/3以上成员应来自工程非参建单位。工程参建单位的代表应参加技术预验收，负责回答专家组提出的问题。

（2）竣工技术预验收专家组可下设专业工作组，并在各专业工作组检查意见的基础上形成竣工技术预验收工作报告。

（3）竣工技术预验收应包括以下主要内容：

①检查工程是否按批准的设计完成。

②检查工程是否存在质量隐患和影响工程安全运行问题。

③检查历次验收、专项验收的遗留问题和工程初期运行中所发现问题的处理情况。

④对工程重大技术问题做出评价。

⑤检查工程尾工安排情况。

⑥鉴定工程施工质量。

⑦检查工程投资、财务情况。

⑧对验收中发现的问题提出处理意见。

（4）竣工技术预验收应按以下程序进行：

①现场检查工程建设情况并查阅有关工程建设资料。

②听取项目法人、设计、监理、施工、质量和安全监督机构及运行管理等单位工作报告。

③听取竣工验收技术鉴定报告和工程质量抽样检测报告。

④专业工作组讨论并形成各专业工作组意见。

⑤讨论并通过竣工技术预验收工作报告。

⑥讨论并形成竣工验收鉴定书初稿。

（5）竣工技术预验收工作报告应是竣工验收鉴定书的附件。

（五）竣工验收

（1）竣工验收委员会可设主任委员 1 名，副主任委员以及委员若干名，主任委员应由验收主持单位代表担任。竣工验收委员会应由竣工验收主持单位、有关地方人民政府和部门、有关水行政主管部门和流域管理机构、质量和安全监督机构、运行管理单位的代表以及有关专家组成。工程投资方代表可参加竣工验收委员会。

（2）项目法人、勘测、设计、监理、施工和主要设备制造（供应）商等单位应派代表参加竣工验收，负责解答验收委员会提出的问题，并且应作为被验收单位代表在验收鉴定书上签字。

（3）竣工验收会议应包括以下主要内容和程序：

①现场检查工程建设情况及查阅有关资料。

②召开大会：宣布验收委员会组成人员名单；观看工程建设声像资料；听取工程建设管理工作报告；听取竣工技术预验收工作报告；听取验收委员会确定的其他报告；讨论并通过竣工验收鉴定书；验收委员会委员和被验收单位代表在竣工验收鉴定书上签字。

（4）工程项目质量达到合格以上等级的，竣工验收的质量结论意见应为合格。

（5）竣工验收鉴定书。数量应按验收委员会组成单位、工程主要参建单位各一份以及归档所需要份数确定。自鉴定书通过之日起 30 个工作日内，应该由竣工验收主持单位发送有关单位。

六、工程移交及遗留问题处理

（一）工程交接

（1）通过合同工程完工验收或投入使用验收后，项目法人与施工单位应在 30 个工作日内组织专人负责工程的交接工作，交接过程应该有完整的文字记录且有双方交接负责人签字。

（2）项目法人与施工单位应在施工合同或验收鉴定书约定的时间内完成工程及其档案资料的交接工作。

（3）工程办理具体交接手续的同时，施工单位应向项目法人递交工程质量保修书。保修书的内容应符合合同约定的条件。

（4）工程质量保修期应从工程通过合同工程完工验收后开始计算，但是合同另有约定的除外。

（5）在施工单位递交了工程质量保修书、完成施工场地清理以及提交有关竣工资料后，项目法人应在30个工作日内向施工单位颁发合同工程完工证书。

（二）工程移交

（1）工程通过投入使用验收后，项目法人宜及时将工程移交运行管理单位管理，并与其签订工程提前启用协议。

（2）在竣工验收鉴定书印发后60个工作日内，项目法人与运行管理单位应完成工程移交手续。

（3）工程移交应包括工程实体、其他固定资产和工程档案资料等，应按照初步设计等有关批准文件进行逐项清点，并办理移交手续。

（4）办理工程移交，应有完整的文字记录及双方法定代表人签字。

（三）验收遗留问题及尾工处理

（1）有关验收成果性文件应对验收遗留问题有明确的记载。影响工程正常运行的，不应作为验收遗留问题处理。

（2）验收遗留问题和尾工的处理应由项目法人负责。项目法人应按照竣工验收鉴定书、合同约定等要求，督促有关责任单位完成处理工作。

（3）验收遗留问题和尾工处理完成后，有关单位应组织验收，并形成验收成果性文件。项目法人应参加验收并负责将验收成果性文件报竣工验收主持单位。

（4）工程竣工验收后，应由项目法人负责处理的验收遗留问题，项目法人已经撤销的，应由组建或批准组建项目法人的单位或其指定的单位处理完成。

（四）工程竣工证书颁发

（1）工程质量保修期满后30个工作日内，项目法人应向施工单位颁发工程质量保修责任终止证书。但保修责任范围内的质量缺陷未处理完成的应除外。

（2）工程质量保修期满以及验收遗留问题和尾工处理完成后，项目法人应向工程竣工验收主持单位申请领取竣工证书，申请报告应包括以下内容：

①工程移交情况。

②工程运行管理情况。

③验收遗留问题和尾工处理情况。

④工程质量保修期有关情况。

（3）竣工验收主持单位应自收到项目法人申请报告后30个工作日内决定是否颁发工程竣工证书。颁发竣工证书应符合以下条件：

①竣工验收鉴定书已印发。

②工程遗留问题和尾工处理已完成并通过验收。

③工程已全面移交运行管理单位管理。

（4）工程竣工证书是项目法人全面完成工程项目建设管理任务证书，也是工程参建单位完成相应工程建设任务最终的证明文件。

（5）工程竣工证书数量应按正本3份和副本若干份颁发，正如本由项目法人、运行管理单位和档案部门保存，副本是由工程主要参建单位保存。

参考文献

[1] 谢文鹏，苗兴皓，姜旭民．水利工程施工新技术 [M]. 北京：中国建材工业出版社，2020.01.

[2] 林雪松，孙志强，付彦鹏．水利工程在水土保持技术中的应用 [M]. 郑州：黄河水利出版社，2020.04.

[3] 束东．水利工程建设项目施工单位安全员业务简明读本 [M]. 南京：河海大学出版社，2020.01.

[4] 陈邦尚，白锋．水利工程造价 [M]. 北京：中国水利水电出版社，2020.08.

[5] 贾志胜，姚洪林．水利工程建设项目管理 [M]. 长春：吉林科学技术出版社，2020.07.

[6] 赵庆锋，耿继胜，杨志刚．水利工程建设管理 [M]. 长春：吉林科学技术出版社，2020.

[7] 宋美芝，张灵军，张蕾．水利工程建设与水利工程管理 [M]. 长春：吉林科学技术出版社，2020.09.

[8] 张雪锋．水利工程测量 [M]. 北京：中国水利水电出版社，2020.10.

[9] 何俊．水利工程造价 [M]. 郑州：黄河水利出版社，2020.05.

[10] 崔洲忠．水利工程管理 [M]. 长春：吉林科学技术出版社，2020.08.

[11] 刘勇，郑鹏，王庆．水利工程与公路桥梁施工管理 [M]. 长春：吉林科学技术出版社，2020.09.

[12] 闫国新，吴伟．水利工程施工技术 [M]. 北京：中国水利水电出版社，2020.01.

[13] 杜守建，周长勇．水利工程技术管理 [M]. 北京：中国水利水电出版社，2020.08.

[14] 王锋峰，陈德令，黄海燕．水利工程概论 [M]. 天津：天津科学技术出版社，2020.06.

[15] 张云鹏，戚立强．水利工程地基处理 [M]. 北京：中国建材工业出版社，2019.12.

[16] 高喜永，段玉洁，于勉．水利工程施工技术与管理 [M]. 长春：吉林科学技

术出版社，2019.05.

[17] 刘景才，赵晓光，李璇．水资源开发与水利工程建设 [M]. 长春：吉林科学技术出版社，2019.05.

[18] 姬志军，邓世顺．水利工程与施工管理 [M]. 哈尔滨：哈尔滨地图出版社，2019.08.

[19] 牛广伟．水利工程施工技术与管理实践 [M]. 北京：现代出版社，2019.09.

[20] 孙祥鹏，廖华春．大型水利工程建设项目管理系统研究与实践 [M]. 郑州：黄河水利出版社，2019.12.

[21] 袁俊周，郭磊，王春艳．水利水电工程与管理研究 [M]. 郑州：黄河水利出版社，2019.06.

[22] 高明强，曾政，王波．水利水电工程施工技术研究 [M]. 延吉：延边大学出版社，2019.05.

[23] 丁长春．水利工程与施工管理 [M]. 长春：吉林科学技术出版社，2019.08.

[24] 郝秀玲，李钰，杨杨．水利工程设计与施工 [M]. 长春：吉林科学技术出版社，2019.08.

[25] 王海雷，王力，李忠才．水利工程管理与施工技术 [M]. 北京：九州出版社，2018.04.

[26] 侯超普．水利工程建设投资控制及合同管理实务 [M]. 郑州：黄河水利出版社，2018.12.

[27] 魏温芝，任菲，袁波．水利水电工程与施工 [M]. 北京：北京工业大学出版社，2018.06.

[28] 王东升，徐培蓁，朱亚光．水利水电工程施工安全生产技术 [M]. 徐州：中国矿业大学出版社，2018.04.

[29] 高占祥．水利水电工程施工项目管理 [M]. 南昌：江西科学技术出版社，2018.07.

[30] 岳延军，王稳江．水利工程管理 [M]. 郑州：黄河水利出版社，2018.11.

[31] 李平，王海燕，乔海英．水利工程建设管理 [M]. 北京：中国纺织出版社，2018.11.